工业自动化 技术丛书

BECKHOFF倍福公司官方推荐图书

U0187872

TWINCAT NC
PRACTICAL GUIDE

TwinCAT NC
实用指南

陈利君◎编著

机械工业出版社
CHINA MACHINE PRESS

本书旨在使读者尽可能快捷地用 TwinCAT NC 开发实际的运动控制项目，内容编排力求系统全面，并假定读者已经熟练掌握了 TwinCAT PLC 编程。软件方面不仅介绍了 TwinCAT NC 的软件架构、配置界面、参数设置以及基本的运动控制指令，还详细介绍了从文件装载凸轮表、动态修改凸轮表关键点、位置补偿、外部设定值发生器，以及 FIFO、探针（TouchProbe）、凸轮输出（CamSwitch）及全闭环控制等功能。硬件方面介绍了 TwinCAT NC 控制倍福伺服，以及第三方 EtherCAT（CoE、SoE）伺服、CANopen（DS402）伺服、EL72x1、EL70xx 及 KL2531/2541 等紧凑驱动模块、高速脉冲/模拟量接口伺服的参数设置和操作步骤。

本书包含 47 个配套文档，主要是技术专题分析和示例程序。这些配套文档在书中以二维码的形式提供下载链接。

本书可作为使用 TwinCAT 进行运动控制项目开发的工程技术人员的参考书，也可用作 PLCopen 运动控制编程的实践辅助资料。

图书在版编目（CIP）数据

TwinCAT NC 实用指南 ／ 陈利君编著 .—北京：机械工业出版社，2020.5
（2024.1 重印）
（工业自动化技术丛书）
ISBN 978-7-111-65369-1

Ⅰ．①T… Ⅱ．①陈… Ⅲ．①PLC 技术 Ⅳ．①TM571.61

中国版本图书馆 CIP 数据核字（2020）第 062515 号

机械工业出版社（北京市百万庄大街 22 号 邮政编码 100037）
策划编辑：李馨馨 责任编辑：李馨馨 白文亭
责任校对：张艳霞 责任印制：李 昂

北京中科印刷有限公司印刷

2024 年 1 月第 1 版·第 5 次印刷
184mm×260mm·21.25 印张·521 千字
标准书号：ISBN 978-7-111-65369-1
定价：108.00 元

电话服务　　　　　　　　　　网络服务
客服电话：010-88361066　　机 工 官 网：www.cmpbook.com
　　　　　010-88379833　　机 工 官 博：weibo.com/cmp1952
　　　　　010-68326294　　金 书 网：www.golden-book.com
封底无防伪标均为盗版　　机工教育服务网：www.cmpedu.com

序

　　由倍福中国公司广州分公司资深工程师陈利君女士编著的《TwinCAT 3.1 从入门到精通》和《TwinCAT NC 实用指南》经过多年的精心准备终于与读者见面了。这是倍福进入中国市场二十多年来的一件大事，也是热爱倍福控制技术的中国广大工程技术人员盼望已久的一件幸事。

　　德国倍福自动化有限公司是工业控制领域的隐形冠军，也是 PC 控制技术的倡导者和引领者。PC 控制技术开放性好、速度快、运算能力强，不仅可同时完成实时控制、人机界面、通信和网络等多项任务，还可以满足当今智能制造对自动化技术提出的新要求，比如测试测量、状态监测、数据分析、图像处理、机器视觉、机器学习、仿真和建模及人工智能等。PC 控制技术之所以有如此强大的功能，除了其拥有强大的 CPU 处理器和高速实时工业以太网通信以外，更重要的是有一个强大的基于 IEC 61131-3 国际标准的自动化控制软件平台。

　　TwinCAT 是整个控制系统的核心部分，它将基于 Windows 的 PC 转换为可以同时完成 PLC/NC/CNC 任务的实时控制系统。TwinCAT 3 是 TwinCAT 的最新版本，它把 Visual Studio 集成到开发环境中，使工程技术人员可以用 IT 领域中广泛采用的 C 和 C++ 高级语言进行面向对象的编程，再加上 MATLAB/Simulink 的无缝集成，将 IT 技术和自动化技术完美融合在一起，创建了一个全球自动化标准。

　　尽管 PC 控制系统可以实现众多的功能，但是需要工程技术人员通过程序设计把这些功能应用到具体项目中，这就需要工程技术人员很好地熟悉和掌握 TwinCAT 软件平台的开发环境和编程方法。倍福自 1997 年进入中国市场以来始终非常重视对用户的技术培训和技术支持，然而倍福进入中国市场之初，大部分技术文档都是英文的，不方便用户快速学习和掌握。我们深刻地意识到，为了帮助广大用户尽快学习和掌握 TwinCAT PLC 的编程方法，必须有一本符合中国人思维和编程习惯的中文编程手册。我们从最初的《TwinCAT 编程入门》到 2005 年提供完整版的《TwinCAT PLC 编程手册》，又于 2006 年推出《TwinCAT PLC 高级编程手册》。随着 TwinCAT 软件版本的不断升级，编程手册也在不断升级和完善，先后于 2011 年和 2016 年做了两次大的更新。TwinCAT 3 问世以后，我们又分别于 2017 年和 2018 年编译了《TwinCAT 3 运动控制教程》和《TwinCAT 3 入门教程》。这一系列中文培训教材在推广和应用基于 PC 的自动化新技术方面起到了重要作用。

　　本次出版的《TwinCAT 3.1 从入门到精通》和《TwinCAT NC 实用指南》历经长达八年的修改和补充，由此可见陈利君女士对技术的专注和锲而不舍的精神。这两本实用教程是她把在倍福从事技术工作十五年来遇到的大量问题和编程经验及时总结归纳的结果，是对公司之前推出的编程手册的有效补充，相信对广大用户有很好的实用价值。

　　感谢机械工业出版社为这两本书的顺利出版给予的热情支持和指导。这两本书的出版是改革开放四十年来国外先进的自动化技术被不断引入中国市场并为中国制造业服务的见证，衷心希望本书能为广大读者提供实用而贴心的帮助，也希望有更多的工程师用 TwinCAT 这个强大的工具，开发出更先进的机器设备，生产出更优质的产品，为中国制造业提升竞争优势、加速转型升级创造价值。

倍福中国执行董事、总经理
梁力强
2020 年 3 月于北京

前　言

进入 21 世纪以来，中国作为世界制造中心的地位日益确立和稳固，产业机械迅猛发展。随着人力成本的不断升高，提高产业机械自动化程度成为业界的共识。

因为伺服驱动系统相较于传统机械中大量使用的气缸、变频电机和步进电机驱动，具有精度高、动态性能好的优点，可以大幅提升整机的生产效率，所以越来越多的产业机械在关键工序采用伺服驱动。对于国内的工业自动化工程师而言，控制伺服驱动器和电机成为一门不可回避的必修课。

控制伺服驱动器和电机通常有 3 种方式：①使用伺服驱动器厂家的软件工具；②使用独立于伺服驱动器的第三方运动控制系统；③使用 PLC 厂家的运动控制系统。

方式②可控制任意伺服驱动器和电机，①、②两种方式都会不同程度地涉及运动控制系统和 PLC 的通信，方式③不存在通信问题，但是用户往往受限于使用 PLC 厂家的伺服驱动器和电机。

TwinCAT NC 是德国倍福（BECKHOFF）公司推出的基于 PC 的运动控制软件，结合了方式②和③的优势，不但实现了 NC 运动控制系统与 PLC 的无缝集成，而且支持几乎所有的伺服驱动器接口，包括脉冲、模拟量、现场总线和以太网，这意味着用户可以选择使用几乎所有品牌的伺服驱动器和电机。

TwinCAT NC 的另一个优势在于可以提供"虚轴"功能，即使在脱离伺服驱动器和电机的条件下，开发人员也可以在任意计算机上模拟调试自己的 PLC 和 NC 运动控制程序。辅以倍福公司提供的示波器软件 Scope View，用户可以观察任意虚轴或电机的速度、位置及加速度的曲线。

编者在倍福公司长期从事技术支持和培训工作，支持了大量的客户和不同的应用，本书是这些相关的经验和体会的归集、整理和发布。书中不仅系统阐述了 TwinCAT NC 软件的工作原理和软件模型，而且将工作中遇到的各种应用的知识要点、操作步骤汇集成册。随书配套文档还按章节配有相关例程的源代码和使用说明。TwinCAT NC 软件开发版及 Scope View 工具都可以从倍福公司网站免费下载。

本书读者对象

本书的目的是帮助读者尽可能快捷地运用 TwinCAT NC 编写有用的程序，并假定您已经熟练掌握了 TwinCAT PLC 编程。为了照顾到初次使用 TwinCAT 的读者，如果需要更深入的 PLC 编程知识，请参考丛书中的《TwinCAT 3.1 从入门到精通》。

本书适合于以下读者。

（1）运动控制的初学者

对于运动控制的初学者，选择从 TwinCAT NC 开始学起，这是一个很好的选择。TwinCAT NC 不仅容易学易用，而且功能强大。尤其对于大专院校的学生和暂无实际项目需求的工程师，TwinCAT NC 模拟运行调试无须硬件，软件可免费获得；另一方面，TwinCAT NC 完全兼容 PLCopen 国际标准化组织的运动控制指令，因此，选择 TwinCAT NC 来学习运动控制，不仅节约投资，而且适用面极为广泛。

（2）曾使用其他运动控制系统，但第一次使用 TwinCAT NC 的初学者

运动控制系统开发过程中常用的功能，在此书中均有详尽的说明。本书将带领您从最基本的 TwinCAT NC 轴的配置和调试界面开始，循序渐进，直到 TwinCAT NC 控制程序的编写和调试。

（3）曾经使用 TwinCAT NC 及其他运动控制系统的有经验的工程师

软件方面，本书不仅介绍了基本的运动控制指令，还详细介绍了从文件装载凸轮表、动态修改凸轮表关键点、位置补偿及外部设定值发生器等常用的功能，以及 FIFO 联动、探针（TouchProbe）、凸轮输出（CamSwitch）及全闭环控制等某些特定工艺才用到的功能。

硬件方面，本书除了介绍通用的 TwinCAT NC 软件和 AX5000 伺服驱动器带倍福电机的操作之外，还详细介绍 AX5000 带第三方伺服电机的调试步骤，以及 TwinCAT NC 带 EtherCAT、CANopen（DS402）、EL72x1 伺服驱动模块、EL7037/7047/7031/7041 及 KL2531/2541 步进驱动模块、高速脉冲控制及模拟量控制等硬件接口类型的运动轴所需要的特别设置和操作步骤。

上述软硬件功能，不是每个项目都会全部用到，因此，即使是有经验的运动控制工程师，针对特定的软件功能或者硬件接口，也可以从此书获得帮助。

版本说明

本书所提供的操作截图、程序代码都基于 TwinCAT 3.1 Build 4022.27。所述例程基于 Tc2_MC2，该库兼容于 PLCopen Motion Control Version2.0。截至目前，由于倍福公司的 TwinCAT 软件仍然会持续升级和更新，因此不排除后续版本的操作界面会发生变化，而例程中的具体代码在细节处理上也有可能不完全适用于后续版本，但基本的原理、思路和操作步骤仍然可供参考。

感谢

用户的需求是工程师成长的动力，在此感谢长期给予我学习动力的客户。尤其要感谢倍福广州分公司的邱少彬，他在齿轮凸轮联动方面具有丰富的应用经验，为本书的相应章节提供了最翔实的细节分析。本书的编写得到了倍福中国许多同事的大力支持，在此特别感谢应用部经理王建成、技术部经理周耀刚以及在运动控制方面给予我诸多指导的前同事万文博和刁岩斌。

本书的最终出版要感谢倍福中国执行董事、总经理梁力强先生，多年来他不仅支持和鼓励我从事本项工作，在最后关头还全力争取本书的出版机会；感谢 EtherCAT 技术协会中国代表处首席代表范斌女士，一再向出版社推荐，并促成了最后的出版；感谢机械工业出版社的编辑，为本书的一字一句做全面认真的编校，本书才能以专业、规范的形象问世。

由于作者个人的经验和水平有限，本书难免会有错误或者过时的内容。如果发现有任何问题，请发邮件至 TcNcPtp@ Beckhoff. com. cn。也可关注微信公众号"Lizzy 的倍福园地"并留言。另外，最新的配套文档请访问倍福虚拟技术学院陈老师专栏：

http://tr. beckhoff. com. cn/course/view. php?id＝160#section－1

最后，希望有更多工程师充分发挥 TwinCAT NC 的技术优势，开发出更先进的机器，生产更多更优质的产品。

陈利君　2020.05.10 于广州

目　　录

第1章　TwinCAT NC 系统概述

TwinCAT NC 是倍福公司的运动控制软件的名称，从字面来看，TwinCAT 是"The Windows Control and Automation Technology"的缩写，即基于 Windows 操作系统的自动化控制技术，NC（Numerical Control）是自控领域的一个专业术语，类似 MC（Motion Control），也指运动控制。

TwinCAT NC 是基于 PC 的纯软件的运动控制，它的功能与传统的运动控制模块、运动控制卡类似。由于 TwinCAT NC 与 PLC 运行在同一个 CPU 上，运动控制和逻辑控制之间的数据交换更直接、快速，因此 TwinCAT NC 比传统的运动控制器更加灵活和强大。TwinCAT NC 的另一个特点是完全独立于硬件，用户可以选择不同厂家的驱动器和电机，而控制程序不变。程序的运动控制指令集遵循 PLCopen 组织关于运动控制功能块的定义规范 V1.0 和 V2.0。

TwinCAT NC 有 PTP 和 NC I 两个级别。PTP 即点对点控制方式，可控制单轴定位或者定速，也可以实现两轴之间的电子齿轮、电子凸轮同步。在此基础上，倍福还提供 Dancer Control（张力控制）、Flying Saw（飞锯）、FIFO（先入先出）等多轴联动方式。此外，用户还可以在 PLC 程序中编写位置发生器，每个 PLC 周期都计算目标位置、速度和加速度，并发送给 TwinCAT NC 去执行。而 TwinCAT NC I 除了能够实现 TwinCAT NC PTP 的所有功能之外，还可以执行 G 代码，实现多轴之间的直线、圆弧和空间螺旋插补。实际上倍福公司提供的运动控制功能还包括机器人和 CNC，并且已有专门的技术资料，本书仅讨论 TwinCAT NC PTP 和 NC I。

1.1　TwinCAT NC 的基本特征

1.1.1　NC 与 PLC 的关系

TwinCAT NC PTP 把一个电机的运动控制分为三层：PLC 轴、NC 轴和物理轴。

PLC 程序中定义的轴变量，叫作 PLC 轴。在 NC 配置界面定义的 AXIS，叫作 NC 轴，在 I/O 配置中扫描或者添加的运动执行和位置反馈的硬件，叫作物理轴。它们的关系如图 1.1 所示。

由图 1.1 可见，PLC 程序直接读写指示灯、传感器等连接的输入模块和输出模块的 Input 和 Output 变量，就可以控制这些普通的 I/O 设备。而 PLC 程序控制伺服电机时，必须经过运动控制器（即 TwinCAT NC），由 PLC 轴发指令给 NC 轴，NC 经过换算再发指令给伺服驱动器。

1. PLC 轴

运动控制库的功能块，其控制对象的接口为特定的类型，例如在 TcMc2.lib 中规定所有 Motion Control 的功能块，被控对象类型都为"Axis_Ref"。这种类型的变量，通常被称为 PLC 轴。

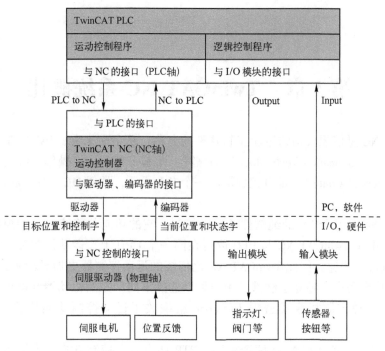

图 1.1 TwinCAT NC 与 PLC 的关系

必须手动指定 PLC 轴与 NC 轴的对应关系，否则操作该 PLC 轴的 Motion Control 功能块不会有任何作用。

2. NC 轴

NC 轴的功能分为轨迹规划、控制和 I/O 接口处理。

（1）轨迹规划

轨迹规划指 SetPointGenerator，即 NC 接收到 PLC 的运动指令后，根据加减速度特性，计算出每个 NC 周期（如 2 ms）伺服轴的设定位置、设定速度和设定加速度。轨迹规划与驱动器硬件无关。

（2）控制（Controller）

控制指当伺服驱动器工作在 CSV（速度同步模式），或者驱动模块没有 CSP（位置同步模式）时，需要在 TwinCAT NC 中实现位置环的 PID 运算。这个功能不是必需的，当伺服本身工作在 CSP 模式时，NC 中的控制器就不用调节了。

（3）I/O 接口处理

I/O 接口处理指根据轴的驱动和反馈类型以及脉冲当量等参数设置，将 SetPointGenerator 的输出换算成控制驱动器的过程数据（Process Data）。I/O 接口处理随反馈类型和驱动器的接口不同而不同。

这些运算都在后台进行，用户只需要进行参数设置。这些参数由 TwinCAT 项目文件初始化，可以在 PLC 程序中通过 ADS 指令修改。

3. 物理轴

物理轴包含两个部分：反馈（Feedback）和驱动（Drive）。TwinCAT NC 支持多种硬件接口类型，对于不同类型的物理轴，NC 在做硬件接口处理时会有一些特定的设置。

物理轴的配置，主要是驱动器的设置。在驱动器中，要配置好正确型号的电机、编码器、电子齿轮比，还要调整位置环、速度环、电流环的 PID 参数。如果是总线接口，还要设置好接口变量和通信参数。在本书的第 4、7~11 章，会讲到各种接口的物理轴配置方法。

1.1.2　PLC 与 NC 控制伺服的区别

实际上，脱离 TwinCAT NC，只用 TwinCAT PLC 也可以控制伺服驱动器和电机。PLC 与 NC 控制伺服的区别见表 1.1。

表 1.1　PLC 与 NC 控制伺服的区别

项　目	使用 PLC 控制时	使用 NC 控制时
伺服工作模式	如果电机既要定位又要定速，那么伺服驱动器必须工作在位置模式下。如果是模拟量控制伺服驱动器要实现位置控制，必须在 PLC 中自行编写位置环的 PID 算法	伺服驱动器工作在 Cyclic Position 或者 Cyclic Velocity 模式下，NC 都可以控制电机做定位或者定速运动
运动过程可监视	PLC 向伺服发送启动命令之后，就只能等待其执行成功或者失败的结果。必须在驱动器预设速度和加速度，运动触发后不能再修改	运动过程中也可以修改速度或者加速度，甚至中断当前的运动触发其他动作，控制更加灵活
PLC 程序	要编写 PLC 代码实现接口变量的处理，比如单位换算、位置过零处理等，对于不同接口和伺服驱动器，相应的 PLC 代码也不同	NC 处理与硬件接口相关的运算，比如单位换算、位置过零处理等，不同的伺服驱动器 PLC 程序可以相同
联动	多轴联动实现困难，或者需要特殊的硬件支持，并在伺服驱动器中设置或者编程	方便地实现多轴联动，无须在伺服驱动器内部特别设置或者编程，所以硬件的互换性较强，维护简便
适用	用于单轴定位或者定速运动	单轴或者多轴的简单或者复杂联动

1.1.3　TwinCAT NC 轴的类型和数量

和传统的硬件运动控制器和运动控制卡不同，TwinCAT NC PTP 是纯软件的运动控制，理论上，最多可以驱动 255 个伺服轴。在实际应用中，一个 EPC 或者 PC 上运行的 TwinCAT NC PTP 软件能够控制的伺服轴数量，与 PC 或者 EPC 的 CPU 速度、内存以及 NC 任务的周期有关。

TwinCAT NC 支持以下多种伺服轴类型。

（1）总线接口

总线接口，又称数字接口，比如 SERCOS、CANopen（DS402）、LIGHTBUS 等。由不同厂家生产的同一种总线协议的伺服驱动器，在 TwinCAT NC 中视作同一种驱动器。值得一提的是，对于 EtherCAT 接口的驱动器，其协议层通常使用 CANopen，或者 SERCOS。在 Twin-CAT NC 中，EtherCAT 接口 CANopen 协议的驱动器，与 CANopen 接口 CANopen 协议的驱动器，都视作同一种驱动器。同理，EtherCAT 接口 SERCOS 协议的驱动器，与 SERCOS 光纤接口 SERCOS 协议的驱动器，也视作同一种驱动器。PROFIBUS 和 PROFINET 总线下符合 PROFIdrive 协议的驱动器，对于 TwinCAT NC 也是同一种驱动器。

（2）紧凑型驱动模块

这里主要是指倍福公司的步进电机驱动模块 KL2531/2541、EL7031/7041，伺服电机驱动模块 EL7201 等。

（3）高速脉冲接口

TwinCAT NC 通过控制脉冲输出模块 KL/EL2521 的输出频率，控制伺服驱动器或者步进电机驱动器。同时，TwinCAT NC 直接把 KL/EL2521 发出的脉冲数量作为位置反馈信号。

（4）模拟量控制

TwinCAT NC 通过控制电压输出模块 KL/EL4xxx 的电压，控制伺服驱动器和电机的速度。此时，必须配置编码器模块 KL/EL5xxx 作为位置反馈。

1.1.4　TwinCAT NC 任务的周期

在 TwinCAT 系统的 61 个任务中，有且只有两个任务是分配给运动控制器 TwinCAT NC 使用的，一个叫 SAF，一个叫 SVB。

SAF 是运动控制周期，是轨迹规划和控制器（Controller）运算的周期，是 TwinCAT NC 与伺服驱动器交换过程数据的周期，目标位置、当前位置、控制字及状态字都以这个频率更新。SAF 任务周期默认值为 2 ms，项目要求较高时可以改为 1 ms，但不能低于伺服驱动器的位置环周期。比如对于倍福的 AX5000 伺服驱动器，位置环周期为 125 μs，最低可以把 NC SAF 任务周期设置为 250 μs。

SVB 可以理解为状态更新周期，是 NC 与 PLC 交换数据的周期，比如 NC 轴状态、当前位置及使能信号等，都是以这个周期刷新的。SVB 任务周期默认值为 10 ms，与 PLC 程序中默认的任务周期一致。

1.2　术语介绍

1. 开环、闭环、半闭环

TwinCAT NC 支持开环、闭环和半闭环的控制方式，几种方式的对比见表 1.2。

表 1.2　开环、闭环和半闭环控制的比较

项　目	半闭环控制	全闭环控制	开 环 控 制
功能	位置环和速度环的位置反馈信号都使用伺服电机自带的位置反馈装置	根据工艺另装一个编码器或者光栅尺作为位置环的位置反馈	没有物理的位置反馈信号，由运动控制器根据自身发出的 Drive 控制信号经过运算得到理论的位置值
误差	如果传动部分有松动，会产生偏差	—	如果发生脉冲丢失，控制器计算的理论位置和电机的实际位置就会有偏差
精度	通用	精度要求高	定位精度和动态特性都要求不高
反馈信号	编码器或者旋转变压器	EL/KL5xxx 等编码器模块	以脉冲方式控制步进电机或者伺服驱动器时，就采用开环控制，不再加装位置反馈装置

2. 虚轴、实轴和编码器轴

TwinCAT NC 支持实轴、虚轴和半虚半实即编码器轴。

（1）实轴

实轴，就是对应伺服或者步进驱动器的 NC 轴。NC 轴一定要关联到物理轴，才能控制电机动作。所以以 1 台电机对应 1 个实轴。实轴必须包括驱动部分和反馈部分。

（2）虚轴

虚轴，就是不对应任何硬件的 NC 轴。在 TwinCAT NC 中新建一个轴，不做任何设置，

默认就是虚轴。由于 PLC 中的运动控制程序并不区分虚轴和实轴，所以虚轴可以用来脱离电机调试 PLC 程序。

另外，与几何学中的辅助线类似，运动控制中也可以使用虚轴作为"辅助轴"，以简化控制算法。比如两个实轴需要耦合运动时，可以令两者都耦合到一个虚轴，使得运动更加平稳。有的时候一个实轴要实现复杂的运动，就可以使用多个虚轴的简单运动叠加成一个复杂的实轴运动。

（3）编码器轴

编码器轴（Encoder Axis）只有位置反馈装置而没有驱动装置。TwinCAT NC 不能控制编码器轴的动作。设置好脉冲当量等参数后，TwinCAT NC 会自动换算并累加成用户单位的位置并送到 PLC。

编码器轴可以作为主轴，其他 NC 轴作为凸轮或者齿轮从轴耦合到编码器轴运动。

1.3 NC 轴的配置和调试

1. 运动控制器的配置

TwinCAT 开发环境中，集成了 TwinCAT NC 运动控制软件的调试界面。在开发 PC 上安装 TwinCAT 时，如果选择 TwinCAT NC PTP 或者 TwinCAT NC I 级别，安装完成后运行 Twin-CAT System Manager，左边的目录树中就包含了 TwinCAT NC Configuration 这一项。其下最多可以添加 1 个 NC Task 和 255 个 Axis。

每个 Axis 的配置包括 Axis 本身和编码器（Enc）、驱动器（Drive）、NC 控制器（Ctrl）以及与 PLC 的接口（Inputs 和 Outputs）5 个子项。"Enc"和"Drive"的配置决定了 NC 轴将会控制哪个驱动器以及相关的参数设置，而"Inputs"和"Outputs"则决定它将被哪个 PLC 轴控制。"Ctrl"中的设置则决定了 NC 控制器的模型和参数。

TwinCAT 开发环境中的 NC 任务及其子项如图 1.2 所示。

图 1.2　TwinCAT NC 任务及其子项

2. NC 轴的调试界面

TwinCAT System Manager 为每个 NC 轴提供独立的调试界面。在目录树中选中 Axes 下的某个 NC 轴双击，右边就会出现它的调试界面。使用调试界面，用户可以脱离 PLC 程序来配置和调试 NC 轴。通过修改 NC 及驱动器的参数，确保电机能够达到工艺要求，实现走得准、走得稳，消除单位设置、PID 参数及传动机械方面的误差。

NC 轴的调试界面，包括操作控制和设置参数，操作控制主要在 Online、Functions 和 Coupling 这 3 个选项卡，如图 1.3 所示。

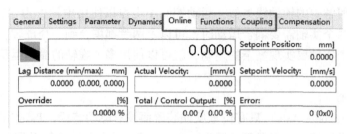

图 1.3　TwinCAT NC 轴的调试界面

1）在 Online 选项卡有轴的整体状态显示和基本使能、点动按钮。

2）在 Functions 选项卡有单轴的各种常用运动。

3）在 Coupling 选项卡可以测试主从轴以多种方式耦合运动。

NC 轴的参数设置选项卡包括以下内容。

1）在 Dynamics 选项卡修改加减速。

2）在 Parameter 选项卡修改软限位、跟随误差等参数。

3）在 Settings 选项卡可以指定 NC 轴所控制的驱动器。

实际应用中必须在 TwinCAT NC 轴单轴调试完成后，才用 PLC 程序控制 NC 轴动作，以实现设备的工艺要求。

本书将要讲解的内容就是编写 NC 轴 PLC 控制程序和控制不同接口类型的驱动器时 NC 轴的配置和调试方法。

第 2 章 开发第一个运动控制的项目

2.1 创建运动控制项目

1. 建立一个 NC 轴

1）用鼠标右键单击（以下简称右击）MOTION，选择 Add New Item，如图 2.1 所示。

图 2.1 添加一个新项

2）编辑 NC 任务名称，单击 "OK" 按钮可以直接使用默认名称，如图 2.2 所示。

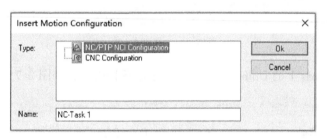

图 2.2 给 NC 任务命名

3）右击 Axes，选择 Add New Item，如图 2.3 所示。

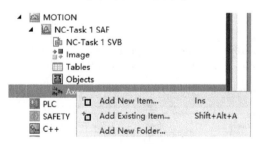

图 2.3 添加一个新轴

4）输入轴的名称，选择类型和数量，直接单击 "OK" 按钮使用默认的 Continuous 类型，如图 2.4 所示。

5）Axis 添加完成，如图 2.5 所示。

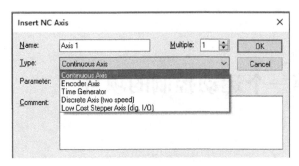 

图 2.4　给 NC 轴命名　　　　　　图 2.5　NC 任务和 NC 轴添加完成

6）激活配置，如图 2.6 所示。

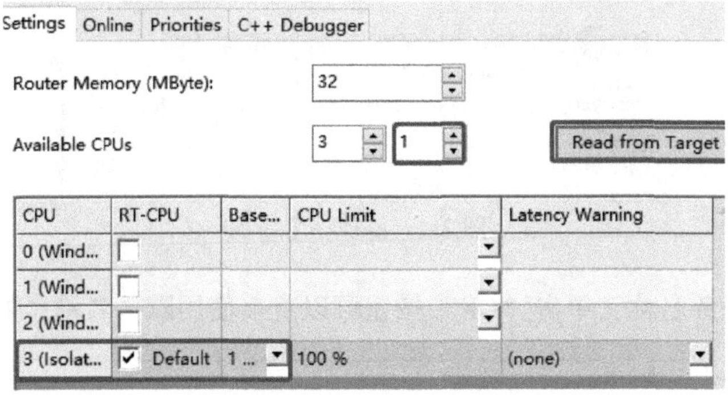

图 2.6　激活配置

激活配置后，Axis 1 的 Online 选项卡就显示出各种内容，如图 2.7 所示。

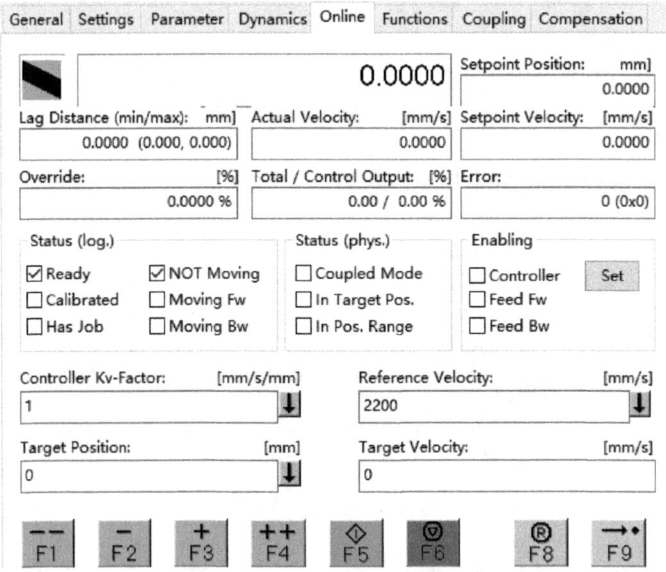

图 2.7　NC 轴的 Online 调试界面

然后就可以保存文件了。

2. 初步认识调试界面

NC 轴的 Online 选项卡如图 2.8 所示。

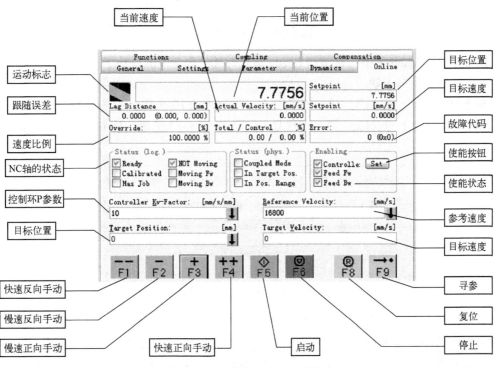

图 2.8　NC 轴的 Online 选项卡

● 快捷键

这里的 F1~F9 与 PC 键盘的功能键〈F1〉~〈F9〉是等效的，用户可以用鼠标单击界面上的按钮，也可以直接按下键盘上对应的功能键。

● 量纲

这里的速度、位置及跟随误差等默认都是以"mm"为单位。如果关联了伺服驱动器，就表示这些参数都是根据编码器的脉冲当量"Scaling Factor"换算之后的值。

● 让轴使能

单击使能按钮"Set"，就会弹出使能控制对话框，如图 2.9 所示。

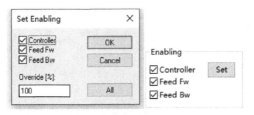

图 2.9　NC 轴使能控制对话框

三个勾选框分别代表"使能""允许正转"和"允许反转"，Override 表示速度输出比例，100%表示原速输出。单击"All"按钮，等效于勾选三个框和在 Override 处填写 100%。

然后单击"OK"按钮返回 NC 轴的状态信息，如图 2.10 所示。

Status (log.)
Ready
NOT Moving
Calibrated
Moving Fw
Has Job
Moving Bw
Status (phys.)
Coupled Mode
In Target Pos.
In Pos. Range
Enabling
Controller
Set
Feed Fw
Feed Bw

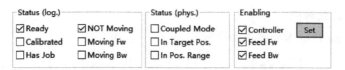

图 2.10　NC 轴的状态信息

图 2.10 中 Enabling 中所有项和 Ready 都被勾选，表示使能成功了。

● 点动轴正反向点动

按下 PC 键盘上的〈F3〉键，或者 Online 选项卡的 F3 按钮，让 NC 轴正转。

按下 PC 键盘上的〈F2〉键，或者 Online 选项卡的 F2 按钮，让 NC 轴反转。如图 2.11 所示。

General
Settings
Parameter
Dynamics
Online
Functions
Coupling
Compensation
185.7592
Setpoint Position: mm]
185.7592
Lag Distance (min/max): mm]
0.0000 (0.000, 0.000)
Actual Velocity: [mm/s]
-100.0000
Setpoint Velocity: [mm/s]
-100.0000
Override: [%]
100.0000 %
Total / Control Output: [%]
-4.55 / 0.00 %
Error:
0 (0x0)

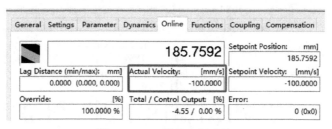

图 2.11　NC 轴的实际速度

观察图 2.11 中的位置和速度变化，大致符合预期即可。

精确的功能测试在 Functions 选项卡中操作。

Functions 选项卡可以在没有任何配套的 PLC 程序或者 HMI 的情况下，让 NC 轴做一些常见的单轴运动。当 NC 轴控制实际的驱动器和电机时，在此选项卡令 NC 执行指定动作，以观察、验证轴的定位是否精确，编码器的脉冲当量设置是否正确，以及优化 PID 参数，使定位快而准，速度波动小。

本章只是让用户对开发运动控制项目的基本步骤有个粗略的认识，所以只尝试其中一个功能：让轴在两个位置之间往返运动，即“Reversing Sequence”，如图 2.12 所示。

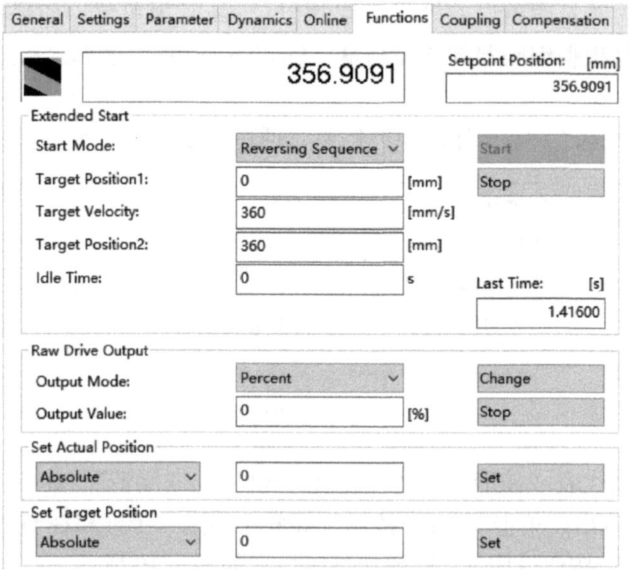

General
Settings
Parameter
Dynamics
Online
Functions
Coupling
Compensation
356.9091
Setpoint Position: [mm]
356.9091
Extended Start
Start Mode:
Reversing Sequence
Start
Target Position1:
0
[mm]
Stop
Target Velocity:
360
[mm/s]
Target Position2:
360
[mm]
Idle Time:
0
s
Last Time: [s]
1.41600
Raw Drive Output
Output Mode:
Percent
Change
Output Value:
0
[%]
Stop
Set Actual Position
Absolute
0
Set
Set Target Position
Absolute
0
Set

图 2.12　“Reversing Sequence”模式设置

在图 2.12 中，选择 "Start Mode" 为 "Reversing Sequence"，依次填写位置 1 及其速度，位置 2 及其停顿时间，然后单击 "Start" 按钮，就可以看到当前位置的往复变化。这表示 NC 轴已经 "动起来" 了，可以进入下一步骤。

这个界面还有设置当前位置（Set Actual Position）、显示完成上次定位运动所用的时间（Last Time）等功能，有兴趣的读者可以逐一尝试。

3. 编写运动控制的 PLC 程序

（1）新建程序并引用 Tc2_MC2

例如新建一个 PLC 程序，名为 "PLC851"。编写运动控制程序之前，必须引用运动控制库 Tc2_MC2。

双击 References，在右边窗体中选择 Add Library 选项卡，如图 2.13 所示。

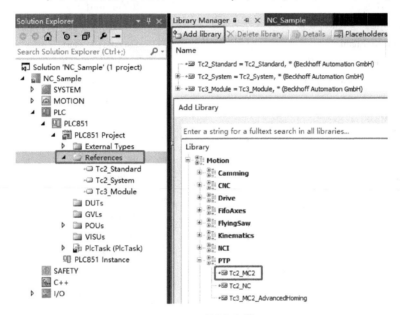

图 2.13　引用库文件

在 Add Library 选项卡中，选择 "Motion" → "PTP" → "Tc2_MC2"。

（2）建立轴变量

在 PLC 项目中新建全局变量文件 GVL，然后建立轴变量 Axis1，如图 2.14 所示。

```
{attribute 'qualified_only'}
VAR_GLOBAL
    Axis1:AXIS_REF;
END_VAR
```

图 2.14　声明一个 PLC 轴变量

图 2.14 声明一个变量 "Axis1"，类型是 AXIS_REF。

AXIS_REF 是 Tc2_MC2 中定义的结构类型，这种类型的变量是 PLC 中的轴变量。所有的运动控制指令（功能块 Function Block）都是以轴变量为控制对象。

（3）编写运动控制的代码

本节只实现最简单的动作：相对定位。在任何动作之前，都要先让轴使能。使能代码只包含两个功能块"MC_Power"（使能）和"MC_MoveRelative"（走相对距离）。

变量声明及程序代码如下：

```
PROGRAM MAIN
VAR
fbPower:MC_Power;
Enable:BOOL;
fbMoveRel:MC_MoveRelative;
Start:BOOL;
END_VAR
```

```
fbPower(                              fbMoveRel(
Axis:= GVL. Axis1,                    Axis:= GVL. Axis1,
Enable:= Enable ,                     Execute:= Start,
Enable_Positive:= TRUE,               Distance:= 360,
Enable_Negative:= TRUE,               Velocity:= 360,
Override:= 100,                       Acceleration:= ,
BufferMode:= ,                        Deceleration:= ,
Options:= ,                           Jerk:= ,
Status=> ,                            BufferMode:= ,
Busy=> ,                              Options:= ,
Active=> ,                            Done=> ,
Error=> ,                             Busy=> ,
ErrorID=> );                          Active=> ,
                                      CommandAborted=> ,
                                      Error=> ,
                                      ErrorID=> );
```

（4）存盘编译

在"PLC851 Project"的右键菜单中选择"Build"，编译程序，结果如图 2.15 所示。

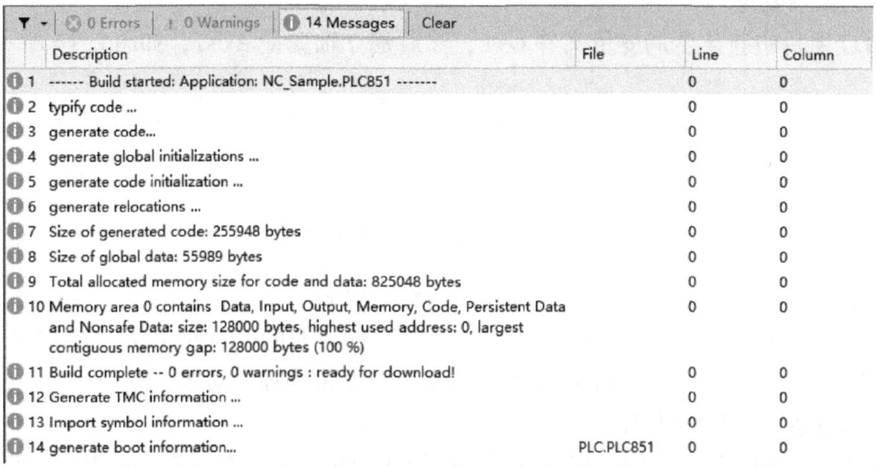

图 2.15　编译结果

图 2.15 是编译结果，如果显示 0 Errors 表示编译通过，Messages 中的信息可以查看。

4. PLC 轴与 NC 轴的映射

在 TwinCAT 3 中，在 NC 轴的 Settings 选项卡中可以直接选择"Link To PLC"，如图 2.16 所示。

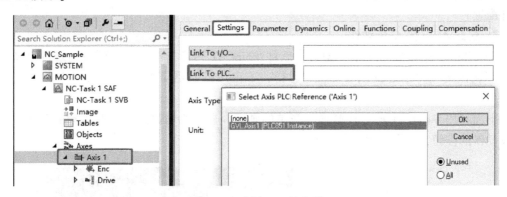

图 2.16 选择 PLC 轴变量

单击 ![图标] <Local> 图标，存盘并激活配置到目标系统。

2.2 调试程序

1. 强制 PLC 变量控制 Axis 动作

下载 PLC 程序，运行。先将 Enable 置 TRUE，在 NC 轴 Online 选项卡中可见 Ready 为选中状态。然后在 PLC 程序中将 Start 置 TRUE，在 NC 轴 Online 选项卡中观察位置和速度变化，如图 2.17 所示。

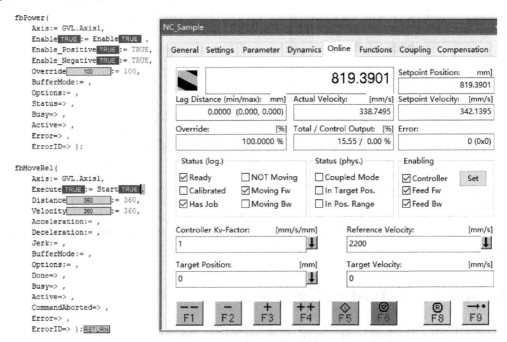

图 2.17 写入 Enable 和 Start 观察轴的状态

由于本例中定义的"fbMoveRel:MC_MoveRelative；"是相对运动，所以 Start 每次触发上升沿，Axis1 都会前进 360 mm。

2. 映射 NC 轴与伺服驱动器（可选）

如果有伺服驱动器，就需要根据伺服类型，参考本书第 4 章或者第 7~11 章内容，进行硬件配置。

3. 在 HMI 控制 Axis 动作

TwinCAT 3 中集成了一个小型组态软件 TwinCAT PLC HMI，用户可以用来自定义调试画面。联机调试时组态画面在 PC 上运行，不占用控制器资源，使调试工作更加直观和高效。

下面利用 TwinCAT PLC HMI 做个简单的画面，显示绝地位置和相对运动的距离，以及触发动作的按钮，如图 2.18 所示。

图 2.18　在可视化界面中编辑按钮和文本显示

1) 用"启动"按钮控制变量 Start，用"使能"按钮控制变量 Enable。

2) 显示电机位置。

文本写为"电机位置%.1f"。

文本变量选择：GVL.Axis1.NCtoPLC.ActPos。

3) "Ready"指示灯显示变量"Ready"的状态，"运动中"指示灯显示变量"Busy"的状态。

2.3　Scope 显示 Axis1 位置速度曲线

新建一个 Measurement 项目，选择 Scope YT NC Project，如图 2.19 所示。

以这个模板建立的 Scope 项目，默认已经添加了 Axis1 轴的位置、速度、加速度及跟随误差的监视通道，开始记录，并在 HMI 单击"启动"按钮，结果如图 2.20 所示。

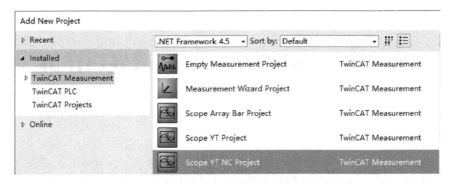

图 2.19　选择 Scope YT NC Project 模板

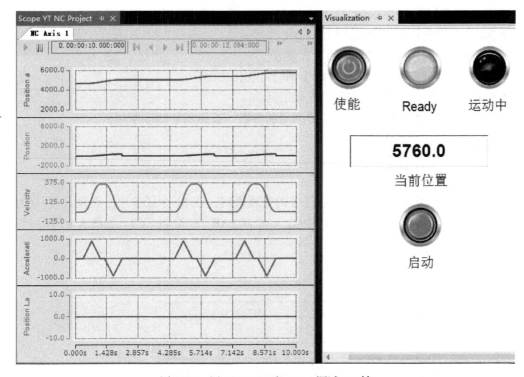

图 2.20　用 PLC HMI 和 Scope 调试 NC 轴

第3章 TwinCAT NC 调试界面详解

3.1 TwinCAT NC 概述

TwinCAT NC 是倍福公司的运动控制软件，以纯软件的方式替代传统的运动控制器、运动控制板卡。和传统的运动控制硬件一样，倍福公司也提供了"软运动控制器"的可视化调试工具。该工具集成在 TwinCAT System Manager 中，包括以下内容。

- NC 任务设置：周期和优先级。
- NC 轴的设置：设置单个轴的所有参数。
- NC 轴的调试：提供调试操作单个轴的可视化界面。
- 凸轮编辑器：编辑凸轮表的可视化工具。

本章详细阐述这个调试工具各个界面上的参数、按钮的功能和使用。

3.1.1 NC 任务的配置

1. NC 任务的周期

在 TwinCAT 的实时核采用分时多任务的处理机制，在 61 个任务中，有且只有两个任务是分配给运动控制器 TwinCAT NC 使用的，一个叫 SAF，一个叫 SVB，如图 3.1 所示。

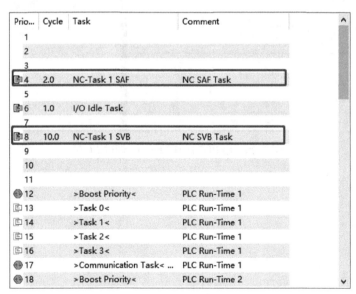

Prio...	Cycle	Task	Comment
1			
2			
3			
4	2.0	NC-Task 1 SAF	NC SAF Task
5			
6	1.0	I/O Idle Task	
7			
8	10.0	NC-Task 1 SVB	NC SVB Task
9			
10			
11			
12		>Boost Priority<	PLC Run-Time 1
13		>Task 0<	PLC Run-Time 1
14		>Task 1<	PLC Run-Time 1
15		>Task 2<	PLC Run-Time 1
16		>Task 3<	PLC Run-Time 1
17		>Communication Task< ...	PLC Run-Time 1
18		>Boost Priority<	PLC Run-Time 2

图 3.1 SAF 任务和 SVB 任务

SAF 是运动控制周期，是轨迹规划和控制器运算的周期，是 TwinCAT NC 与伺服驱动器交换过程数据的周期，目标位置、当前位置、控制字及状态字都以这个频率更新。每个 SAF

任务周期，所有的 NC 轴都会执行一次以下运算，如图 3.2 所示。

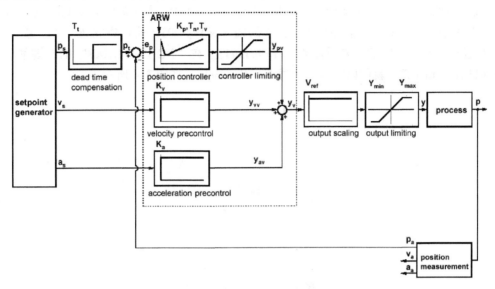

图 3.2　NC 轴在每个 SAF 任务周期执行的运算

SAF 任务周期默认值为 2 ms，项目要求较高时可以改为 1 ms，但不能低于伺服驱动器的位置环周期。比如对于倍福的 AX5000 伺服驱动器，位置环周期为 125 us，最低可以把 NC SAF 任务周期设置为 250 μs。设置界面如图 3.3 所示。

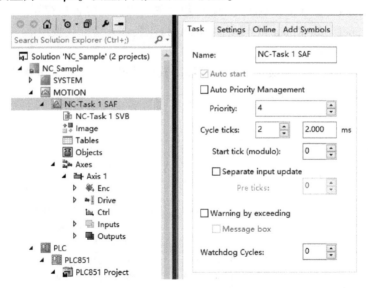

图 3.3　NC 任务的周期设置

图 3.3 中的 SVB 任务用于刷新轴的状态标记位，默认为 10 ms，与 PLC 的标准任务的默认周期相同。经过 Scope View 测试，PLC 中的 NC 轴实际位置、实际速度等信息，还是以 PLC 的任务周期刷新。如果 PLC 任务周期为 2 ms，而 SVB 为 10 ms，则 Scope View 中看到速度刷新周期还是 2 ms。

NC 任务设置指设置运动控制的周期、任务优先级等，作用于所有轴。

2. 通道（Channel）配置

普通的 PTP 应用，比如单轴运动、主从位置或者速度耦合，都不需要配置通道（Channel）。

只有多轴联动的应用，需要把单个独立的轴（又称为 PTP 轴）集成到一个通道（Channel）里成组控制，此时才需要添加通道（Channel）。在"NC Task 1 SAF"的右键菜单中选择"Add New Items"，就可以插入一个通道（Channel），如图 3.4 所示。

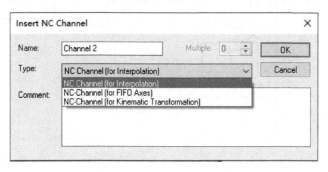

图 3.4　插入 NC 联动通道

到目前为止，TwinCAT 支持的通道（Channel）种类有以下三种。

1) NC-Channel（for Interpolation）：插补类通道（Channel），用于执行 G 代码描述的动作。

2) NC-Channel（for FIFO Axes）：FIFO 组，先入先出的位置缓存器。

3) NC-Channel（for Kinematic Transformation）：机器人坐标变换组。

3. 不常修改的参数

TwinCAT 任务还有一些高级选项，通常都用默认设置，只有非常敏感的项目才会修改这些设置，以下信息备查，如图 3.5 所示。

Task　Retain　Online Name:　NC-Task 1 SAF ☑ Auto start ☐ Auto Priority Management 　Priority:　4 　Cycle ticks:　2　2.000　ms 　☐ Start tick (modulo):　1 　☐ Separate input update 　Pre ticks:　0 ☐ Warning by exceeding ☐ Message box	Auto Priority Management	自动管理任务的优先级，周期越短的自动放到高优先级
	Start tick	tick就是Time Base，默认为1ms 任务周期超过n个tick，就可以选择从第0～(n-1)个tick开始
	Separate input update	默认不勾选，Input 和 Output 是在同一个数据包里刷新的。如果选中，NC 任务会独立发一个通信的数据包，去刷新所有伺服驱动的输入(Input)数据

图 3.5　任务设置的高级选项

任务的 Create Symbols 选项如图 3.6 所示。

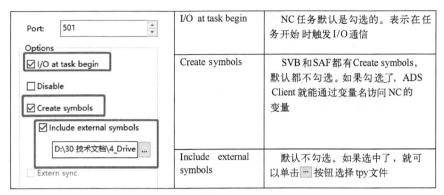

	I/O at task begin	NC 任务默认是勾选的。表示在任务开始时触发 I/O 通信
	Create symbols	SVB 和 SAF 都有 Create symbols,默认都不勾选。如果勾选了,ADS Client 就能通过变量名访问 NC 的变量
	Include external symbols	默认不勾选。如果选中了,就可以单击 ··· 按钮选择 tpy 文件

图 3.6 任务的 Create Symbols 选项

3.1.2 NC 轴的设置

本节只介绍 NC 轴的设置界面,相关参数的详细说明和设置方法,请详见第 3.2 节。

1. Parameter

NC 轴的参数设置(Parameter 选项卡)如图 3.7 所示。

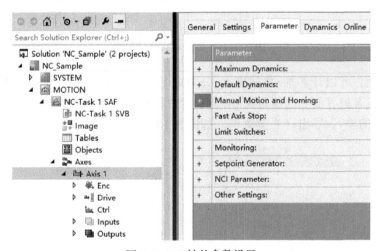

图 3.7 NC 轴的参数设置

2. Settings

NC 轴与硬件的连接设置(Settings 选项卡)如图 3.8 所示。

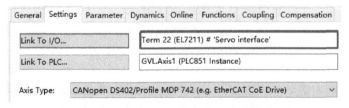

图 3.8 NC 轴与硬件的连接设置

在这里选择驱动器的接口类型,并连接到具体的驱动器。

3. Dynamics

NC 轴的动态特性设置(Dynamics 选项卡)如图 3.9 所示。

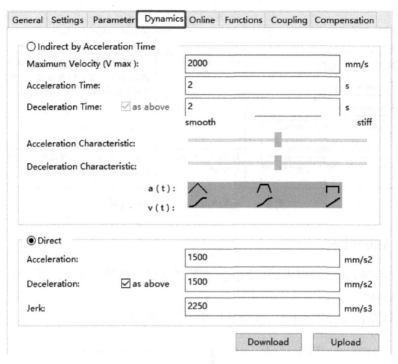

图 3.9　NC 轴的动态特性设置

从这个页面,可以计算加/减速度（Acc/Dec）、加加速度（Jerk）。还可以读取当前生效的加减速,或者把界面上的值写到 NC 轴,并立即生效。

NC 轴参数的导入/导出（右键菜单）如图 3.10 所示。

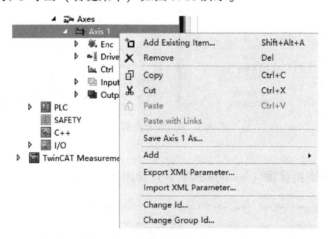

图 3.10　NC 轴参数的导入/导出

从"Axis 1"的右键菜单"Export"→"Import XML Parameter"可以导入/导出整个轴,也可以用"Save Axis 1 As"直接存为 xti 文件。如果多个轴参数完全一样,最简单的做法当然是〈Ctrl〉+〈C〉和〈Ctrl〉+〈V〉直接复制和粘贴了。

从右键菜单也可以修改轴号"Change Id",一般情况下默认 Id 即可。

3.1.3 NC 轴的调试

本节只介绍 NC 轴的调试界面，相关步骤的详细说明和设置方法，请详见第 3.3 节。

1. Online

NC 轴的全面状态显示和基本操作（Online 选项卡）如图 3.11 所示。

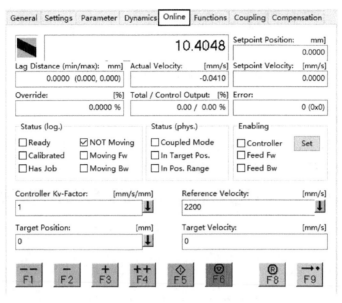

图 3.11　NC 轴的 Online 选项卡

2. Functions

NC 轴的单轴功能调试（Functions 选项卡）如图 3.12 所示。

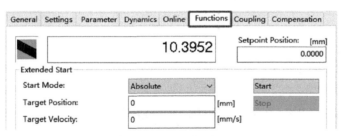

图 3.12　NC 轴的单轴功能调试界面

3. Coupling

NC 轴的双轴联动调试（Coupling 选项卡）如图 3.13 所示。

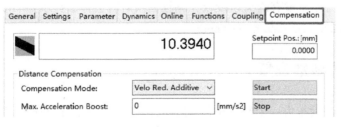

图 3.13　NC 轴的双轴联动调试界面

4. Compensation

NC 轴的位置补偿调试（Compensation 选项卡）如图 3.14 所示。

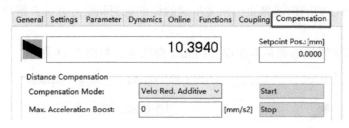

图 3.14　NC 轴的位置补偿调试界面

3.1.4　凸轮编辑器

在"Motion"→"NC-Task 1 SAF"→"Tables"下，右键菜单中选择 Add New 新建 Master 1 及 Slave 1，双击 Slave 1，可以编辑凸轮表，如图 3.15 所示。

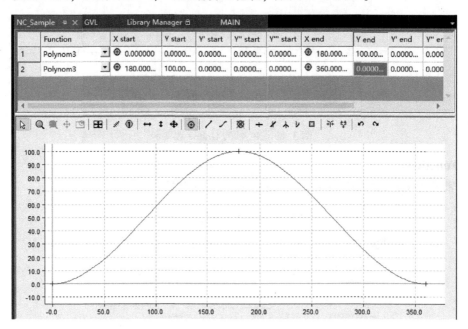

图 3.15　TwinCAT 凸轮编辑器

凸轮编辑器的使用详见第 6 章。

在 TwinCAT 3 中，凸轮编辑器是一个开发工具，订货号为 TE1510，并且没有"Trial License"。如果编程 PC 上没有购买该授权，编程曲线时就会弹出提示："No License-No Possibility to store modified cam data permanently"。

3.2　NC 轴的参数设置

NC 轴的参数包括作为一个整体的运动参数，以及各个组件分别的参数。NC 轴的整体运动参数影响动作的安全、节拍；而组件的参数如果设置错误，电机可能根本没办法动作。

所以 NC 轴调试时，首先要保证组件参数设置正确。一个典型 NC 轴的配置组件如图 3.16 所示。

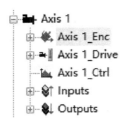

图 3.16 典型 NC 轴的配置组件

每个轴都包含 5 个组件：Enc、Drive、Ctrl、Inputs 和 Outputs。

Enc：设置编码器参数，比如编码器的脉冲当量（Scaling Factor）。

Drive：设置驱动器参数，由 NC 完成位置环控制时，这里有多项参数需要设置。

Ctrl：设置位置环 PID 参数。如果伺服驱动器工作在位置模式，本项参数无效。

Inputs 和 Outputs：设置 NC 轴写 PLC 轴之间的对应关系，相对简单，但必不可少。

3.2.1　NC 轴的类型

在添加一个 NC 轴的时候，系统会弹出类型选择的对话框，如图 3.17 所示。

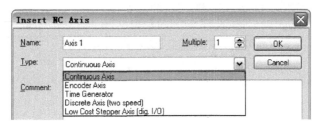

图 3.17　NC 轴的类型选择

Continuous：默认类型，连续轴。NC 能连续获取轴的状态并控制其精确定位或者其他动作。无特殊说明都选这个类型。

Encoder Axis：编码器轴，NC 只能读取位置，但不能控制该轴的动作。编码器轴可以作为主轴，而从轴跟随它做齿轮或者凸轮耦合。

Time Generator：时间轴，不用使能，不能停止，永远以 1 mm/s 的速度匀速运动。但是可以通过程序设置当前位置。

Discrete Axis（two speed）：不常用。

Low Cost Stepper Axis（dig. I/O）：不常用。

提示：

Axis 创建完成后，不能再修改类型。如果需要修改，只能删除重建。

一次最多创建 100 个轴，如果超过 100 个，可以分多次创建。

3.2.2　Enc 编码器设置

由于编码器的类型不同，参数界面也会不同。以下各项都以最典型的 DS402 轴为例。

1. General

NC 轴的 General 选项卡如图 3.18 所示。

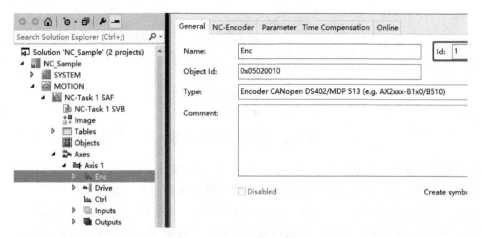

图 3.18　NC 轴的 General 选项卡

编码器的 Id 默认和 Axis 的 Id 是相同的。如果添加了第 2 编码器，NC 会自动分配第 2 编码器的 Id 号，如图 3.19 所示。

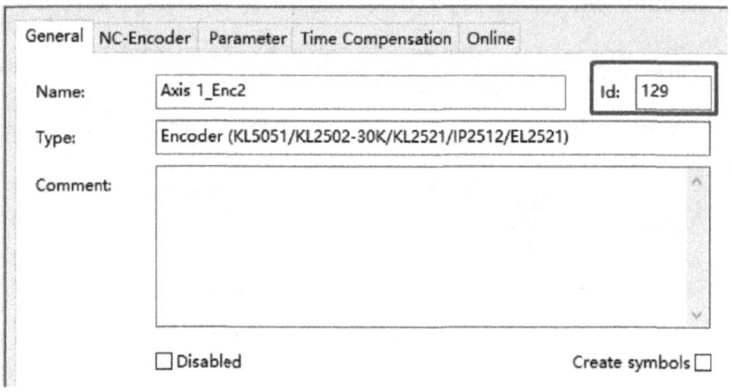

图 3.19　NC 轴的第 2 反馈 Id

如果当前轴总数<128，则添加的第 2 编码器的 Id 等于 Axis Id+128。

如果当前轴总数>128，就不允许每个轴都添加第 2 编码器了，NC 会自动设置一个 Encoder 的 Id，确保不会与现有 Axis 的 Encoder Id 重复。但是最大的 Encoder Id 也不允许超过 255。

提示：有的 PLC 功能块，比如 TouchProbe（探针）功能，要指定采集的是哪个编码器，要求填写 Encoder Id，而不是 Axis Id。

2. NC-Encoder

NC-Encoder 选项卡如图 3.20 所示，显示了 NC 轴的反馈类型。

通常情况下，使用总线型伺服或者高速脉冲接口的伺服，并且没有外加编码器，此处的 "Type" 和 "LinkTo（all Types）" 都不用单独设置，而是在 Axis 的 Settings 选项卡中统一设置，这里就会自动更新。

如果有外接编码器，才需要在这里设置编码器种类，并链接到匹配的硬件。

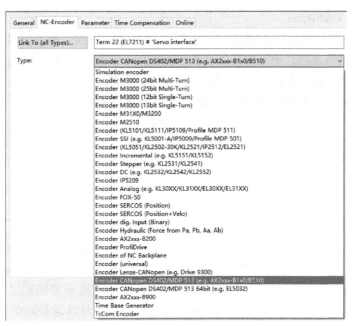

图 3.20　NC 轴的 NC-Encoder 选项卡

3. Parameter

NC 轴的 Parameter 选项卡如图 3.21 所示。

Parameter	Offline Value	Online Value	Unit
Encoder Evaluation:			
Invert Encoder Counting Direction	FALSE	FALSE	
Scaling Factor Numerator	0.0001	0.0001	mm/INC
Scaling Factor Denominator (default: 1.0)	1.0	1.0	
Position Bias	0.0	0.0	mm
Modulo Factor (e.g. 360.0°)	360.0	360.0	mm
Tolerance Window for Modulo Start	0.0	0.0	mm
Encoder Mask (maximum encoder value)	0xFFFFFFFF	0x00FFFFFF	
Encoder Sub Mask (absolute range maxim...	0x000FFFFF	0x000FFFFF	
Reference System	'INCREMENTAL'	'INCREMENTAL'	
Limit Switches:			
Soft Position Limit Minimum Monitoring	FALSE	FALSE	
Minimum Position	0.0	0.0	mm
Soft Position Limit Maximum Monitoring	FALSE	FALSE	
Maximum Position	0.0	0.0	mm
Filter:			
Filter Time for Actual Position (P-T1)	0.0	0.0	s
Filter Time for Actual Velocity (P-T1)	0.01	0.01	s
Filter Time for Actual Acceleration (P-T1)	0.1	0.1	s
Homing:			
Invert Direction for Calibration Cam Search	FALSE	FALSE	
Invert Direction for Sync Impuls Search	TRUE	TRUE	
Calibration Value	0.0	0.0	mm
Reference Mode	'Default'	'Default'	
Other Settings:			
Encoder Mode	'POSVELO'	'POSVELO'	
Position Correction	FALSE	FALSE	
Filter Time Position Correction (P-T1)	0.0	0.0	s

Download　Upload　Expand All　Collapse All　Select All

图 3.21　NC 轴的 Parameter 选项卡

（1）Encoder Evaluation

Invert Encoder Counting Direction：编码器计数方向取反，默认为 FALSE。实际应用中，如果默认的电机正向，不是设备工艺要求的正向，就需要在这里取反。同时也应将电机极性取反（Axis 下 Drive 的 Parameter 选项卡中的 Invert Motor Polarity 项）。

Scaling Factor：又叫脉冲当量，这是最重要的编码器参数，它表示 Process Data 中的"Current Position"每增加"1"，代表实际机构运动了多少 mm，单位是"mm/Inc"。因为电机的转动单位是圈或者角度，而 NC 和 PLC 要控制的目标位置是以 mm 为单位的，所以要根据传动机构的数据，先折算电机转动一圈时实际机构移动的距离，再折算电机转动一圈时伺服驱动器反馈的"Actual Position"有多少增量。两者相除就是 Axis_Enc 的脉冲当量（Scaling Factor）。

TwinCAT 3 中 Encoder 的脉冲当量由分子、分母确定，分母默认是 1。通常的设置如下。

Numerator（分子）：电机转动一圈机构前进的距离作为分子，单位为 mm。

Denominator（分母）：电机转动一圈 Process Data 中"Current Position"的增量。

Position Bias：设备原点与编码器零位之间的偏移，机械安装固定后，此值就不变了。当使用绝对编码器时，不需要每次寻参，就用这个偏移量来计算设备原点。因为多圈绝对编码器每次上电的位置是不变的，而单圈绝对编码器每次上电的位置是个"Modulo"值。

Modulo Factor：模长。通常指一个工艺周期 Axis 运动的距离，默认值为 360。比如旋转主轴定位动作，当前位置 30°，要定位到 60°，电机可以正转 30°，也可以正转 390°，最终都是到达同一个点。如果不是定长内重复动作，可以忽略此参数。

Encoder Mask：掩码。要根据伺服驱动器内部参数确认编码器的掩码。

Encoder Mask 是指"Current Position"的最大值，总线输出的这个变量通常是 32 位，最大值为 16#FFFF FFFF。如果是编码器模块，有的就是 16 位，这时最大值就是 16#0000 FFFF。通常选定反馈类型之后自动设置。

Encoder Sub Mask：反馈掩码。它是指电机转动一圈的脉冲增量。

Encoder Sub Mask 的设置会影响寻参结果，尽量一开始就要设置准确。Encoder Sub Mask 设置，一定要是机构转动一圈的 Actual Position 增量-1。比如一圈 12 位的编码器，一圈有 4096 个脉冲，Sub Mask 就应该是 4095，即 0x00000FFF。

提示：有的第三方驱动器习惯设置电机转动一圈的位置反馈增量为 36000，如果又启用了单圈清零，就要注意 Sub Mask 应设置为 35999，否则 NC 计算位置累积时可能出错。

Reference System：参考系统。它是指 Actual Position 超过 Encoder Mask 后，NC 如何理解实际位置。默认是 INCREMENTAL，意味着 NC 会记忆它的溢出次数，从而定位更大距离范围。

增加式编码器当然最适合这种方式，对于绝对编码器，就要考虑机构的实际动作方向和行程。如果机构执行的是单向运动，行程会超出 Encoder Mask 个脉冲，那么 Reference System 使用默认值 INCREMENTAL 是合适的；如果机构执行的是往返运动，而行程不会超出 Encoder Mask，就应该使用 ABSOLUTE，比如丝杠、摆辊类装置。

Encoder Mask、Encoder Sub Mask 和 Reference System 这 3 个参数结合，决定"位置反馈变量值转换成 NC 轴实际位置的规则"，而 Scaling Factor 则决定转换的比例。正常情况下，这 3 个参数都不用设置，选择好编码器的类型之后 NC 就已经确定了它们的值。但是了解这些参数的作用后，就可以根据项目特点自己做些灵活处理。

当通过总线连接第三方伺服时，这 3 个参数必须手动输入，需要与驱动器内部的参数设置、接口变量类型等匹配。

对于多圈绝对编码器，默认 Reference System 是 ABSOLUTE，NC 不再做位置累加。如果实际电机的行程需要超出绝对圈数，比如永远单向运动的主电机，就需要手动在此修改为其他模式，比如 INCREMENTAL。

（2）Limit Switches

这里是关于软限位的设置，等效于在 Axis 的 Parameter 中的 Monitoring 项的"Position Lag Monitoring"。

（3）Homing

Invert Direction for Calibration Cam Search：是否往负方向运动，寻找原点。

Invert Direction for Sync Impuls Search：找到原点后，是否继续负方向，寻找同步脉冲。

Calibration Value：参考点位置。通常这个值会在 PLC 程序里给定，此处设置不影响。

Reference Mode：寻参模式。如果使用 TcMc2. lib 中的 MC_Home 来寻参，其寻参方向等参数就在这里设置。如果使用伺服本身的寻参功能，这里的设置就无效了，如图 3.22 所示。

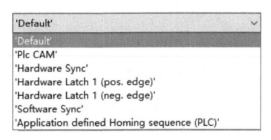

图 3.22　寻参模式的选项

不是所有的编码器类型都支持所有的寻参模式。

Default：不同类型的轴，默认的寻参模式会不同，慎用。

Plc CAM：精度最低而最容易实现的寻参模式。它检测原点开关的上升沿信号，并把那一瞬间的位置作为"原点"。这种方式的寻参误差最大值为"寻参速度"下，NC 轴在一个 PLC 周期走过的距离。

其他选项，参考 5.3 节的内容。

（4）其他设置

1）Encoder Mode（编码器模式）页面如图 3.23 所示。

-	Other Settings:	
	Encoder Mode	'POSVELO'
	Position Correction	'POS'
	Filter Time Position Correction (P-T1)	'POSVELO'
		'POSVELOACC'

图 3.23　Encoder Mode（编码器模式）页面

Encoder Mode（编码器模式）有以下三种选项。

① POS：编码器只用于计算位置，当位置环在驱动器内时使用。

② POSVELO：编码器只用于计算位置和速度，当位置环在 TwinCAT NC 时使用。

③ POSVELOACC：TwinCAT NC 使用编码器来确定位置、速度和加速度时选用。

提示：Encoder Mode 为 POSVELO，此时无法运算实际加速度。如果要从 Scope View 监视到加速度，Encoder Mode 必须选择为 POSVELOACC。

2）Position Correction（位置修正）页面如图 3.24 所示。

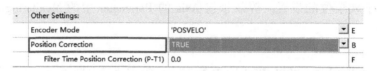

图 3.24　Position Correction（位置修正）页面

4. Sercos

NC 轴的 Sercos 选项卡，如图 3.25 所示。

图 3.25　NC 轴的 Sercos 选项卡

对于 Sercos 或者 Sercos over EtherCAT 的伺服驱动器，比如倍福的 AX5000 系列，Enc 会有 Sercos 配置页面，需要设置 Modulo Scale。这是电机转动一圈的脉冲增量，必须要确认无误。可能默认值并不是真正当前伺服的配置，所以一定要单击"Calculate"按钮，读取伺服里面的相关参数，并自动写入编码器的掩码和子掩码。只有 Sercos 总线状态位于 3 相或 4 相才能计算。如果是 SoE 伺服，则应该是在非使能状态，EtherCAT 处于 SafeOP 或者 OP 状态。

单击"Download"按钮后临时生效，或者激活配置后永久生效。也可以单击"Upload"按钮读取当前值，以验证是否写入成功。

5. Time Compensation

Time Compensation 选项卡，如图 3.26 所示。

| General | NC-Encoder | Parameter | Sercos | Time Compensation | Online |

Parameter	Value
Time Compensation Mode Encoder	'OFF'
IO Time is absolute	FALSE
Encoder Delay in Cycles	0
Additional Encoder Delay	0

图 3.26　Time Compensation 选项卡

Time Compensation 指的是时间补偿，往往因为采样延迟造成，与 NC 周期有关。通常可以不用设置。但在使用 XFC 做探针（TouchProbe）或者凸轮输出（CamSwitch）的时候，一定要打开这个补偿。

6. Online

Online 选项卡，如图 3.27 所示。

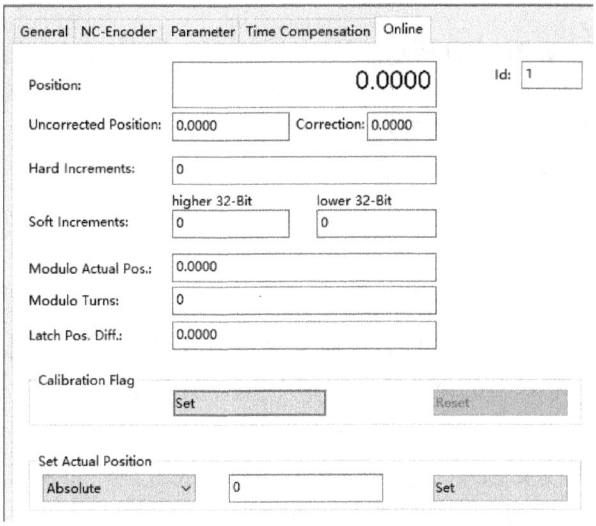

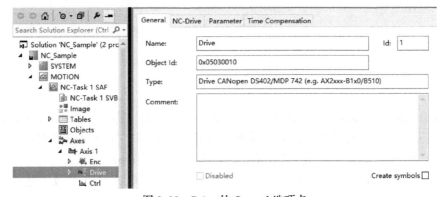

图 3.27   Online 选项卡

此选项卡显示当前位置、转动圈数等信息。其设置位置、显示位置等功能都可以在 Axis 的 Online 选项卡实现，所以这个选项卡很少使用。

这个选项卡可以设置寻参标记"Calibration Flag"，如果机械部分不具备调试条件，而要调试电气部分时，可以使用这个功能。

Lower 32-Bit 的数据来自伺服反馈的 Current Position，Higher 32-Bit 是 NC 内部用于记忆溢出次数的存储器。总共 2^{64} 个编码器脉冲，确保 NC 轴连续单向运动 500 年以上其 NC 位置都不会溢出。

如果 Enc 的 Parameter 的 Encoder Evaluation 中设置了模长因子 Modulo Factor，上述页面中的 Modulo Turns 和 Modulo Actual Pos. 就可以表示实际的圈数和当前的模长内位置。

3.2.3   Drive 驱动器设置

1. General

Drive 的 General 选项卡如图 3.28 所示。

图 3.28   Drive 的 General 选项卡

这个选项卡仅仅显示 Axis Drive 的基本信息，但不可以修改。其中 Drive 的 Id 号与 Axis 的 Id 号一致。

2. NC-Drive

NC-Drive 选项卡，如图 3.29 所示。

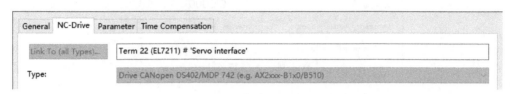

图 3.29 NC-Drive 选项卡

通常情况下，使用总线型伺服驱动器或者高速脉冲接口的伺服时，此处的 "Type" 和 "Link to（all Types）" 都不用单独设置，而是在 Axis 的 Settings 选项卡中统一设置，这里就会自动更新。

当使用模拟量输出模块 EL4xxx 控制伺服驱动器，或者额外加装了编码器，NC 轴的 Enc 使用接编码器的 EL/KL 模块时，才需要配置此选项卡。

3. Parameter

Parameter 选项卡如图 3.30 所示。

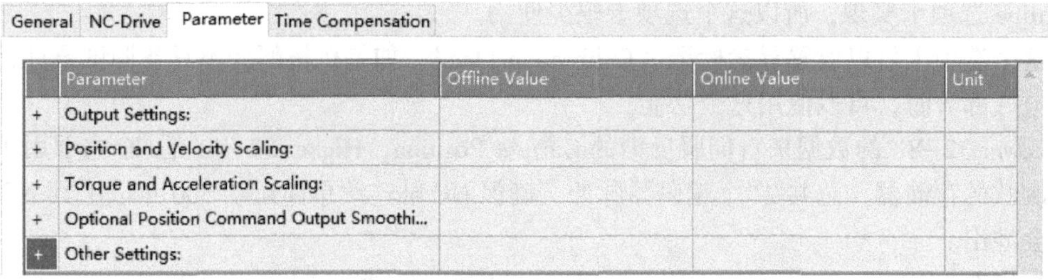

Parameter	Offline Value	Online Value	Unit
+ Output Settings:			
+ Position and Velocity Scaling:			
+ Torque and Acceleration Scaling:			
+ Optional Position Command Output Smoothi...			
+ Other Settings:			

图 3.30 Parameter 选项卡

（1）Output Settings

Output Settings 项如图 3.31 所示。

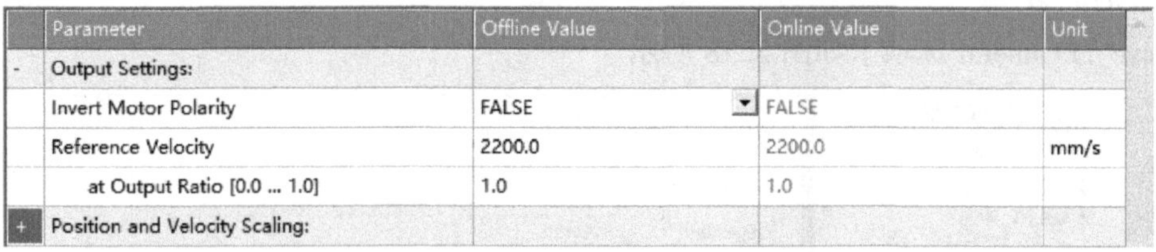

Parameter	Offline Value	Online Value	Unit
- Output Settings:			
Invert Motor Polarity	FALSE	FALSE	
Reference Velocity	2200.0	2200.0	mm/s
at Output Ratio [0.0 ... 1.0]	1.0	1.0	
+ Position and Velocity Scaling:			

图 3.31 Output Settings 项

1）Invert Motor Polarity：电机极性取反，默认为 FALSE。实际应用中，如果默认的电机正向，不是设备工艺要求的正向，就需要在这里取反。注意，同时也应将编码器方向取反（Axis 下 Enc 的 Parameter 选项卡中的 Invert Encoder Counter Direction 项）。

2）Reference Velocity：参考速度，单位为 mm/s，对应电机允许的最大速度。通常在 Axis 的 Parameter 选项卡中的 Velocity 子项中设置，此处数值会相应更新。默认 "at Output

Ratio" 为 1.0，图 3.31 中的意思是 100% 输出时对应的速度值是 2200 mm/s。比如脉冲控制伺服时，100% 输出就是 32767 mm/s。

（2）Position and Velocity Scaling

Position and Velocity Scaling 参数组如图 3.32 所示。

1）Output Scaling Factor（Velocity）：速度输出系数。位置环在 NC 中完成时，这个参数是最重要的也是最难确定的参数。后续章节在讲到伺服 CSV 模式、全闭环时都会讲到这个参数的计算方法。

2）Minimum Drive Output Limitation 和 Maximum Drive Output Limitation，是指允许最大正向和反向速度的百分比。如果想禁止反转，把 Minimum 设置成 0 即可。与 Enable 中的 Override 相比，Limitation 用于限幅，只要不超限，就按原比例输出，而 Override 是全量程缩小比例输出。

Position and Velocity Scaling:			
Output Scaling Factor (Position)	1.0	1.0	
Output Scaling Factor (Velocity)	1.0	1.0	
Output Delay (Velocity)	0.0	0.0	s
Minimum Drive Output Limitation [-1.0 ... 1.0]	-1.0	-1.0	
Maximum Drive Output Limitation [-1.0 ... 1.0]	1.0	1.0	

图 3.32　Position and Velocity Scaling 参数组

（3）Torque and Acceleration Scaling

Torque and Acceleration Scaling（力矩和加速度的比例）参数组如图 3.33 所示。

Torque and Acceleration Scaling:			
Input Scaling Factor (Actual Torque)	0.1	0.1	
Input P-T1 Filter Time (Actual Torque)	0.0	0.0	s
Input P-T1 Filter (Actual Torque Derivative)	0.0	0.0	s
Output Scaling Factor (Torque)	0.0	0.0	
Output Delay (Torque)	0.0	0.0	
Output Scaling Factor (Acceleration)	0.0	0.0	
Output Delay (Acceleration)	0.0	0.0	s

图 3.33　Torque and Acceleraton Scaling 参数组

（4）Optional Position Command Output Smoothing

Optional Position Command Output smoothing，即设定位置的输出平滑（可选）参数组，如图 3.34 所示。

Optional Position Command Output Smoothi...			
Smoothing Filter Type	'Moving Average'	'OFF (default)'	
Smoothing Filter Time	'OFF (default)'	0.01	s
Smoothing Filter Order (P-Tn only)	'Moving Average' / 'P-Tn'	2	

图 3.34　设定位置的输出平滑（可选）参数组

默认这个选项是关闭的。

（5）Other Settings

Following Error Calculation 参数组如图 3.35 所示。

	Other Settings:			
	Drive Mode	'STANDARD'	'STANDARD'	
	Drift Compensation (DAC-Offset)	0.0	0.0	mm/s
	Following Error Calculation	'Intern'	'Intern'	
	Error Tolerance (NC error handling)	'STANDARD'	'STANDARD'	

图 3.35　Following Error Calculation 参数组

Following Error，有的地方又写成 Lag Distance，意思是"跟随误差"。图 3.35 中，最常用的是 Following Error Calculation。选择 Intern 表示使用 NC 轴的 Set Position 和 Actual Position 的差值作为跟随误差，而选择 Extern 表示使用伺服驱动器反馈的"跟随误差"作为 NC 轴的跟随误差。注意，使用 Extern 的前提是伺服工作在位置同步模式（CSP），并且 Process Data 的 Input 变量中确实包含了"跟随误差"。通常 Intern 模式下的跟随误差至少是一个 NC SVB 周期内轴运动的距离，比如 2 ms；而 Extern 模式下的跟随误差则是一个驱动位置环周期内轴移动的距离，比如 125 μs。可见后者更小，也更真实。

Axis 链接到驱动器时，如果 Inputs 中有 Following Error，这个选项会自动设置为 Extern。但低版本的 TwinCAT 没有这个功能，实际使用中建议用户亲自确认该选项。

4. Time Compensation

Time Compensation 参数组如图 3.36 所示。

Parameter	Offline Value	Online Value	Unit
Time Compensation Mode Drive (position mo...	'OFF'	'OFF'	
IO Time is absolute	FALSE		
Task Delay in Cycles	1		
Drive Delay in Cycles	1		
Additional Drive Delay	0	0	μs

图 3.36　Time Compensation 参数组

Time Compensation 指的是时间补偿，往往因为采样延迟造成，与 NC 周期有关。通常可以不用设置。但在使用 XFC 做探针（TouchProbe）或者凸轮输出（CamSwitch）的时候，一定要打开这个补偿。

5. Sercos

Sercos 选项卡如图 3.37 所示。

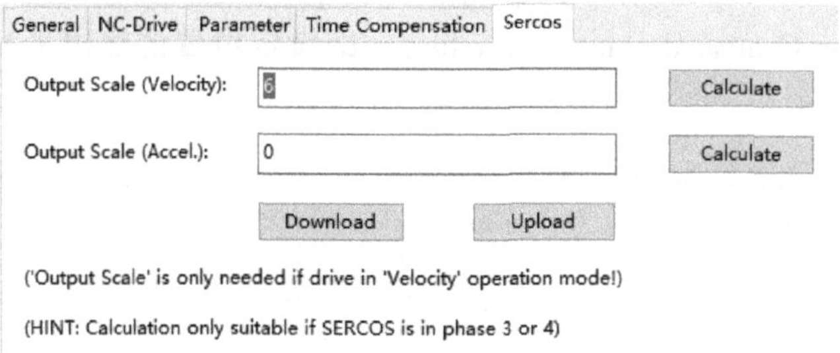

图 3.37　Sercos 选项卡

对于 Sercos 伺服，比如倍福的 AX5000 系列，会有 Sercos 配置页面。必须在这里单击 "Calculate" 按钮，以便读取伺服里面的相关参数，并写入编码器的掩码和子掩码。只有 Sercos 总线状态位于 3 或 4 相时才能计算。如果是 SoE 伺服，则应该是在非使能状态，EtherCAT 处于 SafeOP 或者 OP 状态。

单击"Download"按钮后临时生效，或者激活配置后永久生效。也可以单击"Upload"
按钮读取当前值，以验证是否写入成功。

3.2.4 Ctrl 控制参数设置

1. General

General 选项卡如图 3.38 所示。

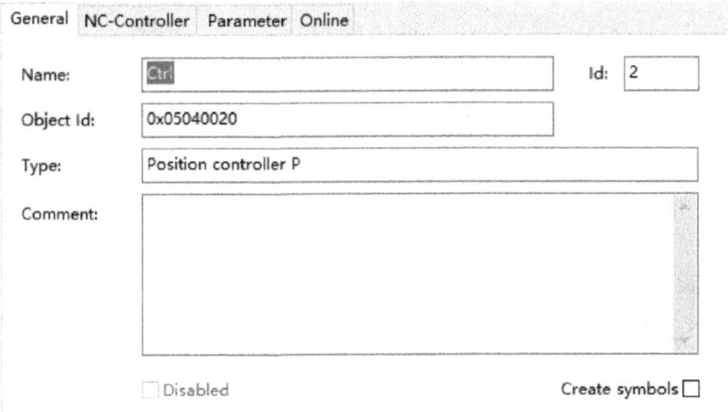

图 3.38 General 选项卡

2. NC-Controller

NC-Controller 选项卡如图 3.39 所示。

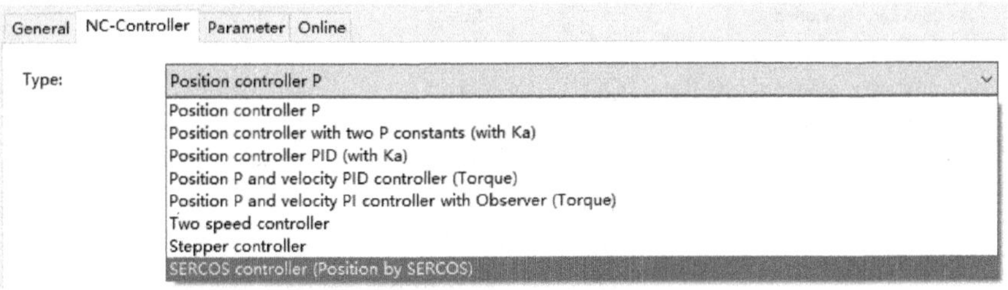

图 3.39 NC-Controller 选项卡

默认的控制模型是"Position Controller P"，如果伺服驱动器工作在位置模式下，此处设
置的比例增益也不起作用。大多数应用场合，即使位置环在 TwinCAT NC 中完成，也只是开
环或者半闭环控制，只需要简单设置比例增益即可，用户不需要了解完整的控制模型和控制
参数。

先选择 NC 轴的控制模型，针对不同的控制模型，有不同的参数项可供设置，见表 3.1。

表 3.1 驱动器工作模式与 NC 轴控制模型的对应

驱动器工作模式	NC轴控制模型	说明
位置同步模式（CSP）	Position Controller P	不用设置Ctrl控制参数
速度同步模式（CSV）	Position Controller P	Ctrl中只要设置比例P
	Position Controller with two P constants (with Ka)	Ctrl 中可以设置低速和高速不同的比例 可以设置速度前馈和加速度前馈
	Position Controller PID(with Ka)	可以设置速度前馈和加速度前馈

比例增益可以分别从两个界面设置，如图 3.40 所示。

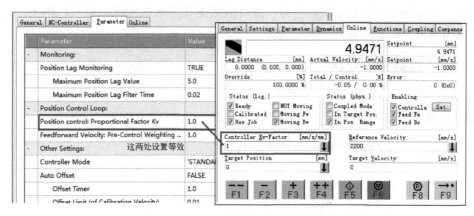

图 3.40　TwinCAT NC 做位置环控制的比例增益

图 3.40 的两处设置都同等效果，该值可以在轴使能并运动的过程中修改，但要注意修改参数后需要单击"下载"按钮才会生效。

3. Parameter

Parameter 选项卡如图 3.41 所示。

Parameter	Offline Value	Online Value
Monitoring:		
Position Lag Monitoring	TRUE	
Maximum Position Lag Value	5.0	
Maximum Position Lag Filter Time	0.02	
Position Control Loop:		
Position control: Proportional Factor Kv	1.0	
Feedforward Velocity: Pre-Control Weighting [0.0 ... 1.0]	1.0	
Other Settings:		
Controller Mode	'STANDARD'	
Auto Offset	FALSE	
Offset Timer	1.0	
Offset Limit (of Calibration Velocity)	0.01	
Slave coupling control: Proportional Factor Kcp	0.0	
Controller Outputlimit [0.0 ... 1.0]	0.5	

图 3.41　Parameter 选项卡

1）NC 轴的 Monitoring 参数组如图 3.42 所示。

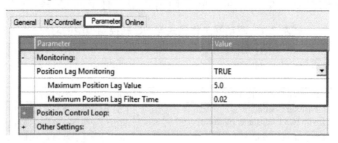

图 3.42　NC 轴的 Monitoring 参数组

跟随误差检测的开启和阈值设定，图 3.42 中表示跟随误差连续 0.02 s 超过 5 mm 就会 Axis 报警。从报警代码以及报警提示都可以显示是跟随误差报警。

2）NC 轴的 Position Control Loop 参数组如图 3.43 所示。

Parameter	Value
+ Monitoring:	
- Position Control Loop:	
Position control: Dead Band Position Deviation	0.0
Position control: Proportional Factor Kv	1.0
Position control: Integral Action Time Tn	0.0
Position control: Derivative Action Time Tv	0.0
Position control: Damping Time Td	0.0
Position control: Min./max. limitation I-Part [0.0 ...	0.1
Position control: Min./max. limitation D-Part [0.0 ...	0.1
Disable I-Part during active positioning	FALSE
Feedforward Acceleration: Proportional Factor Ka	0.0
Feedforward Velocity: Pre-Control Weighting [0.0	1.0
- Other Settings:	

图 3.43 NC 轴的 Position Control Loop 参数组

根据控制模型的不同，位置环参数也不同，图 3.43 中是 PID with Ka 时的参数列表。

3）Other Settings 参数组如图 3.44 所示。

Parameter	Value
+ Monitoring:	
+ Position Control Loop:	
- Other Settings:	
Controller Mode	'STANDARD'
Auto Offset	FALSE
Offset Timer	1.0
Offset Limit (of Calibration Velocity)	0.01
Slave coupling control: Proportional Factor Kcp	0.0
Controller Outputlimit [0.0 ... 1.0]	0.5

图 3.44 Other Settings 参数组

NC 轴的 Inputs 和 Outputs 子项如图 3.45 所示。

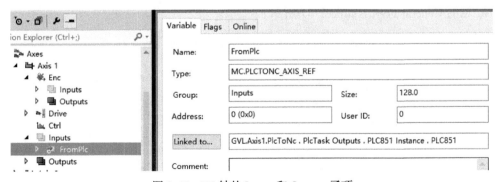

图 3.45 NC 轴的 Inputs 和 Outputs 子项

这两个映射的数据结构体元素如图 3.46 所示。

图 3.46　NC 轴的 Inputs 和 Outputs 数据结构体元素

图 3.46 中 FromPlc 是 PLC 发给 NC 轴的控制字和参数，在这里可以看到 PLC 程序的最终运算结果。最常用的就是看 ControlDword 的低 3 位，如果为 7 表示使能成功。

有兴趣的话，仔细看看里面都有哪些变量，就可以明白 PLC 调用 MC 库控制 NC 动作时，为什么有的命令是上升沿触发而有的命令要持续赋值，另外对于 NC 轴的标记位发生时序也会有更好的理解。

3.3　Axis 调试界面

本节详细介绍各调试界面，可供查询参考。

3.3.1　General 和 Settings

1. General

NC 轴的 General 选项卡如图 3.47 所示。

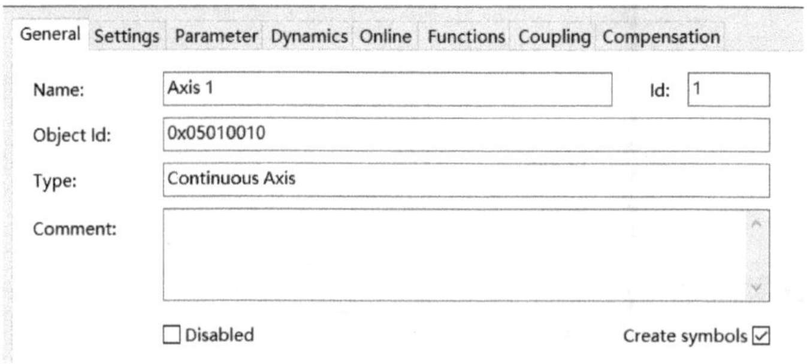

| General | Settings | Parameter | Dynamics | Online | Functions | Coupling | Compensation |

Name:	Axis 1	Id:	1
Object Id:	0x05010010		
Type:	Continuous Axis		
Comment:			

☐ Disabled　　　　　　　　Create symbols ☑

图 3.47　NC 轴的 General 选项卡

Name：轴的名称，可修改。

Type：轴的类别，在创建轴时即已确定，此处不可修改。

Id：轴的序号，按创建顺序编号，不可修改。

Create symbols：选中此项，ADS Client 就可以通过变量名访问 NC 轴。

Disable：选中此项，NC 轴停止运行。

2. Settings

NC 轴的 Settings 选项卡如图 3.48 所示。

图 3.48　NC 轴的 Settings 选项卡

1）Axis Type，NC 轴的接口类型。TwinCAT NC 支持多种硬件接口方式，如图 3.49 所示。

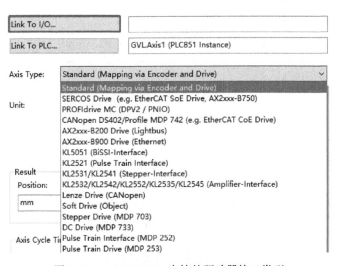

图 3.49　TwinCAT NC 支持的驱动器接口类型

SERCOS 和 SERCOS over EtherCAT：适用于倍福的 AX5000 及 AX2000-B750；第三方 SERCOS 伺服驱动器；第三方的 SERCOS over EtherCAT 伺服驱动器。

CANopen（DS402）和 CANopen over EtherCAT：适用于倍福的 EL72x1 紧凑伺服驱动模块；第三方 CANopen（DS402）伺服或者步进驱动器；第三方的 CANopen over EtherCAT 伺服驱动器（DS402）。

MDP 紧凑驱动模块：适用于 MDP742，倍福紧凑伺服模块 EL7201；MDP703，倍福紧凑步进模块 EL703x/EL704x、KL2531/KL2541；MDP253，倍福脉冲输出模块 EL2521。

LIGHTBUS：适用于倍福的 AX2000-B200。

Realtime Ethernet：适用于倍福的 AX2000-B900。

PROFIdrive：适用于第三方的 PROFIdrive 伺服驱动器。

模拟量模块+位置反馈模块，适用于第三方的模拟量接口的伺服驱动器，比如+10 V 的输出模块 KL/EL4031 配编码器模块 KL/EL5101。

2）NC 轴 "Link To" 驱动器。除模拟量模块控制以外，只要没有附加编码器做全闭环控制的轴，都可以在这里设定硬件类型和映射关系，如图 3.50 所示。

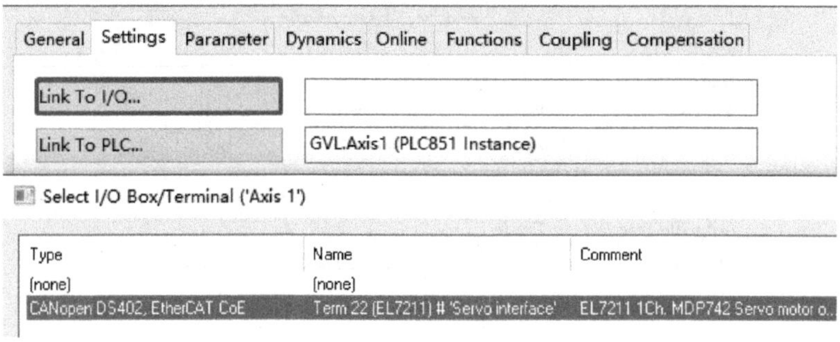

图 3.50　NC 轴链接到驱动器

总线接口的驱动器，可以直接单击 "Link To I/O" 按钮链接伺服，伺服下面所有的 Process Data 就会全部自动链接，不需要单独链接每个变量。

NC 轴的 Unit 量纲设置如图 3.51 所示。

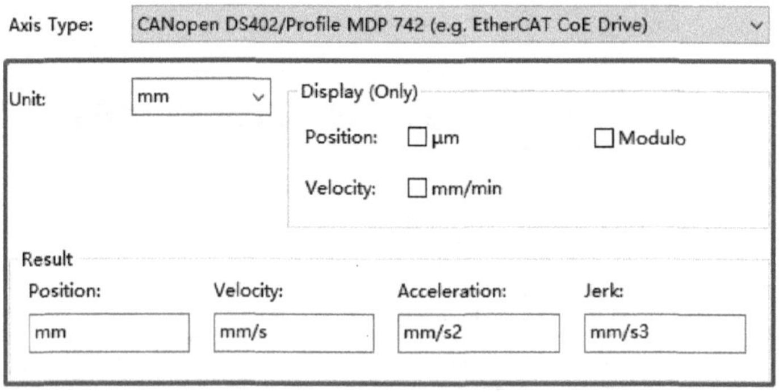

图 3.51　NC 轴的 Unit 量纲设置

Unit 和 Display（only）尽量使用默认值，以避免速度、位移、加速度的单位不匹配引起混乱。

Axis Cycle Time/Access Divider 设置如图 3.52 所示。

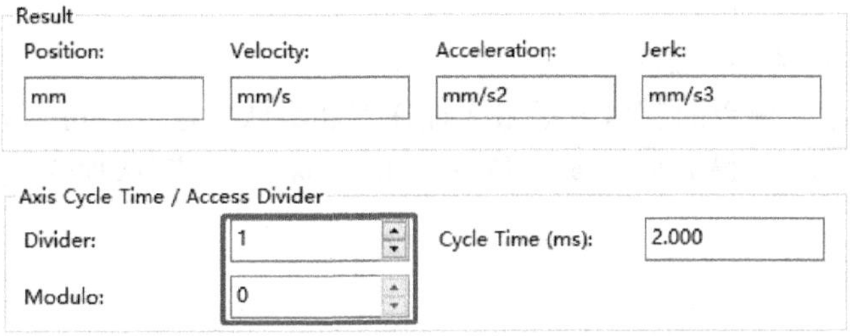

图 3.52　Axis Cycle Time/Access Divider 设置

对于 NC SVB 周期，Divider 相当于一个倍数，默认值为 1。如果 SVB 周期是 2 ms，则 Divider 为 4，Cycle Time 为 8 ms。注意，Divider 必须是 2^n，如果 Divider>1，Modulo 就可以是 0~（Divider-1）之间的任意整数，表示这个轴的控制周期起始时间与整个 SVB 任务起始时间的偏移。

当轴数很多，只有少量需要很短的任务周期，而其他轴要求较低时，Divider 的设置可以有效降低 CPU 资源的消耗。

3.3.2　Axis 的参数设置

Axis 的参数设置，有一部分与 Ctrl 参数重叠，一部分与 Drive 参数重叠，还有部分与 Dynamics 选项卡重叠。除了可以在此集中查看 Axis 的参数之外，也有部分参数是其他选项卡中没有包括的。Axis 的参数设置界面如图 3.53 所示。

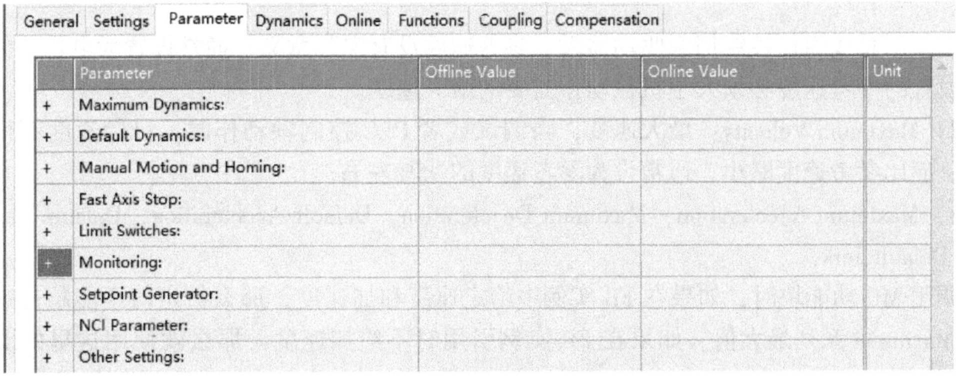

图 3.53　Axis 的参数设置界面

这里包括轴的整体参数如下。

Maximum Dynamics：最大速度，最大加减度。

Default Dynamics：默认加速度和加加速度。

Manual Motion and Homing：点动速度和回零速度。

Fast Axis Stop：快速停止的加速度及加加速度。

Limit Switches：软限位开关。

Monitoring：跟随误差监视。

Setpoint Generator：设置点发生器。

NCI Parameter：插补参数。

Other Settings：其他设置。

1. 最大加速度和默认加速度

在 TwinCAT 3 中，配置时就区分了最大加速度和默认加速度，可以分别设置。

Maximum Dynamics（最大加速度）和 Default Dynamics（默认加速度）参数组如图 3.54 所示。

Parameter	Offline Value	Online Value	Unit
Maximum Dynamics:			
Reference Velocity	2200.0		mm/s
Maximum Velocity	2000.0		mm/s
Maximum Acceleration	15000.0		mm/s2
Maximum Deceleration	15000.0		mm/s2
Default Dynamics:			
Default Acceleration	1500.0		mm/s2
Default Deceleration	1500.0		mm/s2
Default Jerk	2250.0		mm/s3

图 3.54　最大加速度和默认加速度参数组

1）Reference Velocity：参考速度，单位 mm/s。

当使用步进电机模块 KL2531/2541、EL7031/7041、脉冲输出模块 KL/EL2521 以及模拟量输出模块控制伺服时，参考速度就是输出变量 nDataOut 为最大值（32767）时的电机速度。

当使用总线通信控制伺服驱动器时，参考速度没有实际意义，通常设置为电机的额定速度，设置的参考速度必须大于机械动作需要的最大速度。

2）Maximum Velocity：最大速度，当调试或者 PLC 控制轴动作时，目标速度不得超过此值，应比参考速度略小，通常设为参考速度的 95% 左右。

3）Maximum Acceleration，Maximum Deceleration，Default Acceleration，Default Deceleration，Default Jerk。

调用 MC 功能块时，如果在 FB 实例中给定速度和加速度，那么给定值不能超过这里定义的 Maximum 系列最大值。如果在 FB 实例引用时不给加速度，那么就使用这里的 Default Dynamic 值。

2. 点动速度和回零速度

Manual Motion and Homing（点动速度和回零速度）参数组如图 3.55 所示。

1）Homing Velocity（towards plc cam）和（off plc cam），指回零速度，分别定义寻找原点开关和离开原点开关的速度。在 PLC 程序中调用功能块 MC_Home 时，NC 轴就会使用这两个速度来回原点。

2）Manual Velocity（Fast）和（Slow），用于点动。用 MC_Jog 指令点动时，有多种 Jog 模式可选，Continuous 模式是从 PLC 里给定点动速度，Fast/Slow 模式就会用到这里设置的 Manual Velocity Fast 或者 Slow。Axis 的 Online 选项卡中的点动按钮也是使用这里定义的速度。

Manual Motion and Homing:			
Homing Velocity (towards plc cam)	30.0		mm/s
Homing Velocity (off plc cam)	30.0		mm/s
Manual Velocity (Fast)	600.0		mm/s
Manual Velocity (Slow)	100.0		mm/s
Jog Increment (Forward)	5.0		mm
Jog Increment (Backward)	5.0		mm

图 3.55　点动速度和回零速度参数组

3）Jog Increment（Forward）和（Backward），用于寸进模式的步长。MC_Jog 指令中选择 Inching 模式时，就使用这两个参数定义的步长。

3. 急停减速度

Fast Axis Stop 参数组如图 3.56 所示。

-	Fast Axis Stop:		
	Fast Axis Stop Signal Type (optional)	'OFF (default)'	'OFF (default)'
	Fast Acceleration (optional)	0.0	0.0
	Fast Deceleration (optional)	0.0	0.0
	Fast Jerk (optional)	0.0	0.0

图 3.56　Fast Axis Stop 参数组

简而言之，正常情况的 Axis 停止是用功能块 MC_Stop 触发，紧急情况下需要 Axis 尽快停止，这时候就要用 Axis. Drive. Inputs. In. nState4 的 Bit 7 来触发急停动作，急停的减速度就在 Fast Axis Stop 中定义，如图 3.57 所示。

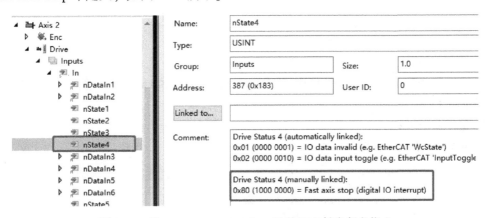

图 3.57　从 Drive. Inputs. In. nStated4 的 Bit7 触发紧急停止

4. 软限位

Limit Switches 参数组如图 3.58 所示。

Minimum/Maximum Position：最小位置和最大位置。超出时动作停止，NC 报错。

Soft Position Limit Minimum/Maximum Monitoring：默认为 FALSE。如果设置为 TRUE，那么无论是用 PLC 发 MC 指令还是在 TwinCAT 开发环境控制 NC 轴动作，设定位置都必须在 Limit Switches 设定的范围内，否则 Move 指令就会被拒绝执行，这就叫软限位。

	Limit Switches:		
	Soft Position Limit Minimum Monitoring	FALSE	FALSE
	Minimum Position	0.0	0.0
	Soft Position Limit Maximum Monitoring	FALSE	FALSE
	Maximum Position	0.0	0.0

图 3.58　Limit Switches 参数组

软限位只有在显示的 Axis 位置与机械位置对应上以后才有意义，比如使用多圈绝对编码器，或者成功寻参结束时。

5. 设置点发生器

Setpoint Generator（设置点发生器）参数组如图 3.59 所示。

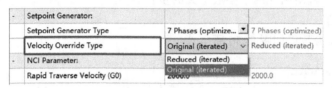

图 3.59　设置点发生器参数组

设置点发生器的模型，现在只有一种标准的 7 段曲线，这是经典的运动模型，有兴趣的读者可以搜索相关资料。此处也没有其他选项，忽略也可以。

Velocity Override Type：此处可以选择 Reduced 或者 Original。

6. NCI 参数

NCI Parameter 参数组如图 3.60 所示。

	NCI Parameter:		
	Rapid Traverse Velocity (G0)	2000.0	2000.0
	Velo Jump Factor	0.0	0.0
	Tolerance ball auxiliary axis	0.0	0.0
	Max. position deviation, aux. axis	0.0	0.0

图 3.60　NCI Parameter 参数组

这里的参数设置用于 Axis 轴集成到 NCI 插补通道时，执行 G 代码过程中的一些特征参数。详见第 13 章。

7. 运动状态监视

Monitoring 参数组如图 3.61 所示。

	Monitoring:		
	Position Lag Monitoring	TRUE	TRUE
	Maximum Position Lag Value	5.0	5.0
	Maximum Position Lag Filter Time	0.02	0.02
	Position Range Monitoring	TRUE	TRUE
	Position Range Window	5.0	5.0
	Target Position Monitoring	TRUE	TRUE
	Target Position Window	2.0	2.0
	Target Position Monitoring Time	0.02	0.02
	In-Target Alarm	FALSE	FALSE
	In-Target Timeout	5.0	5.0
	Motion Monitoring	FALSE	FALSE
	Motion Monitoring Window	0.1	0.1
	Motion Monitoring Time	0.5	0.5

图 3.61　Monitoring 参数组

1）Position Lag Monitoring。跟随误差监视，为 TRUE 时允许监视，如果跟随误差超过了 Maximum Position Lag Value，则 NC 报错。跟随误差（又称 Following Error），可以在调试时的 Lag Distance 中在线监视，如图 3.62 所示。

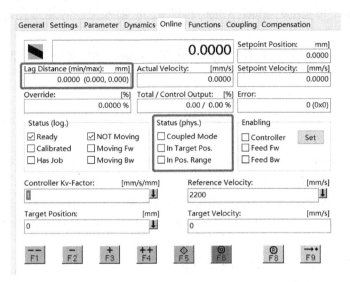

图 3.62　在线显示跟随误差

2）Position Range Monitoring 和 Target Position Monitoring。

启用位置范围和目标位置监视功能，一旦实际位置进入设定范围，会将 NC 的相应轴标记位。调试时可从图 3.62 中的 Status（phys.）显示标记位状态。

8. 其他设置

NC 轴的 Other Settings 参数组如图 3.63 所示。

1）Backlash Compensation（背隙补偿）。螺杠反向传动时，电机可能先要运转一点距离以抵消背隙的影响。然后电机轴伸端才能和丝杠严格咬合，维持刚性连接。在要求较高且正反转的场合，需要设置这个值。

配套文档 3-1
NC 轴的标记位

Other Settings:		
Position Correction	FALSE	FALSE
Filter Time Position Correction (P-T1)	0.0	0.0
Backlash Compensation	FALSE	FALSE
Backlash	0.0	0.0
Error Propagation Mode	'INSTANTANEOUS'	'INSTANTANEOUS'
Error Propagation Delay	0.0	0.0
Couple slave to actual values if not enabled	FALSE	FALSE
Velocity Window	1.0	1.0
Filter Time for Velocity Window	0.01	0.01
Allow motion commands to slave axis	TRUE	TRUE
Allow motion commands to external setpoint axis	FALSE	FALSE
Dead Time Compensation (Delay Velo and Position)	0.0	0.0
Data Persistence	FALSE	FALSE

图 3.63　NC 轴的 Other Settings 参数组

2）Error Propagation Mode（延迟报警）。对于耦合中的主轴或者从轴，默认设置 IN-STANTANEOUS 是指一个轴报警，相关的轴也会报"Group Error"。如果希望不受影响，此项可以设置为 Delay，然后在下面的一格设置延时的时间。

3）Couple slave to actual values if not enabled，从轴未使能时是否允许耦合。默认是禁止的。

4）Allow motion commands to slave axis，允许从轴接收动作命令。耦合中的从轴接收到运动命令后，立即解耦，并且执行动作。

如果想解耦后停止，可以执行 MC_Halt。这也是一个特殊的动作命令。

5）Allow motion commands to external setpoint axis，允许使用外部位置发生器的轴接收动作命令，此时将中止外部发生器。

6）Dead Time Compensation（Delay Velo and Position），死区补偿（速度和位置延时）。使用 NC 做位置环控制时，需要设置为 3.5~4 倍 SVB 周期。

在 Axis 调试界面设置轴的参数，设置完成后需要单击"Download"按钮，新的参数值才生效。有的参数随时可以修改，比如 Dynamics，而有的参数在 Enable 状态下不能修改，比如 Scaling Factor。

保存文件重新激活配置，则所有修改生效。

9. NC 轴参数的 ADS 信息

NC 轴参数不仅可以从 System Manager 设置，也可以从 PLC 程序访问，以便最终用户可以在 HMI 界面上修改。

从 PLC 访问 NC 轴参数是通过 ADS 通信实现的，NC 轴参数的 ADS 信息可以从 Bekchoff Information System 上查询，也可以直接在 System Manager 调试界面上看到，方法是：选中目标参数，将指针停留其上 1~2 s，就会弹出 ADS 信息提示，如图 3.64 所示。

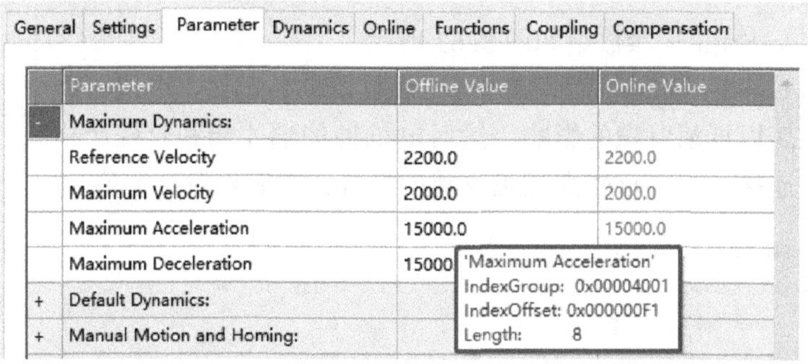

图 3.64　NC 轴参数的 ADS 信息

3.3.3　Dynamics

Dynamics（动态特性）选项卡如图 3.65 所示。

可以有两种方式设置 NC 轴的动态特性：一是设置加速度到指定速度的时间，二是直接输入加速度值。据作者经验，设置加速度时间的方法比较直观，也容易修改。

除了设置加速度以外，还可以设置加加速度（Jerk），也有两种方法可用：一是拉动 a(t)、v(t)特性曲线的滑动条，二是直接输入 Jerk 值。据作者经验，拉动滑动条的方法比较直观。越往右，加加速度越快，机构动作时冲击越大。反之，机构动作越平滑。

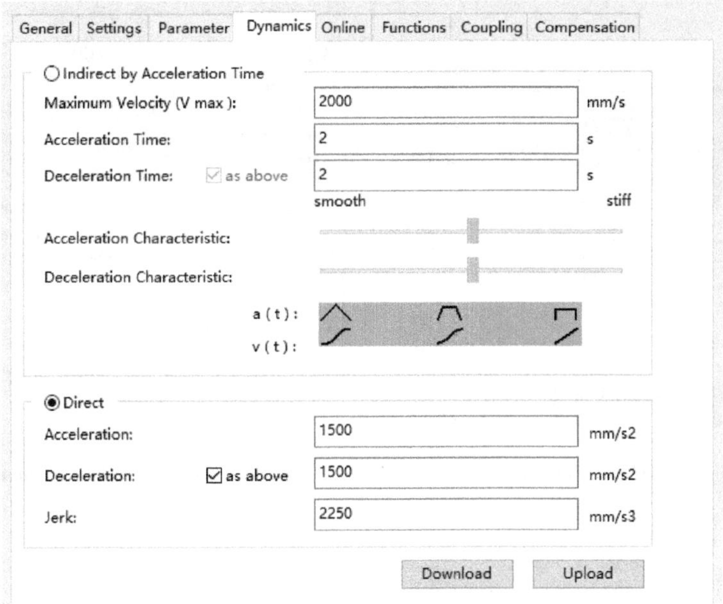

图 3.65　动态特性选项卡

动态特性与电机的惯量、负载的惯量及额定转矩相匹配。在机械和电气特性都能达到，并且工艺允许的前提下，加速时间越短，整套系统的速度越快，生产效率越高。

提示：Dynamics 参数不需要重启就可以立即生效，但修改参数后必须单击"Download"按钮，参数才写到 NC 的运行核。为了验证是否下载成功，可以再单击"Upload"按钮。Dynamics 参数调整满意后，必须保存文件并激活配置，这样下次 TwinCAT 启动后，才会按最终的参数运行。

3.3.4　Online

此为调试页面，仅当当前配置文件与目标系统的实际配置文件一致，且目标系统处于 Running 模式时才可用。因此，配置好 NC 轴后，应保存，然后登入目标系统并激活配置，切入运行模式。NC 轴的 Online 选项卡如图 3.66 所示。

这里的 F1~F9，与 PC 键盘的功能键〈F1〉~〈F9〉是等效的，用户可以用鼠标单击界面上的按钮，也可以直接按下键盘上对应的功能键。

这里的速度、位置及跟随误差等，默认都是以"mm"为单位。如果关联了伺服驱动器，就表示这些参数都是根据编码器的脉冲当量"Scaling Factor"换算之后的值。

3.3.5　Functions

NC 轴的 Functions 选项卡如图 3.67 所示。

图 3.67 中 1、2、3 处的功能分别是点位运动、原始速度输出、设置当前位置。

（1）点位运动的种类（Start Mode）

TwinCAT System Manager 的 NC 调试界面提供的点位动作类型如图 3.68 所示。

Absolute：指定绝对位置和速度，相当于功能块 MC_MoveAbsolute。

Relative：指定相对位置和速度，相当于功能块 MC_MoveRelative。

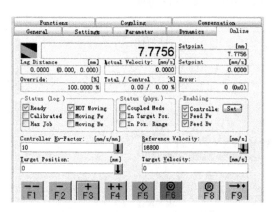

图 3.66　NC 轴的 Online 选项卡

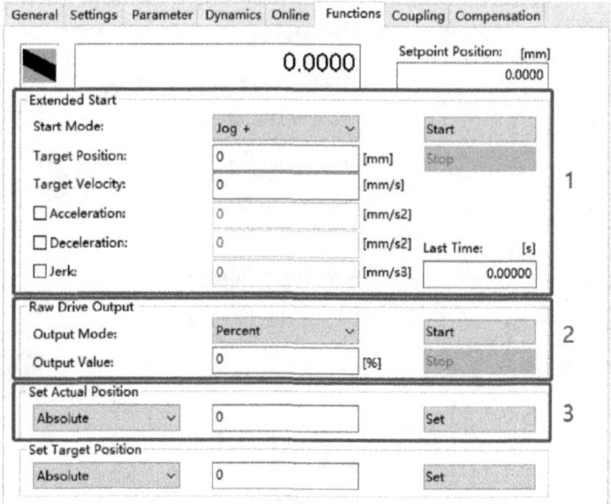

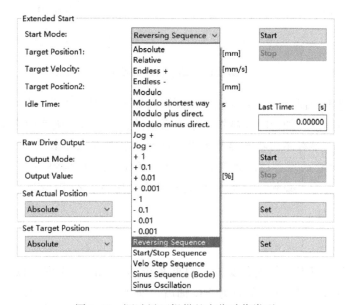

图 3.67　NC 轴的 Functions 选项卡

图 3.68　调试界面提供的点位动作类型

Endless+和 Endless-：指正向或者反向匀速运动，相当于功能块 MC_MoveVelocity。

Modulo、Modulo shortest way、Modulo minusdirect、Modulo plusdirect：在模长内定位。依次相当于功能块 MC_MoveModulo 的当前方向、最短路径、反方向/正方向动作到模长内指定位置。

Reversing Sequence：以指定速度在两个绝对位置间往复运动，通常在调位置环时使用。

Velo Step Sequence：用于测试伺服轴在速度阶跃时的响应，通常在调速度环时使用。

（2）原始速度值输出（Raw Drive Output）

对于在 NC 中实现位置环的轴，使用 Raw Drive Output 可以测试脱离位置环直接控制输出的速度。输出速度有两种方式来测试，如图 3.69 所示。

在图 3.69 中，Percent 和 Velocity 两个选项的含义如下。

Percent：直接输出 Reference 速度的百分比，如果输出的是一个 16 位整数，那么这里设置 Output Value 为 100%，就会输出最大值 32767。

46

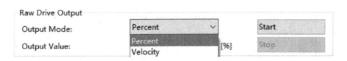

图 3.69　Output Mode 选择

Velocity：速度单位是 mm/s，当其值为 Reference Velocity 时，输出最大值就是 32767。如果是总线输出的，这个最大值可能就不是 32767，但是必定与 Process Data 中的给定速度成正比，并且脱离位置环调节，所以不会波动。

（3）设置当前位置（Set Actual Position）

默认把当前位置设为 0，或者任意指定值。寻参之前，可以凭观测手动设置当前位置。

可以选择 Absolute 或者 Relative，但是实际调试时，通常都用 Absolute 设置当前的绝对位置。

3.3.6　Coupling

NC 轴的 Coupling（耦合）选项卡如图 3.70 所示。

| General | Settings | Parameter | Dynamics | Online | Functions | Coupling | Compensation |

| | | 0.0000 | Setpoint Pos.:　m] |
| | | | 0.0000 |

Master/Slave Coupling

Master Axis:	Axis 2 ∨	Couple
Coupling Mode:	Linear ∨	Decouple
Coupling Factor:	1	[mm/mm Change Factor
Parameter 2:	0	Stop
Parameter 3:	0	
Parameter 4:	0	
Table Id:	0	
Interpolation Type:	Linear ∨	
Slave Offset:	0	☑ Absolute
Master Offset:	0	☑ Absolute

图 3.70　NC 轴的 Coupling（耦合）选项卡

在 Online 选项卡中使能 Axis 并点动正常之后，在此选项卡测试双轴联动。通过选择 Coupling Mode，可以选择电子凸轮或者电子齿轮方式耦合。如果选择凸轮方式，则还需要在 Table Id 框中填写凸轮编号。如果选择齿轮，则在 Coupling Factor 中输入齿轮比。

单击"Couple"按钮之后，右上角的 Setpoint Pos. 的值就会变成红色，标志着此时该轴为耦合从轴状态，不能执行定位、定速等动作，也不能设置当前位置或者寻参。

3.3.7　Compensation

NC 轴的 Compensation 选项卡如图 3.71 所示。

在 Function 选项卡中测试各轴指定动作正常之后，在此选项卡测试位置补偿。

在 TwinCAT 的 NC 轴调试界面测试电机性能完成后，就可以设置与 PLC 程序的对接了，为下一步实现由 PLC 程序控制 NC 轴运动做准备。

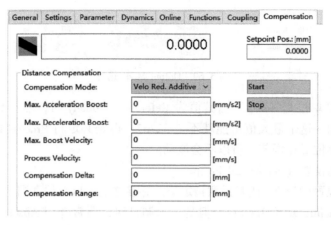

图 3.71　NC 轴的 Compensation 选项卡

3.4　单轴调试

3.4.1　使能和点动

前面几节是调试界面的使用，正式的调试从本节开始。

1. 准备工作

对于虚轴，无须任何准备。

对于实际的电机轴，在调试前，应做到以下几点。

1）伺服驱动器脱离 NC 可以控制电机转动。

2）计算 Axis_Enc 的 Scaling Factor 及设置 Encoder Counter Direction。

3）确认通信正常。

4）使能 NC 轴，如图 3.72 所示。

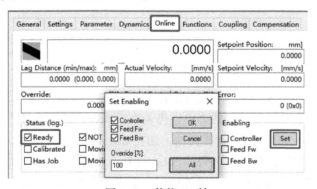

图 3.72　使能 NC 轴

2. 开始调试

可以直接单击"All"按钮，系统会自动勾选图 3.72 中的三个复选框，并把 Override 设成 100%。

Override：指速度输出百分比，是 0~100.0 的实数，100.0 表示 PLC 给定速度为 200 mm/s 时，NC 轴的目标速度也是 200 mm/s，如果 Override 为 80.0，PLC 同样给定速度下，NC 轴的目标速度只有 80%，即 200 mm/s×80% = 160 mm/s。Override 可以在使能状态下动态修改，实际输出速度会随之成比例变化。连接硬件轴调试之初，为安全起见，通常把 Override 设置成小于 50 甚至更小的值，待机械部分走顺，逻辑都调通之后才逐步加大到 100.0。

使能之后，如果驱动器正常，Status 的 Ready 标记应为 TRUE，只有 Ready 为 TRUE，才能进行下一部操作。否则，请先检查硬件点动 NC 轴，如图 3.73 所示。

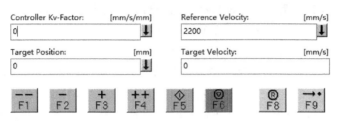

图 3.73　点动按钮

在图 3.73 中，把 Controller Kv-Factor 设为 0，并单击旁边的向下箭头，下载该参数。该值默认为 1，改成 0 是为了避免参数初始设置错误时出现 "飞车"。
然后使用计算机键盘上的〈F1〉～〈F9〉或者分别单击界面上的相应按钮进行设置。
F1：反向快速点动，速度为 Parameter 选项卡中的 "Manual Velocity（Fast）"。
F2：反向慢速点动，速度为 Parameter 选项卡中的 "Manual Velocity（Slow）"。
F3：正向慢速点动，速度为 Parameter 选项卡中的 "Manual Velocity（Slow）"。
F4：正向快速点动，速度为 Parameter 选项卡中的 "Manual Velocity（Fast）"。
F5：按目标速度（Target Velocity）运动到目标位置（Target Position）。
F6：停止当前动作。
F8：NC 轴复位，故障发生后，Error 文本框中有错误码代码提示。
F9：回零。

3.4.2　基本动作测试

在 Function 选项卡中进行设置，让 NC 轴做一些简单的点位动作，以调试和验证动作是否平稳、准确。

1. NC 轴调试的目标
位置准确，验证编码器的脉冲当量设置是否正确。
速度准确，验证伺服驱动的输出比例是否正确。
跟随误差和过冲小。
速度波动小。
运动平稳，无啸叫。
适当的加减速度，保证生产节拍。

2. 调试步骤
（1）验证 Axis_Enc 的 Scaling Factor
断使能，手动转动电机轴，显示位置应连续变化，且幅值和方向正确。如果带抱闸，可以让伺服脱离 NC 控制电机转动，然后观察 NC 中显示的位置变化。

（2）验证 Axis_Drive 的 Output Scaling Factor（Velocity）

先恢复 Output Scaling Factor（Velocity）为1，位置环 Kv 为0，让电机按匀速（空载），或者正反转（带负载）动作，匀速段速度为 SetVelo。

观察 NC 的输出值 nDataOut，即伺服驱动器的 Target Velocity。

根据驱动器的内部参数（Target Velocity 与电机转速度的关系、电机转一圈 Current Position 增加值）以及 NC 反馈的 Scaling Factor，计算出实际速度 ActVelo。

Output Scaling Factor(Velocity) = SetVelo/ActVelo

提示：如果参数搞不清楚，可以直接用 Scope View 观察电机的实际速度。但是实际速度肯定是波动的，所以要取中线值，作为估算的实际速度 ActVelo。估算结果不如根据参数计算的结果准确。

提示：如果 Output Scaling Factor（Velocity）没有正确设置，设定速度和实际速度就会差一个比例关系，跟随误差只会越来越大，这时要靠 PID 去纠正位置是很难的。所以在调 PID 之前，必须先保证 Enc 的 Scaling Factor 和 Drive 的 Output Scaling Factor（Velocity）设置正确。

（3）调 NC 的位置环参数以及伺服驱动器内的 PID 参数

带负载时以指定速度正反转（Reversing Sequence），打开 Scope View，监视位置、速度、跟随误差的波形，优化 PID 参数，使速度波动小，位置不超调。

（4）设置动态特性

在电机能够正确动作之后，就要调节动态响应的性能了，以使运动轴能快速、平稳、准确地完成规定动作。参考 Dynamics 设置加减速度和加加速度，以满足生产节拍。

3. 参数的上传和下载

NC 轴的参数可以在线修改。有的参数需要没有使能的时候才能修改，而有的参数在运动中也可以修改。参数修改之后，要单击"Download"按钮才生效，但仅限当次 TwinCAT 运行期间有效。

为了验证参数是否成功下载，选中参数，然后单击"Upload"按钮就能看到当前生效的相应参数值，如图3.74所示。

| General | Settings | Parameter | Dynamics | Online | Functions | Coupling | Compensation |

Parameter	Offline Value	Online Value	Type	Unit
- Maximum Dynamics:				
Reference Velocity	2200.0	2200.0	F	mm/s
Maximum Velocity	2000.0	2000.0	F	mm/s
Maximum Acceleration	15000.0	15000.0	F	mm/s2
Maximum Deceleration	15000.0	15000.0	F	mm/s2
+ Default Dynamics:				
+ Manual Motion and Homing:				
+ Fast Axis Stop:				
+ Limit Switches:				
+ Monitoring:				
+ Setpoint Generator:				
+ NCI Parameter:				
+ Other Settings:				

| Download | Upload | Expand All | Collapse All | Select All |

图3.74　NC 轴参数的上传和下载

参数调整满意后，必须保存文件并激活配置，这样下次 TwinCAT 启动后，才会按最终的参数运行。

3.5 双轴联动

在 Coupling 选项卡，TwinCAT NC 还提供了双轴联动的测试。最常用的是电子齿轮和电子凸轮，下面分别介绍测试步骤。

电子齿轮耦合的测试界面如图 3.75 所示。

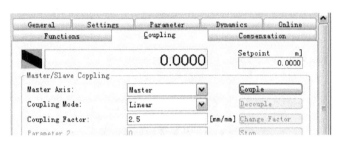

图 3.75　电子齿轮耦合的测试界面

测试步骤如下。

在 TwinCAT 左边的目录树中选中 Axes 下的从轴（例中从轴名称 "Slave"），在右边的主窗体中选择 "Coupling" 选项卡。选择主轴（Master Axis），耦合模式（Coupling Mode）设置为 Linear，设置齿轮比。单击 "Couple" 按钮。如果耦合成功，右上侧的 Setpoint 框中的目标位置值会显示红色。分别使能主轴和从轴。

在主轴的 Functions 选项卡中，选择任意 "Start Mode"，启动主轴，从轴就会以指定的速度比例跟随主轴动作。用 Scope View 可以看到主/从轴的速度和位置曲线。

注意：不能在主轴运动的过程中耦合。

3.5.1 凸轮编辑器

电子齿轮是主轴与从轴的速度保持比例关系，而电子凸轮则是主轴与从轴的位置保持对应关系。这个对应关系就是通过凸轮表（Cam Table）来表示的。

（1）新建凸轮表

新建凸轮表的方法请参考 3.1.4 节。

（2）特性设置

凸轮表的特性设置如图 3.76 所示。

图 3.76 中选中 "Periodic"，指周期性的凸轮表。否则表示非周期性的凸轮表。

如果是周期性的凸轮表，3.1.4 节的图 3.15 凸轮表中定义的起点必须是图 3.76 中的 Minimum，终点必须是 Maximum。这样主轴从起点走到终点就算一个循环结束，并自动把第一个循环的终点作为第二个循环的起点，从轴开始同样的耦合运动。

编辑好凸轮表后，在图 3.76 中单击 "Download" 按钮，可以装载凸轮表。测试得到满意的凸轮表后要保存并激活配置，下次 TwinCAT 启动时才会装载最新的凸轮曲线。

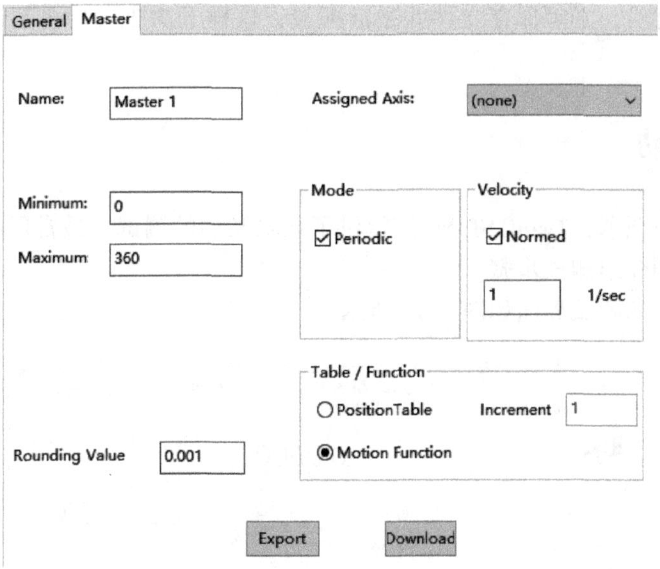

图 3.76　凸轮表的特性设置

3.5.2　测试凸轮耦合

系统默认在 TwinCAT NC 启动时，自动装载 CurrentConfig. tsm 中编辑好的凸轮表。因此，PLC 程序中可以直接做凸轮耦合，而无须装载。

在凸轮编辑器中编辑好凸轮曲线后，还可以直接在 System Manager 中测试凸轮功能，这有助于对凸轮的理解。

准备运行凸轮表。如图 3.77 所示，选择从轴 Slave，在 Coupling 选项卡中，Coupling Mode 选择 Cam Profile，指定 Table Id 为 1，其余使用默认值。单击"Couple"按钮可以耦合；单击"Decouple"按钮则可以解除耦合。

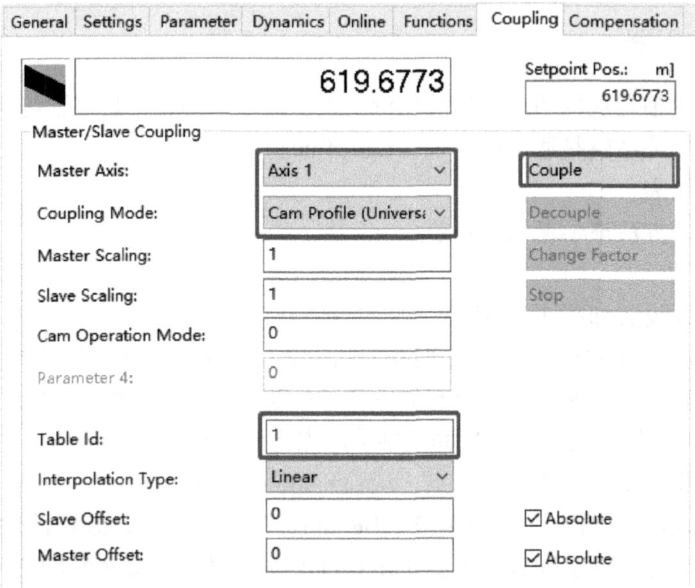

图 3.77　凸轮耦合操作

凸轮的耦合选项如图 3.78 所示。

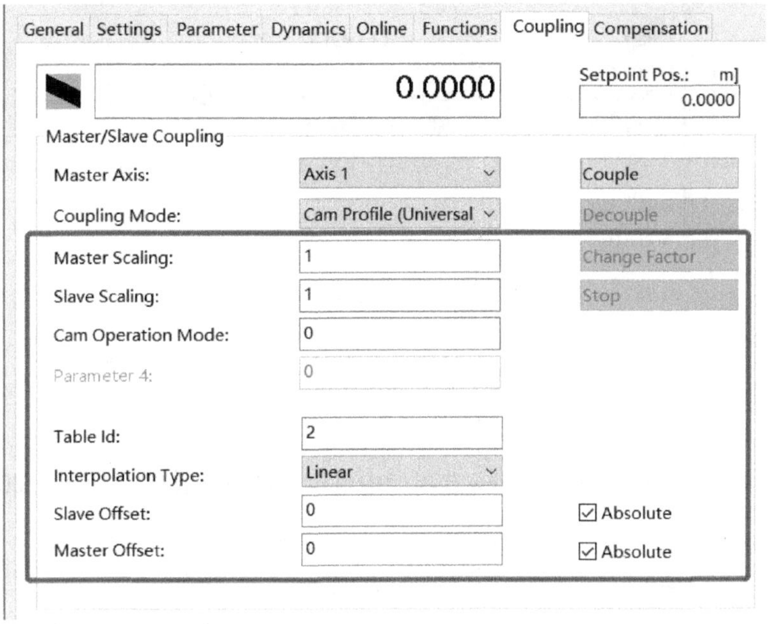

图 3.78　凸轮的耦合选项

Master Scaling：主轴周期的缩放比例。1 表示与凸轮表中设置一致。如果为 2，那么 3.5.1 节中凸轮曲线的周期就会是 360×2＝720。

Slave Scaling：从轴位置的缩放比例。1 表示与凸轮表中设置一致。如果为 2，那么 3.5.1 节中凸轮曲线的峰值 100 就会是 100×2＝200。当然其他插值点也会进行相应比例的调整。

Cam Operation Mode：表示耦合方式。

Slave Offset：耦合时的从轴位置偏移。即凸轮曲线的上下（幅值）平移。

Master Offset：耦合时的主轴位置偏移。即凸轮曲线的左右（相位）平移。

Absolute：分别表示从轴和主轴是否自动偏移。勾选此项时，表示绝对模式，偏移量按照"Slave Offset"和"Master Offset"中的设置，不勾选则表示相对模式，直接把轴的当前位置作为偏移量。当主轴和从轴不在零位或者在运动中耦合时，要特别小心这些参数的设置。

在 Scope View 中观察凸轮表运行情况的操作如下。

1）使能从轴并耦合。

2）使能主轴。

3）在 Scope 中监视从轴的位置变化。

如果对凸轮运行效果不满意，可以调整凸轮表，直至达到工艺要求。

3.5.3　测试飞锯耦合

在 Coupling 选项卡中，除了凸轮和齿轮外，还有多种耦合模式可选，其中 Flying Saw 是飞锯耦合。新项目应使用 Univ. Flying Saw（Velo）万能速度飞锯，或者 Univ. Flying Saw（Pos）万能位置飞锯，如图 3.79 所示。

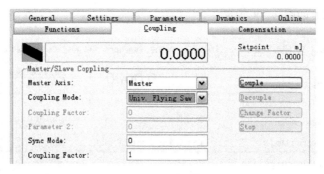

图 3.79　飞锯测试

3.6　位置补偿

选中一个运动轴，在 Compensation 选项卡中可以调试位置补偿，如图 3.80 所示。

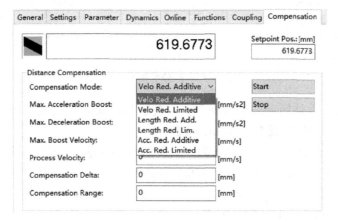

图 3.80　NC 轴的位置补偿测试界面

可以选择不同的补偿方式，然后在 Scope View 中观察速度、位置曲线。这里的 Compensation Mode 对应 PLC 功能块 MC_MoveSuperImposedExt 接口中的补偿模式，详见 5.6.2 节。

第4章 TwinCAT NC 控制总线伺服（DS402）

由于 DS402 的伺服是使用最广泛的 NC 轴，所以本章放在 PLC 编写运动控制程序之前，而其他硬件类型的轴则放到 PLC 编写运动控制程序之后介绍。对于占比最多的这部分用户，本书读到第6章就可以了。

4.1 DS402 协议简介

4.1.1 在 TwinCAT 系统中的用途

TwinCAT NC 能够控制多种总线协议的伺服驱动器，包括 EtherCAT（CoE DS402）、EtherCAT（SoE）、SERCOS Ⅲ、CANopen（DS402）、PROFIBUS（PROFIdrive）、LIGHTBUS 等，随着 EtherCAT 的普及和流行，事实上它已经取代 SERCOS 和 CANopen 成为新的运动控制标准总线。全球有超过150家厂商提供 EtherCAT 总线的驱动器，其中大多数支持 CoE DS402 协议，仅有少量 EtherCAT 驱动使用 SoE 即 SERCOS over EtherCAT 协议。

对于 TwinCAT 用户而言，除了 EtherCAT 伺服之外最常使用的是 CANopen（DS402）伺服。在 TwinCAT NC 把 EtherCAT（CoE DS402）和 CANopen（DS402）统一识别为 DS402 轴。

本章 TwinCAT NC 控制的总线伺服就只介绍 DS402 轴，这些内容适用于：

第三方 CANopen DS402 总线接口的伺服驱动器、步进驱动器；

第三方 EtherCAT（CoE DS402）总线接口的伺服驱动器、步进驱动器；

倍福 EL72x1 系列紧凑伺服驱动模块。

它们有一些共同点，也有一些区别，本章将分别描述。

此外需注意，有部分驱动器的总线接口是 CANopen，但其内部数据并不遵循 DS402 标准，本章内容不适用于这种驱动器。另外，有的第三方 EtherCAT 伺服驱动器既有 CoE 接口又有 SoE 接口，关于 SoE 伺服，可参考第7章的部分内容。

4.1.2 DS402 约定的 CoB 对象

CANopen DS402 是 CANopen 协议中的驱动类设备子协议（Device Profile）。按照 CANopen 协议，驱动器的内部参数都以 CoB 对象字典的方式存储，CoB 对象字典以 Index 和 SubIndex 来组织，其中 Index 0x1xxx 对象字典的参数含义是 CANopen 协议约定。其中，CANopen DS402 协议约定了 Index 0x6000 开始的区域运动控制，以及每个 Index 的 CoB 对应的功能。需要注意，符合 DS402 规范的从站，在 0x6000 之后的参数，同样的 Index 必须是同样的含义。

4.1.3 运动控制最常用的 CoB 对象

在伺服驱动器厂家提供的用户手册中包含所有 CoB 对象的描述。DS402 伺服的常用变量见表4.1。

表 4.1 DS402 伺服的常用变量

地 址	变 量	说 明
0x6041	Status Word	状态字
0x6064	Actual Position	当前位置
0x6061	Operation Mode Display	显示实际工作模式
0x6077	Torque Actual Value	不论其绝对值是多少,它一定与电机的实际出力成正比,观察这个值的波形,可以发现机械异常、加减速度是否已经到电机功率允许的上限
0x60F4	Following Error	这是驱动器侧真实的位置环跟随误差,不受 NC 周期的影响。Input 中包含了这个变量,NC 才能使用"Extern"方式换算出真实的跟随误差
0x60BA	Latch Position	锁存位置。如果项目中需要用到伺服驱动器的位置锁存功能,除了程序中要调用相应的功能块之外,前提条件是 TwinCAT NC 能够从 EtherCAT 从站伺服接收到锁存位置。所以必须选择包括 Latch Position 的组合
0x60FD	Digital Inputs	CoE 伺服驱动器 I/O 端子上的 DI 点信号集合。DS402 约定这个变量放到 CoE 参数 0x60FD 中
0x6040	Control Word	控制字
0x6060	Operation Mode	设定工作模式,放到 Process Data 中是为了在 PLC 中能迅速修改。否则使用 SDOs 初始化 Operation Mode 即可 PLC 切换 Operation Mode 的典型应用是:用转矩模式来做恒压力保持、恒张力输出等;使用伺服本身的回原点功能
0x607A	Position Demand Value	设定位置,在位置同步模式(CSV)下生效
0x60FF	Velocity Demand Value	设定速度,在速度同步模式(CSV)下生效
0x6071	Torque Demand Value	设定转矩,在转矩同步模式(CST)下生效
0x6072	Max Torque	最大转矩限制。这个值链接到 PLC 变量,可以用程序根据需要改变电机的限制转矩,以适应工艺要求。如果不加限制,则电机始终按伺服内部的默认的限制转矩出力,比如电机的最大转矩,以补偿运动过程中力臂、重力等变化的影响
0x60F6	Additive Torque Value	附加转矩。有的伺服驱动器会开放"附加转矩"这个参数,链接到 PLC 变量之后,程序就可以根据负载和工艺决定是否需要增加附加转矩,比如机器人控制时臂长不同、提取重物上行或者上行、提取重物的重量不同,都可以通过算法调节附加转矩
0x60B8	Latch Control Word	锁存控制字。如果项目中需要用到伺服驱动器的位置锁存功能,除了程序中要调用相应的功能块之外,前提条件是从站伺服能够从 TwinCAT NC 接收锁存命令,所以 Output 中也得选择包括 Latch Control Word 的组合

需要注意的是,实际配置时 Process Data 的输入变量应该尽可能多地包括运动控制中最常用的 CoB 对象,而输出变量则应尽可能少,因为输出变量放在 Process Data 中不使用的话,默认值是 0。

常见的错误是把 Operation Mode 放在 Output 中,且忘记赋值,工作模式就会不对,没法工作;或者把 Max Torque "转矩限值"放在 Output 中,也忘记赋值,就会禁止伺服转矩输出,电机也动不了。

4.1.4 状态机与 CTW/STW 的作用机制

使用 TwinCAT NC 控制 DS402 伺服时,状态字和控制字都是由 NC 自动处理的,不需要 PLC 程序干预,所以初学者不了解具体过程也不要紧。但是出现故障或者有特殊要求的时候,了解 DS402 规范,对于分析问题大有帮助。这里只是根据个人经验和不同伺服厂家的资料,抽取作者认为最基本、最通用的部分来介绍,不能替代完整 DS402 协议文本和特定厂家的使用手册。

DS402 约定的驱动器状态机如图 4.1 所示。

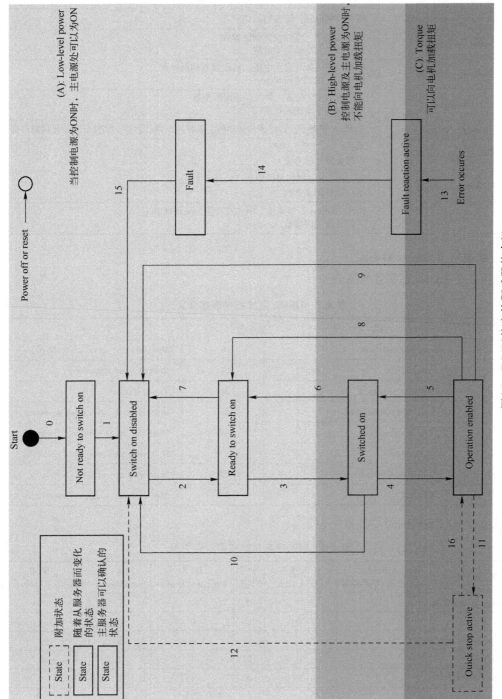

图4.1 DS402约定的驱动器状态机

DS402 定义的状态说明见表 4.2。

表 4.2 DS402 定义的状态说明

状 态	说 明
Not ready to switch on	接通控制电源，正在初始化中
Switch on disabled	初始化完毕，可以设置伺服参数 当前状态无法供给主电源
Ready to switch on	当前状态可以开启主电源，可以设置伺服参数 驱动器处于未激活状态
Switched on	主电源为 ON 状态，可以设置伺服参数 驱动器处于未激活状态
Operation enabled	非 Fault 状态下，启动驱动器功能，电机可以输出转矩，同样可以设置伺服参数
Quick stop active	Quick stop 功能已执行 可以设置伺服参数
Fault reaction active	因 Quick stop 或伺服所致的"Fault"状态 可以设置伺服参数
Fault	Fault reaction 处理完毕，驱动器功能为未激活状态 可以设置伺服参数

1. 状态字（Status Word）

DS402 定义的状态字含义见表 4.3。

表 4.3 DS402 定义的状态字含义

序 号	状 态 字	序 号	状 态 字
0	Ready to switch on	8	Manufacturer-specific（reserved）
1	Switched on	9	Remote（not supported）
2	Operation enable	10	Target reached
3	Fault（in preparation）	11	Internal limit active（not supported）
4	Disable voltage	12	Operation mode specific（reserved）
5	Quick stop	13	Operation mode specific（reserved）
6	Switch on disabled	14	Manufacturer-specific（reserved）
7	Warning	15	Manufacturer-specific（reserved）

状态字与状态机的对应关系见表 4.4。

表 4.4 状态字与状态机的对应关系

状 态 字	Bit 6 Switch on disable	Bit 5 Quick stop	Bit 3 Fault	Bit 2 Operation enable	Bit 1 Switched on	Bit 0 Ready to switch on
Not ready to switch on	0	×	0	0	0	0
Switch on disabled	1	×	0	0	0	0
Ready to switch on	0	1	0	0	0	1
Switched on	0	1	0	0	1	1
Operation enabled	0	1	0	1	1	1
Fault	暂不支持					
Fault reaction active	not supported at present	×	×	×	×	15
Quick stop active	0	0	0	1	1	1

注：×表示无关。

2. 控制字（Control Word）

控制字的含义见表4.5。

表4.5 控制字的含义

序 号	控 制 字	序 号	控 制 字
0	Switch on	8	Pause/halt
1	Disable voltage	9	Reserved
2	Quick stop	10	Reserved
3	Enable operation	11	Acknowledge lag/following error and response monitoring
4	Operation mode specific	12	Reset position
5	Operation mode specific	13	Manufacturer-specific
6	Operation mode specific	14	Manufacturer-specific
7	Reset fault（only effective for faults）	15	Manufacturer-specific

用控制字切换状态机见表4.6。

表4.6 用控制字切换状态机

控 制 字	Bit 7 Fault reset	Bit 3 Enable operation	Bit 2 Quick stop	Bit 1 Disable voltage	Bit 0 Switch on	Transitions
Shutdown	×	×	1	1	0	2, 6, 8
Switch on	×	×	1	1	1	3
Disable voltage	×	×	×	0	×	7, 9, 10, 12
Quick stop	×	×	0	1	×	7, 10, 11
Disable operation	×	0	1	1	1	5
Enable operation	×	1	1	1	1	4, 16
Fault reset	1	×	×	×	×	15

注：×表示无关。

提示：NC轴使能伺服的过程中，可以用Scope View监视和捕捉控制字和状态字的变化曲线，导出ASCII文件，在Excel中打开，可以看到具体值的变化时序。

不同Operation Mode（0x6060）下，控制字的Bit 4、5、6作用不同，见表4.7。

表4.7 不同 Operation Mode 下控制字的 Bit 4、5、6作用

工 作 模 式	Bit 4	Bit 5	Bit 6
CSP	New Set Point	Change Set immediately	Absolute/Relative
CSV	—	—	—
Homing Mode	Start Homing	—	—

工作模式（Operation Mode）见表4.8。

表 4.8 工作模式

工作模式	十进制	十六进制	说　　明
	−10···−128	F8ₕ···80ₕ	Reserved
Electrical gearing	−9	F7ₕ	—
Jogging	−8	F8ₕ	—
Homing	−7	F9ₕ	—
Trajectory	−6	FAₕ	—
Analog current	−5	FBₕ	—
Analog speed	−4	FCₕ	—
Digital current	−3	FDₕ	—
Digital speed	−2	FEₕ	—
Position	−1	FFₕ	Mode required for motion tasks
—	0	0	Reserved as per DSP402
Positioning（pp）	1	1ₕ	As per DSP402
Speed（vl）	2	2ₕ	Not supported
Speed（pv）	3	3ₕ	As per DSP402
Torque（tq）	4	4ₕ	As per DSP402（not supported at present）
—	5	5ₕ	Reserved
Homing（hm）	6	6ₕ	As per DSP402
Interpolation	7	7ₕ	As per DSP402（not supported）
—	8···127	8ₕ···7Fₕ	Reserved

其中最常用的是：0x6040 控制字，0x6041 状态字，0x6060 运行模式，0x6064 实际位置，0x607A 目标位置。把这些参数配置为 Process Data，并链接到 DS402 的轴上，TwinCAT 就按照同样的规则来解释它们每个 Bit 的含义和每个参数的功能，而不用区分它们来自哪个厂家，使用的是 CANopen 还是 EtherCAT。

4.2 NC 控制 CANopen（DS402）的驱动器

本节仅涉及使用伺服驱动器总线接口的位置反馈值"Current Position"作为 NC 轴位置计算的情况。

4.2.1 扫描和配置 NC 轴的基本参数（CSP 模式）

各个厂商生产的 DS402 伺服驱动器，其初始参数各不相同。以下配置步骤适合大部分 CANopen DS402 伺服驱动器，但仍然有可能个别品牌需要一些额外的设置。

1. 准备工作

用伺服厂家的配置软件，能控制电机平稳运行。

2. 扫描或添加 CANopen 主站及从站

使用 I/O Device 扫描功能时，CANopen 主站通常都能自动识别。而扫描从站时，如果找到 CANopen DS402 伺服，则 TwinCAT 会提示是否自动添加 NC 轴并与之链接。

有些从站识别不出来是 DS402 伺服，但至少可以扫描到一个
节点，如图 4.2 所示。

如果扫描不到从站，则应检查接线、终端电阻及波特率等问题。

3. 设置从站的 Process Data 和 SDOs

这是 CANopen DS402 伺服调试时工作量最大的步骤，设置方
法与 CANopen 通信完全兼容。Process Data 需要包括的参数与 CoE
伺服相同。需要注意以下两点。

（1）设置 Process Data

Process Data 的输入变量应该尽可能多地包括表 4.1 中 DS402
伺服的常用变量，而输出变量则应尽可能少，因为输出变量放在
Process Data 中不使用的话，默认值是 0。

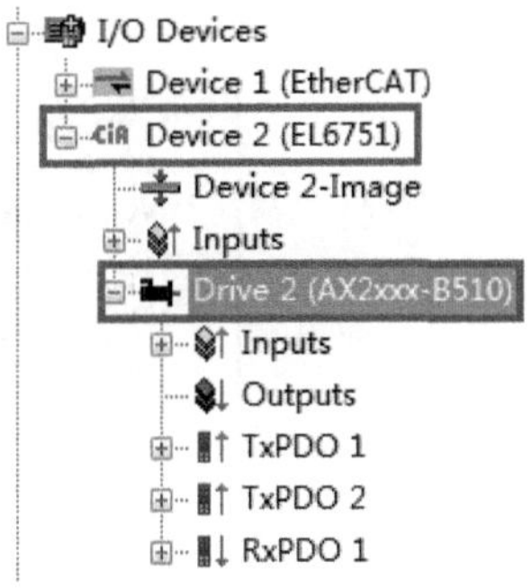

（2）设置 SDOs

根据伺服的手册中对 CoB 对象字典的描述，在 SDOs 中设置好 Operation Mode（参数
0x6060）和其他需要初始化的参数。

4. 伺服驱动内部的参数设置

不同厂家需要的参数设置项不同，大部分厂家的伺服驱动器采用默认设置即可。如果发
现默认设置不能工作，再看伺服厂家提供的 CANopen 通信手册，或者寻求厂家支持。

5. 添加 NC 轴，并链接到 DS402 伺服驱动器

如图 4.3 所示。

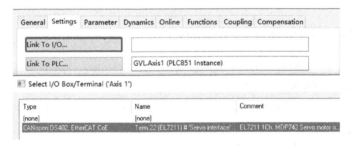

图 4.3　链接到 DS402 驱动器

6. 设置编码器的 Scaling Factor（脉冲当量）

Scaling Factor，又叫脉冲当量，这是最重要的编码器参数，它表示 Process Data 中的
"Current Position" 每增加 "1"，实际机构运动了多少 mm，单位是 "mm/Inc"。设置界面如
图 4.4 所示。

因为电机的转动单位是圈或者角度，而 NC 和 PLC 要控制的目标位置是以 mm 为单位，
所以要根据传动机构的数据，先折算电机转动一圈实际机构移动的距离，再折算电机转动一
圈时伺服驱动器反馈的 "Actual Position" 有多少增量。两者相除就是 Axis_Enc 的 Scaling
Factor。

提示：如果暂时没有伺服厂家的配置软件，也无法知道伺服里面设置的机械齿轮比，可
以试着用手转动电机轴，观察位置反馈值的增量。再根据传动部分的参数，确定电机转动一
圈时，最终动作机构的位移。

TwinCAT 3 中 Encoder 的脉冲当量由分子、分母确定，分母默认是 1。通常的设置如下。

Numerator（分子）：电机转动一圈机构前进的距离作为分子，单位为 mm。

图 4.2　扫描到的 CANopen
伺服驱动

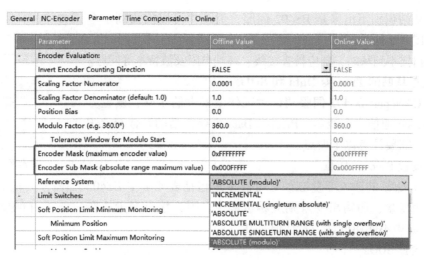

图 4.4　设置编码器的 Scaling Factor

Denominator（分母）：电机转动一圈 Process Data 中 "Current Position" 的增量。

7. 激活配置

TwinCAT NC 通过现场总线控制伺服驱动器时，"Reference Velocity" 的设置不影响控制伺服驱动器的 "Target Velocity" 的值。如果伺服驱动器的工作模式（即 DS402 协议所约定的 CANopen Object 为 16#6060）设置为位置模式，则只要 "Scaling Factor" 设置正确，NC 就能正确控制伺服轴。

4.2.2　设置 NC 轴的参数（CSV 模式）

在 CSP 设置步骤的基础上有以下变化。

1. 设置驱动器的 Operation Mode 为 9

速度模式（0x6060 初始化为 9），位置控制就在 NC 上运行，速度环和位置环可能采用不同的位置反馈源。

2. 设置 Axis_Drive 的 Scaling Factor

NC 控制总线伺服时，如果伺服工作在 CSV 模式，位置环控制就在 NC 上运行。最大的工作量就在于设置 NC 轴 Axis_Drive 的 Parameter 选项卡中的选项 "Output Scaling Factor（Velocity）"，如图 4.5 所示。

General	NC-Drive	Parameter	Time Compensation

Parameter	Offline Value
Output Settings:	
Invert Motor Polarity	FALSE
Reference Velocity	2200.0
at Output Ratio [0.0 ... 1.0]	1.0
Position and Velocity Scaling:	
Output Scaling Factor (Position)	1.0
Output Scaling Factor (Velocity)	1.0
Output Delay (Velocity)	0.0
Minimum Drive Output Limitation [-1.0 ... 1.0]	-1.0
Maximum Drive Output Limitation [-1.0 ... 1.0]	1.0

图 4.5　NC 轴 Output Scaling Factor 参数

Output Scaling Factor（Velocity）实际上是指 NC 发送给伺服驱动器的目标速度（Target Velocity）值与 NC 换算出的电机速度的比值。要确定该比值，先要使用伺服驱动器的配置软件，设置 Target Velocity（CANopen Object 16#60FF）与电机转速的比值，再根据电机转动一圈的机构位移，计算出 Output Scaling Factor（Velocity）。

例如，Target Velocity 为 1，对应电机转速为 S（r/min），电机转动一圈机构位移为 L（mm/圈），则 Output Scaling Factor（Velocity）= S×L/60。

3. 验证 Axis_Drive 的 Scaling Factor

以上是用公式计算 Output Scaling Factor（Velocity），实际应用时，可以使用 TwinCAT System Manager 中的 NC 轴调试界面，测出正确的 Output Scaling Factor（Velocity）。方法如下。

关闭跟随误差监视功能，将 Position Lag Monitoring 设置为 FALSE，如图 4.6 所示。

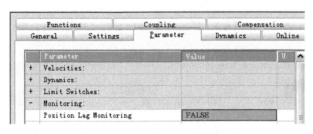

图 4.6　关闭跟随误差监视功能

将位置控制器的 K_v 值设置为 0，如图 4.7 所示。

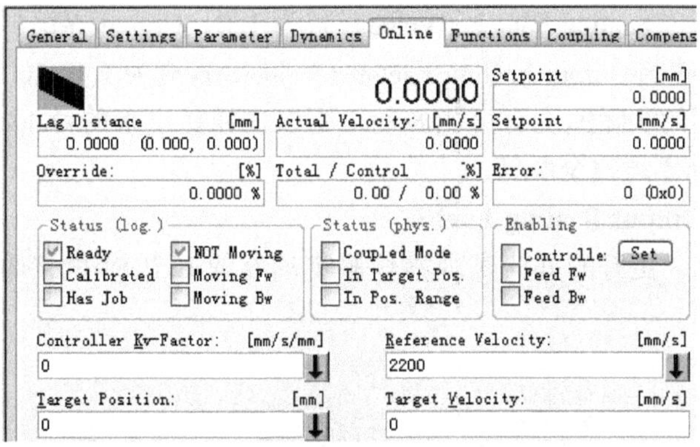

图 4.7　位置控制器的 K_v 值设置为 0

直接输出控制，在 Functions 选项卡中，使用 Raw Drive Output 调试功能，如图 4.8 所示。

图 4.8 中 Output Mode 选择 Veloctiy，Output Value 设置为 100（mm/s）。单击右侧的 "Start" 按钮；或者使用 Extended Start，Start Mode 选择 Endless+，Velocity 也设置为 100（mm/s）。

观察实际速度（Actual Velocity）。回到 Online 选项卡，可查看 Actual Velocity（mm/s），如图 4.9 所示。

由此可以计算 Output Scaling Factor（Velocity）应设置为

原值×Setpoint（mm/s）/Actual Velocity（mm/s）

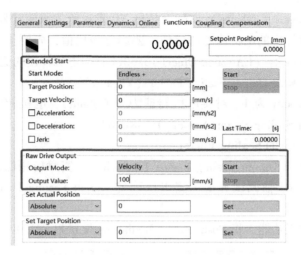

图 4.8　使用 Raw Drive Output 功能

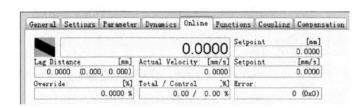

图 4.9　观察 Actual Velocity

如果当前的 Output Scaling Factor（Velocity）为 1.0，Online 界面的设置速度为 100，实际速度为 200，则正确的 Output Scaling Factor（Velocity）应为 1.0×100/200，即 0.5。

实际上，观察到的实际速度有可能波动，所以这样算出来的 Output Scaling Factor（Velocity）只能逼近，而不能完全准确。

4. 进一步精确 Output Scaling Factor

要做到完全准确，更好的办法是观察伺服驱动器的 RxPDO 里接收到的 Target Velocity，如图 4.10 所示。

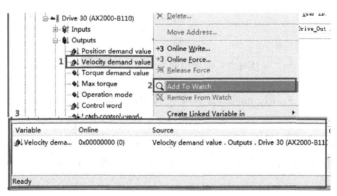

图 4.10　在线显示 Target Velocity

因为 NC 轴的 K_v 值为 0 时，输出的目标速度是不会波动的。可以根据目标速度的实际值，以及伺服驱动器内部的齿轮比设置和传动参数，确定理想状态时电机应该达到的目标速度。只要该速度接近实际速度，就证明计算依据正确，可以作为"实际速度的理论值"用来反算 Output Scaling Factor（Velocity）= Setpoint（mm/s）/Actual Velocity（mm/s）。

5. 启用死区补偿

在 Axis 的 Parameter 选项卡的 Other Settings 项中，"Dead Time Compensation（Delay Velo and Position）"的默认值为 0，如图 4.11 所示。

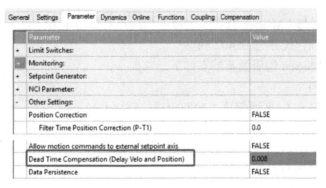

图 4.11　启用死区补偿

当位置环在伺服驱动时，不用设置。当位置环在 NC 时，这个值应该设置为 4 倍 NC 的 SAF 任务周期，单位是 s。假定 SAF 使用默认周期 2 ms，死区补偿时间就是 0.008 s。

6. 位置环的设置

如果不是全闭环，基本上用默认的比例控制就可以了。有的应用场合，需要修改位置环的控制模式。比如负载惯量比超过 10 时，可以加一点速度前馈，如图 4.12 所示。

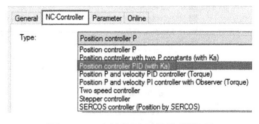

图 4.12　选择位置环的控制类型

设置 PID 和加速度前馈如图 4.13 所示。

这些不属于 CoE 调试的内容，就不在此详述。

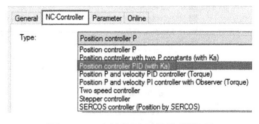

图 4.13　设置 PID 和加速度前馈

4.3 NC 控制 EtherCAT CoE（DS402）的驱动器

4.3.1 CoE 伺服与 CANopen 伺服的异同

CoE DS402 伺服与 CANopen DS402 伺服的相同点是都遵循 DS402 标准，在 TwinCAT NC 中识别为同一类型轴，统称为 DS402 轴。

CoE 伺服与 CANopen 伺服的不同点如下。

（1）物理层不同

CANopen 使用符合 CAN 通信要求的双绞线，需要 CANopen 总线卡。

CoE 使用符合 EtherCAT 通信要求的 CAT 5 类以太网线，不需要 CANopen 总线卡。CoE 伺服的主站就是 EtherCAT 主站，即以太网卡加上 TwinCAT。

（2）PDO 的容量不再局限于 8 个字节

即使超过 8 个字节的数据要传输，也不用分到多个 PDO 中，所以整个通信数据包里面可能只有一个 RxPDO 和一个 TxPDO，如图 4.14 所示。

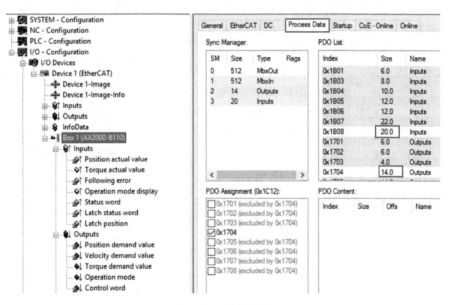

图 4.14　通信参数

（3）RxPDO 和 TxPDO 的内容配置

RxPDO 和 TxPDO 的内容配置取决于 PDO Assignment 对象字 0x1C12 和 0x1C13。

0x1C12：01 是发送 PDO（TxPDO）中的参数组合。

0x1C13：01 是接收 PDO（RxPDO）中的参数组合。

（4）预置 PDO 和自定义 PDO

通信参数组合是 CoE 从站出厂前就预置好的，大部分第三方伺服的通信参数组合只能选择，不能修改。也有的伺服厂家允许编辑通信参数。

4.3.2　通信调试及参数设置

通信调试的目标是实现 CANopen over EtherCAT 伺服的过程变量能够与主站周期性通信。通信调试阶段与 TwinCAT NC 无关，TwinCAT 甚至可以工作在 Config Mode 下，通过 Free Run 功能测试通信是否正常。

通信测试可以在空载甚至没有安装电机的工况下进行，只需要控制电源，可以没有动力电源，所以在办公室也可以完成。

调试前应向 EtherCAT 伺服厂家获取设备描述的 EDS 和 XML 文件，复制到编程 PC 的 TwinCAT 路径下。

XML 文件复制到

  TwinCAT 2："TwinCAT\IO\EtherCAT\"

  TwinCAT 3："C:\TwinCAT\3.1\Config\Io\EtherCAT"

EDS 文件复制到

  TwinCAT 2："TwinCAT\IO\CanOpen\"

  TwinCAT 3："C:\TwinCAT\3.1\Config\Io\CanOpen"

在 I/O Device 中自动扫描从站时，如果扫描到 CoE DS402 伺服，则 TwinCAT 会提示是否自动添加 NC 轴并与之链接。建议选择"否"，手动确认需要的 Process Data 都添加到了 Input 和 Output 下，并通过 Free Run 通信验证成功，再手动新建 NC 轴并链接到这个伺服。

4.3.3　动作调试（以 CSP 模式为例）

1. 准备工作

用伺服厂家的配置软件，能控制电机平稳运行。

2. 扫描或添加 EtherCAT 主站及从站

有不少第三方伺服，使用默认配置就能自动链接到 NC 轴，并使能成功。为了避免以后动作调好了才发现需要增加诊断功能或者用到探针才反过来增加 Process Data 中的变量，建议详细理解本节说明，提前做到心中有数，知其然也知其所以然。

3. 设置 DC 同步模式

EtherCAT 驱动器通常都内置分布时钟，大部分默认设置已经是使用 DC 同步模式。有的品牌需要手动设置启用 DC 同步。使用 NC 控制 CoE 伺服时，要求伺服工作在 DC 同步模式，如图 4.15 所示。

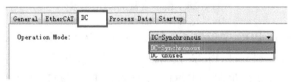

图 4.15　设置伺服驱动的 DC 同步模式

配套文档 4-1
TwinCAT NC 控制
LS 伺服 L7N 系列
的配置方法

4. 设置从站的 Process Data 和 Startup List

下面以 LS 伺服为例演示典型的 CoE 伺服配置过程

第三方的 CoE DS402 伺服通常提供若干 PDO，其中包含不同组合的 Process Data，用户只需要在 Process Data 选项卡中选择即可，如图 4.16 所示。

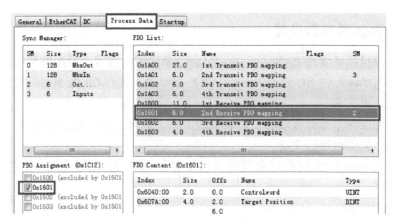

图 4.16　选择 Process Data 中的 PDO 组合

Input 数据的组合在 0x1Axx 或者 0x16xx 中选择。有的 CoE 伺服默认选中的 Process Data 中只包含了最少的变量，比如 0x1A01 只包含 Statusword 和 Position Actual Value 这两个变量，如图 4.17 所示。

Index	Size	Offs	Name	Type	Default (h...
0x6041...	2.0	0.0	Statusword	UINT	
0x6064...	4.0	2.0	Position Actual Value	DINT	
		6.0			

图 4.17　最少变量的 PDO 举例

而有的 CoE 伺服默认选中的 Process Data 中却包含了多个变量，如图 4.18 所示。

PDO Content (0x1A00):

Index	Size	Offs	Name	Type	Default (h...
0x6041...	2.0	0.0	Statusword	UINT	
0x6077...	2.0	2.0	Torque Actual Value	INT	
0x6064...	4.0	4.0	Position Actual Value	DINT	
0x60F4:...	4.0	8.0	Following Error Actual Value	DINT	
0x60FD...	4.0	12.0	Digital Inputs	UDINT	
0x6061...	1.0	16.0	Mode of Operation Display	SINT	
0x2601...	2.0	17.0	Command Speed(rpm)	INT	
0x2600...	2.0	19.0	Current Speed(rpm)	INT	
0x60B9...	2.0	21.0	Touch Probe Status	UINT	
0x60BA...	4.0	23.0	Touch Probe 1 Positive Ed...	DINT	
		27.0			

图 4.18　最多变量的 PDO 举例

图 4.18 的 0x1A00 在 PDO 中包含了必需的位置和状态，以及 Torque Actual Value、Following Error Actual Value、Touch Probe Status、Digital Inputs 等值。在满足工艺要求的前提下，尽可能选择包含输入变量最多的 PDO，这样可供 PLC 诊断的信息会更全面。

Output 数据在 0x16xx 中选择。

有的 CoE 伺服默认选中的 Process Data 中只包含了最少的变量，比如 0x1601~0x1603 分别只包含了位置同步模式（CSP）、速度同步模式（CSV）、转矩同步模式（CST）三种模式下最少的变量：Statusword 和 Target Position 或 Target Velocity 或 Target Torque 等两个变量，如图 4.19 所示。

PDO Content (0x1601):

Index	Size	Offs	Name	Type	Default (h...
0x6040...	2.0	0.0	Controlword	UINT	
0x607A...	4.0	2.0	Target Position	DINT	
		6.0			

PDO Content (0x1602):

Index	Size	Offs	Name	Type	Default (h...
0x6040...	2.0	0.0	Controlword	UINT	
0x60FF:...	4.0	2.0	Target Velocity	DINT	
		6.0			

PDO Content (0x1603):

Index	Size	Offs	Name	Type	Default (h...
0x6040...	2.0	0.0	Controlword	UINT	
0x6071...	2.0	2.0	Target Torque	INT	
		4.0			

图 4.19　L7N 伺服的 RxPDO 示例

图 4.19 中的 PDO 组合，Position Demand Value、Velocity Demand Value 和 Torque Demand Value 这 3 个变量，分别在 CSP、CSV 和 CST 下起作用。

不同的伺服驱动器厂家，提供的 PDO 输出参数组合是不同的，能够开放出来的参数也是不同的。对于 Output 变量，不像 Input 变量越多越好，而要根据实际情况选择采用哪套参数组合的 PDO。

5. 伺服驱动内部的参数设置

不同厂家需要的参数设置项不同，大部分厂家采用其默认设置即可。如果发现默认设置不能工作，再查看伺服厂家提供的 EtherCAT 通信手册。因为几乎所有厂家在开发 EtherCAT 伺服的时候都是使用倍福控制器做主站，来验证其 EtherCAT 从站接口是否实现了基本功能。

添加 NC 轴并链接到 DS402 伺服驱动器，如图 4.20 所示。

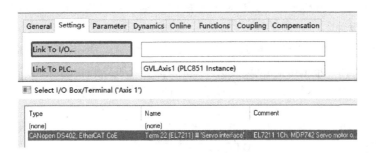

图 4.20　链接到 DS402 驱动器

6. 设置编码器的 Scaling Factor

Scaling Factor：又叫脉冲当量，这是最重要的编码器参数，它表示 Process Data 中的"Current Position"每增加"1"，实际机构运动了多少 mm，单位是"mm/Inc"。设置界面如图 4.21 所示。

因为电机的转动单位是圈或者角度，而 NC 和 PLC 要控制的目标位置是以 mm 为单位，所以要根据传动机构的数据，先折算电机转动一圈实际机构移动的距离，再折算电机转动一圈时伺服驱动器反馈的"Actual Position"有多少增量。两者相除就是 Axis_Enc 的 Scaling Factor。

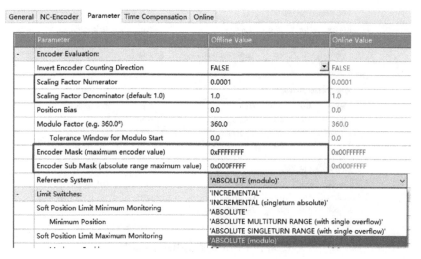

图 4.21　设置编码器的 Scaling Factor

提示：如果暂时没有伺服厂家的配置软件，也无法知道伺服里面设置的机械齿轮比，可以试着用手转动电机轴，观察位置反馈值的增量。再根据传动部分的参数，确定电机转动一圈时，最终动作机构的位移。

TwinCAT 3 中 Encoder 的脉冲当量由分子、分母确定，分母默认是 1。通常的设置如下。

Numerator（分子）：电机转动一圈机构前进的距离作为分子，单位为 mm。

Denomenator（分母）：电机转动一圈 Process Data 中 "Current Position" 的增量。

7. 激活配置

TwinCAT NC 通过现场总线控制伺服驱动器时，"Reference Velocity" 的设置不影响控制伺服驱动器的 "Target Velocity" 的值。如果伺服驱动器的工作模式（即 DS402 协议所约定的 CANopen Object 为 16#6060）设置为位置模式，则只要 "Scaling Factor" 设置正确，NC 就能正确控制伺服轴。

令 TwinCAT 控制器进入运行模式，确认当前的工作模式 Operation Mode（0x6061）为 8，如果 Output 中不包括 Operation Mode，就在 StartUp 中添加 Operation Mode 将初值设置为 8。

在 NC Axis 的 Online 选项卡中，先使能 NC 轴，如图 4.22 所示。

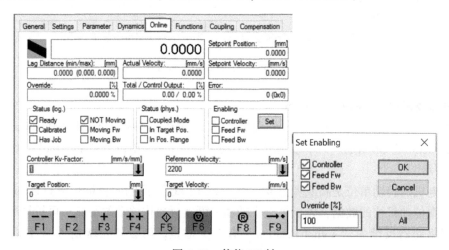

图 4.22　使能 NC 轴

如果 Status（Log）下的 Ready 状态为勾选状态，表示电机已经可以动作了。试着在 Target Velocity 给一个较低速度，比如 5 mm/s，并把 Target Position 设置为当前位置+10 mm，再单击"F5"按钮启动，观察动作是否正常。如果动作正常，其实 CoE 伺服调试就基本完成了。但是要达到工艺要求，还需要进行 NC 轴的参数细化。

4.3.4 设置 NC 轴的参数（CSV 模式）

在 CSP 设置步骤的基础上有以下变化。

1. 设置驱动器的 Operation Mode 为 9

速度模式（0x6060 初始化为 9），位置控制就在 NC 上运行，速度环和位置环可能采用不同的位置反馈源。

2. 设置 Axis_Drive 的 Scaling Factor

NC 控制总线伺服时，如果伺服工作在 CSV 模式，位置环控制就在 NC 上运行。最大的工作量就在于设置 NC 轴 Axis_Drive 的 Parameter 选项卡中的选项"Output Scaling Factor（Velocity）"，如图 4.23 所示。

General	NC-Drive	Parameter	Time Compensation	
Parameter				Offline Value
-	Output Settings:			
	Invert Motor Polarity			FALSE
	Reference Velocity			2200.0
	at Output Ratio [0.0 ... 1.0]			1.0
-	Position and Velocity Scaling:			
	Output Scaling Factor (Position)			1.0
	Output Scaling Factor (Velocity)			1.0
	Output Delay (Velocity)			0.0
	Minimum Drive Output Limitation [-1.0 ... 1.0]			-1.0
	Maximum Drive Output Limitation [-1.0 ... 1.0]			1.0

图 4.23　NC 轴 Output Scaling Factor 参数

Output Scaling Factor（Velocity）即速度放大倍数，默认为 1。可以从两个方向分别获得 Output Scaling Factor（Velocity）的值。

（1）方向一：从 NC 给目标速度，直接观察实际速度

关闭跟随误差监视功能。图 4.23 中 Position Lag Monitoring 设置为 FALSE。

将位置控制器的 K_v 值设置为 0。

直接输出控制，在 Functions 选项卡中，使用 Raw Drive Output 调试功能。

观察实际速度。回到 Online 选项卡中，可查看 Actual Velocity（mm/s）。

由此可以计算 Output Scaling Factor（Velocity）应设置为

原值×Setpoint（mm/s）/ Actual Velocity（mm/s）。

如果当前的 Output Scaling Factor（Velocity）为 1.0，Online 界面的设置速度为 100，实际速度为 200，则正确的 Output Scaling Factor（Velocity）应为 1.0×100/200，即 0.5。

实际上，观察到的实际速度有可能波动，所以这样算出来的 Output Scaling Factor（Velocity）只能逼近，而不能完全准确。

两者相差的倍数，就是速度放大倍数。

例如：NC 轴的目标速度为 100 mm/s，关闭位置环（K_v 为 0），如果实际速度是 20 mm/s，那么 Target Velocity 的值就应该是 5，即放大 5 倍。

这个方法的劣势是，实际速度总是会波动，所以只能得到 Target Velocity 的大致范围。运行速度越低，波动的影响越大。

（2）方向二：从 NC 给目标速度，观察输出的 Target Velocity

根据伺服参数计算目标速度对应的理论 Target Velocity，观察 NC 轴输出的 Target Velocity，与计算理论值相差的倍数，就是 Output Scaling Factor（Velocity）的值。

目标速度对应的 Target Velocity 取决于伺服驱动器内部设置。例如 Target Velocity 为 1000000 对应电机转速 1000 r/min，而电机每转一圈 10 mm，那么要让电机以 10 mm/s 的速度运动，Target Velocity 的值应该按如下步骤计算

先将线速度 10 mm/s 折算为电机转速：$10/10 \times 60 \, \text{r/min} = 60 \, \text{r/min}$。

再计算每 r/min 需要的 Target Velocity 增量：$1000000/1000(\text{r/min}) = 1000(\text{r/min})$

所以 10 mm/s 对应 Velocity 为

$$60(\text{r/min}) \times 1000(\text{r/min}) = 60000$$

关闭位置环，并让 NC 轴按 10 mm/s 的速度运动，实际输出的 Target Velocity 只有 10000，那么可以知道 Output Scaling Factor（Velocity）需要在原来的基础上放大 6 倍。

这个方法的好处是，即使在很低速度的情况下，Target Velocity 也不会波动。计算出来的值会很准。不方便的地方在于，必须事先搞清楚 CoE 伺服内部的 Target Velocity（CANopen Object 16#60FF）与电机转速的比例关系。

实际应用时，如果清楚 Target Velocity（CANopen Object 16#60FF）与电机转速的比例关系，就用方法二。如果没有把握，就先用方法一找到大致范围，再去拼凑公式。如果实在凑不出来，就在方法一的基础上增减放大倍数，然后用方法二验证。

提示：

测试时位置环要关闭。在 Axis 的 Online 选项卡中，将 K_v 要设置为 0

关闭跟随误差监视。在 Axis 的 Parameter 选项卡中，将 "Pos Lag Monitor" 置为 FALSE。

Drive 下的 Output 变量 Target Velocity（或类似名字）可以 "Add to watch"，以方便监视。

3. 启用死区补偿

在 Axis 的 Parameter 选项卡，Other Settings 项中，"Dead Time Compensation（Delay Velo and Position）" 的默认值为 0，如图 4.24 所示。

当位置环在伺服驱动时，不用设置。当位置环在 NC 时，这个值应该设置为 4 倍 NC 的 SAF 任务周期，单位是 s。假定 SAF 使用默认周期 2 ms，死区补偿时间就是 0.008 s。

4. 位置环的设置

如果不是全闭环，基本上用默认的比例控制就可以了。有的应用场合，需要修改位置环的控制模式。比如负载惯量比超过 10 时，可以加一点速度前馈，如图 4.25 所示。

位置环的 PID 参数调试如图 4.26 所示。

这些不属于 CoE 调试的内容，就不在此详述。

Parameter	Offline Value	Online Value	Type	Unit
+ Maximum Dynamics:				
+ Default Dynamics:				
+ Manual Motion and Homing:				
+ Fast Axis Stop:				
+ Limit Switches:				
+ Monitoring:				
+ Setpoint Generator:				
+ NCI Parameter:				
- Other Settings:				
Position Correction	FALSE		B	
Filter Time Position Correction (P-T1)	0.0		F	s
Backlash Compensation	FALSE		B	
Backlash	0.0		F	mm
Error Propagation Mode	'INSTANTANEOUS'		E	
Error Propagation Delay	0.0		F	s
Couple slave to actual values if not enabled	FALSE		B	
Velocity Window	1.0		F	mm/s
Filter Time for Velocity Window	0.01		F	s
Allow motion commands to slave axis	TRUE		B	
Allow motion commands to external setpoint axis	FALSE		B	
Dead Time Compensation (Delay Velo and Position)	0.008		F	s
Data Persistence	FALSE		B	

图 4.24　启用死区补偿

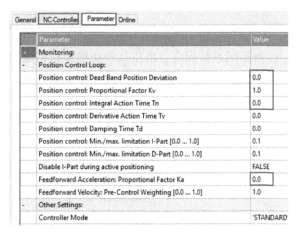

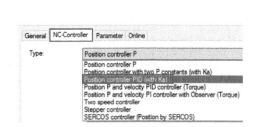

图 4.25　选择位置环的控制类型　　　　图 4.26　设置 PID 和加速度前馈

4.4　NC 轴的参数细化

参数细化不是 CoE 伺服调试特有的，任何 NC 轴要达到工艺要求都需要进行参数细化。无论是脉冲控制还是总线控制，CANopen 或者 SERCOS，还是 CoE 或者 SoE 驱动器，都避不开这个步骤。

1. 设置运动方向（可选）

在 Axis_Enc 的 Parameter 选项卡中，修改 Invert Encoder Counting Direction。

在 Axis_Drive 的 Parameter 选项卡中，修改 Invert Motor Polarity。

注意，二者必须同时为 TRUE 或者同时为 FALSE，否则会飞车。

2. 设置参考速度 Reference Velocity

Reference Velocity：通常设置为电机的额定速度。需要注意的是，Reference Velocity 的速度单位是 mm/s，而电机的额定速度单位是 r/min。所以要根据传动机构的数据，换算成 NC 和 PLC 程序使用的量纲 mm/s，如图 4.27 所示。

对于工作在位置模式 CSP 下的伺服驱动，这个速度直接对应电机额定速度即可。额定速度单位是r/min，根据传动参数，换算成 mm/s。TwinCAT NC 通过现场

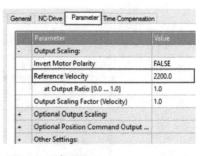

图 4.27　参考速度 Reference Veloctiy

总线控制伺服驱动器时，如果伺服驱动器工作在位置模式，则只要 Scaling Factor 设置正确，NC 就能正确控制伺服轴。参考速度只影响 PLC 发送运动指令时的目标速度限值，因为 Max Velocity 必须小于 Reference Velocity。

动态特性设置，如图 4.28 所示。

图 4.28　动态特性设置

对不同系统同言，电机从静止增加到指定转速的时间，是有对比意义的，因此才可以借用经验值。根据负载大小，在经验值上下浮动。所以建议用户如图 4.28 中一样使用 Indirect 方式。

设置点动速度、手动速度及寻参速度等，如图 4.29 所示。

Parameter	Value
Velocities:	
Reference Velocity	2200.0
Maximum Velocity	2000.0
Manual Velocity (Fast)	600.0
Manual Velocity (Slow)	100.0
Calibration Velocity (towards plc cam)	30.0
Calibration Velocity (off plc cam)	30.0
Jog Increment (Forward)	5.0
Jog Increment (Backward)	5.0

图 4.29　设置点动速度等

不同设备的传动机构相差很大，NC 轴默认的这些参数可能并不适合实际项目，通常是偏大，带上实际机构前一定要重新设置。

3. 寻参方式的设置

对于需要用 NC 寻参功能的轴，都需要设置寻参方式和参数，如图 4.30 所示。

这些参数的具体描述可参考第 5.3 节。

编码器参数的设置如图 4.31 所示：

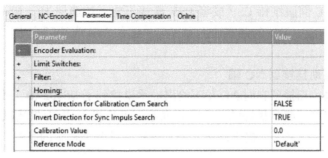

图 4.30 设置寻参方式和参数

图 4.31 编码器参数的设置

如果考虑到传动系统的不同，实际情况可能更加复杂，但这不是 CoE 调试的范畴，这里就不再详细描述。需要进一步了解的用户，请参考阅读配套文档 4-2。

配套文档 4-2
运动控制的位置
反馈

4. 跟随误差的计算数据源选择

Following Error Caculation：在 Axis_Drive 的 Parameter 选项卡的 Other Settings 中修改 Following Error Calculation 为 Extern。

4.5 DS402 伺服常见问题

1. 如何利用伺服本身的回零功能

CoE 伺服通常都自带回零功能，TwinCAT NC 也有回零功能，用户可以二者选其一。

如果使用 CoE 伺服自带的回零功能，原点开关和正负限位都要接入伺服驱动器，并用 PLC 将 Operation Mode 设置为回零模式，然后触发回零动作。如果回零成功，伺服会置位状态字中的标志位，同时 Actual Position 就会变成 0。此时在程序中用 MC_Reset 清除 Lag Distance 即可。回零的相关机制、动作、参数都在 CoE 伺服中完成。

使用伺服驱动器回零时 NC 轴的控制顺序如下。

下使能→伺服的 Operation Mode 改为回零模式→关闭跟随误差报警→上使能→伺服回零→回零成功（当前位置为零，但跟随误差巨大）→MC_Reset（当前位置为零，跟随误差为零）。

考虑到 PLC 程序的通用性，推荐使用 TwinCAT NC 的回零功能。原点开关可以接入伺服也可以接入普通 I/O 模块。接入伺服后，要在配置 Process Data 时包含 Digital Inputs，并链接到 PLC 变量，这样 PLC 就可以像使用 DI 模块一样采集到原点信号了。使用 TwinCAT NC

的回零功能时，CoE 伺服维持 CSP 或者 CSV 模式不变。功能块 MC_Home 会根据 Axis_Enc 中的 Parameter 选项卡中设置的回零速度和方向，触发 Axis 先往某个方向运动直至碰到原点开关。

2. 如果不能自动链接到 NC 轴

有的 CoE 伺服，扫描到它时 NC 并不给出提示说找到了 DS402 轴，而伺服厂家又标明该伺服符合 DS402 标准。此时最好的办法是让伺服厂家提供 EtherCAT 测试文档，并按照里面的步骤执行。如果该厂家无法提供测试文档，这里提供两个救急的办法。

方法一：手动链接。

先手动插入一个 AX2000-B110 的伺服（这是倍福原厂的 CoE 伺服），并新建一个 NC 轴链接到它。然后以 AX2000-B110 的 Process Data 链接为样板，挨个手动链接实际 CoE 伺服的各个变量，至少 4 个。

方法二：把轴的类型改为 Standard，再分别链接 Enc 和 Drive。

Axis_Enc 的类型设置为 Encoder (KL5101/KL5111/IP5109/Profile MD

Axis_Drive 的类型设置为 Encoder (KL5101/KL5111/IP5109/Profile MD

手动插入一个 AX2000-B110 并以之为样板，但是只链接当前位置和目标位置。

状态字和控制字则链接到 PLC 变量，根据伺服驱动的说明书中状态字和控制字各个位的含义，编写 PLC 程序来检测伺服状态和并根据需要赋值给控制字。

如果伺服不支持 DS402，但是支持 CSP 或 CSV 模式，可以试试这个办法。

如果伺服不支持 DS402，也不支持 CSP 或 CSV 模式，就不能用 NC 控制了，但是可以把它设置为编码器轴，至少能借用 TwinCAT NC 处理位置反馈信号的溢出和单位换算。

3. CoE 伺服的 NC 轴报 18005 错误

在 NC 轴整体链接到 CoE 伺服时，默认这个变量链接到 NC Axis_Enc 和 Axis_Drive 的状态字 nStatus4。以此检测所属的同步单元是否在任务周期都成功刷新了所有从站数据，如图 4.32 所示。

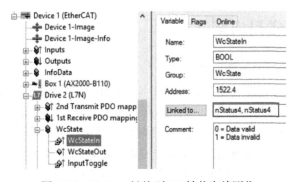

图 4.32　WcState 链接到 NC 轴状态检测位

如果连续 3 个 NC 周期 WcState 为 True（Data Invalid），NC 轴就会报警：ErrorID 18005。

此时最根本的办法是检查 EtherCAT 为何闪断，如果系统要求没那么敏感的话，可以先断开这个变量链接，NC 就再也检测不到 WcState 为 1 的报警了。

特别提醒以下几点。

（1）关于网线

CoE 伺服通信中，特别需要提醒的是 EtherCAT 网线。由于伺服本身的同步性要求高，对 EtherCAT 通信的稳定性要求更高。考虑到抗干扰、长距离传输的原因，现场使用时应使用专业的 EtherCAT 电缆和接头，并做好接地、屏蔽等措施。仅在办公室或者实验室测试阶段，才可以用普通网线代替。

（2）故障诊断和优化

（3）星形拓扑、热连接设置、网线跨接等设置

为了实现个别伺服随时掉电不影响整个 EtherCAT 网络的工作，需要用到星形拓扑和热连接技术。虽然不是 CoE 伺服调试的必用功能，但在伺服驱动器数量极大的系统中，这些功能经常用到。

配套文档 4-3
EtherCAT 诊断和
优化配置

配套文档 4-4
EtherCAT 网络的热
连接（Hot Connect）
设置

4. 关于限位开关

无论是否是 CoE 伺服，都建议限位开关直接接入伺服的 DI 端子，Digital Inputs 放到 Process Data，链接到 PLC 确认物理信号接线正确。首先是接近开关的 PNP/NPN 与伺服的 DI 点匹配，确认正负限位参数设置正确（NPN 还是 PNP），并在 Digital Inputs 中验证。带上负载以后，一定要启用跟随误差监视（Axis Parameter 中的 Lag Monitor），把 Digital Inputs 的正负限位信号，串联到允许正向/反向运动的 PLC 逻辑中。

任何时候，不管 TwinCAT 控制器有没有进入有效控制状态，驱动器碰到限位开关都会停止。有的伺服默认的限位开关为启用状态，或者由于 NPN 的接近开关并未接入，系统误认为碰到了限位。如果伺服驱动器由于限位信号启动不了，在面板上会有相应的报警代码。

有的伺服限位报警后，CoE 伺服的状态字上 Fault 位不能置位，导致 NC 认为伺服在正常工作，直到跟随误差超限。如果 NC 轴中的跟随误差报警又关闭了，就很容易造成事故。

5. 关于刹车

伺服使能的瞬间，刹车会自动松开。在有的敏感场合，需要调节刹车松开的滞后时间，以免重物滑落，造成损失。另外，刹车的接线也要检查验证，没有问题才可正式带负载调试。

4.6 附加资料

4.6.1 少数品牌的 DS402 伺服需要的额外操作

不是每个 DS402 伺服都有这种要求，而是少数 DS402 伺服才有这种需求。当现场遇到问题的时候，首先可以排查是不是刚巧调试的这个伺服要求以下某个设置。

1）内部设置控制信号源为 EtherCAT。

2）有的伺服需要硬件使能。

3）有的伺服需要在内部设置周期插补。

4）Operation Mode（0x6060）为 0。有的伺服工作模式 Operation Mode（0x6060）包含在 Process Data 中了，但忘了赋值。需要强制写入模式 8 或者模式 9，以使其工作在 CSP 或者 CSV 模式，并在 0x6061 中验证。

5）力矩或者速度限值为 0。有的伺服默认的 Process Data 中包含了力矩限值或者速度限值，激活配置后这些参数就是 0。即使重新配置了 PDO，在 Process Data 中取消值，但之前被写成 0 的速度或者力矩限值也不能恢复。还需要在 CoE Online 中手动赋值，或者恢复出厂设置。

恢复出厂设置的方法是：把"0x1011：01"设置为 0x6461 6F6C，即 LOAD 的 ASCII 码。

6）设置的参数没有生效。有的 CoE 伺服参数修改后，立即生效，并掉电保持。而有的参数需要写入 EEPROM 并掉电重启才能生效，比如 LS 伺服的编码器位数。

写 EEPROM 有两个办法，一是使用伺服厂家的配置工具，二是从 CoE Online 中，把"0x1010：01"设置为 0x6576 6173，即 SAVE 的 ASCII 码。

7）不支持某些 NC 任务周期。有的伺服只支持固定的少数几种 NC 周期，比如 2 ms、1 ms 或者 5 ms。

通常都会支持 2 ms，因为 NC 默认的 SAF 周期是 2 ms，有的第三方 CoE 伺服在样机测试期间就只用了默认周期去测试。

8）XML 导入文件时 TwinCAT 卡死。有的伺服一导入 XML 文件，TwinCAT 2 就被卡死，但 TwinCAT 3 没有问题。

此时在开发 PC 的"区域/语言"中，修改为英语，通常可以解决问题。

以下三处缺一不可：格式/格式，位置/当前位置，管理/区域设置/当前系统区域设置。

如果还不能解决，那就多半是 XML 文件的问题，需要联系伺服厂家。

9）没有启用 DC Synchronous。有的伺服默认不在 DC 同步模式，用 NC 控制就无法动作。

10）EtherCAT 主时钟丢失

EtherCAT 主时钟（通常是第 1 个带 DC 的从站）掉电后，整个网络的同步时钟紊乱，会引起所有伺服驱动的 DC 功能异常。如果无法避免该从站掉电，可以选择确认不会掉电的带 DC 功能的 EL 模块或者 EK1100 做主时钟。

实在找不到永不掉电的 DC 从站，则将 TwinCAT 作为主时钟。即在 EtherCAT 的 Advanced Setting 中，设置 DC Mode 为"DC Time Controlled by TwinCAT Time"

4.6.2 部分品牌的 DS402 伺服调试记录

配套文档 4-5 中只是有记录过问题的品牌，但是随着这些厂家的产品升级，有可能在最新的软件、硬件条件下，这些问题已经解决，或者又发现了新的问题。所以这些记录仅供参考，不代表这些产品有问题。而没有记录下问题和解决办法的品牌，也不代表它们调试的过程中没有问题，很可能只是没有记录下来而已。

配套文档 4-5
部分品牌 DS402
伺服驱动器调试
记录

第 5 章　编写 TwinCAT NC 单轴运动的 PLC 程序

在第 3 章和第 4 章，描述了在 TwinCAT 开发环境中配置和调试 NC 轴的步骤，本章将要用 PLC 程序代替调试界面，实现对 NC 轴的控制。

5.1　准备工作

在 PLC 中编写运动控制程序，需要先引用 Tc2_MC2，并创建轴变量。

5.1.1　引用运动控制功能库

（1）引用 Tc2_MC2

新建一个 PLC 程序，名为"PLC851"。编写运动控制程序之前，必须引用运动控制库 Tc2_MC2。双击 References，在右边窗体中选择"Add Library"选项卡，如图 5.1 所示。

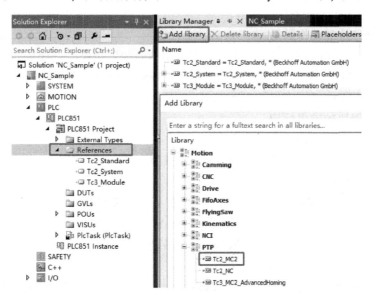

图 5.1　引用库文件

在"Add Library"选项卡中，选择"Motion"→"PTP"→"Tc2_MC2"。

（2）建立轴变量

在编写 MC 程序之前，必须先声明 Axis_ Ref 的变量。在 PLC 项目中新建全局变量文件 GVL，然后建立轴变量 Axis1，如图 5.2 所示。

```
{attribute 'qualified_only'}
VAR_GLOBAL
    Axis1:AXIS_REF;
END_VAR
```

图 5.2　声明一个 PLC 轴变量

图 5.2 声明一个变量"Axis1"，类型是 AXIS_REF。
AXIS_REF 是 Tc2_MC2 中定义的结构类型，这种类型的变量，是 PLC 中的轴变量。所有的

运动控制指令（功能块 Function Block），都是以轴变量为控制对象。有多少个轴（含虚轴），就需要声明多少个轴变量。如果运动轴的数量较多，建议以数组的方式声明，以便简化程序。比如：

aAxis :array[1..nAixs] OF Axis_Ref；

其中，nAxis 为常量 Constant，如果 nAxis 为 10，那么这句话就声明了 10 个轴，如果 nAxis 为 100，那么这句话就声明了 100 个轴。

Tc2_MC2 使用动态分配地址的机制，程序开发人员无须也不能设置 Axis_Ref 型变量的地址。

5.1.2 Tc2_MC2 功能库的说明

（1）轴变量

在 PLC 程序中，所有对轴的控制都是通过 Tc2_MC2 中的 FB 实现的，其中定义了结构类型"Axis_Ref"，所有 FB 要控制一个轴的时候，其接口变量类型都是 Axis_Ref。

（2）运动控制变量的单位

调用 MC 功能块时，常常需要给定位置（Position）、速度（Velocity）、距离（Distance）及加速度（Acceleration）等参数，这些参数均为长实数 LREAL，速度、距离、加速度的单位分别为 mm/s、mm、mm/s^2。

（3）MC 功能块的动作触发

功能块都有一个 bExcute 的输入变量，表示动作的触发条件。该变量的上升沿就令动作开始执行。一旦开始执行，bExcute 是否保持为"True"就无所谓了。但是在下一次触发之前，必须恢复为"False"。

（4）MC 功能块的输出标记

执行成功后，通常会有标记 Done 置位。

如果执行过程中断退出，会有标记 Aborted 置位。

（5）子元素命名

Tc2_MC2 中，子元素的命名更容易理解，有英文基础的用户，都可以顾名思义。比如设定位置为 Axis1. NcToPlc. SetPos；当前位置为 Axis1. NcToPlc. ActPos；设定速度为 Axis1. NcToPlc. SetVelo；实际速度为 Axis1. NcToPlc. ActVelo。

（6）MC 功能块的故障代码

如果 MC 功能块执行过程出错，会有标记 Error 置位，而根据 ErrID 则可以查到故障说明。最新故障代码地址为

https://infosys. beckhoff. com/content/1033/tcncerrcode2/126100791087930763. html? id=876370281788013182

文件夹路径为

Infosys/TwinCAT 2/TwinCAT NC/TwinCAT NC Error Codes/Overview

NC 轴的故障代码如图 5.3 所示。

以上适用于 MC 库中的所有功能块，在后面的介绍中不另作说明。本章以后各节分别介绍各功能块的使用。

图 5.3   NC 轴的故障代码

（7）命令堆栈 BufferMode

在 Tc2_MC2 库中设置了命令堆栈功能，NC 轴正在执行运动指令的时候，最多允许再有
1 个指令排队等候。"后指令"如何切入，就取决于其 MC 功能块的接口变量 BufferMode。

在 TC3 帮助系统中，关于 Buffer Mode 的图解位于以下路径：

TE1000 XAE/PLC/PLC Libraries for PC/Lib Tc2_Mc2/DataTypes/Motion/MC_BufferMode

BufferMode 的类型为枚举"MC_BufferMode"，其选项及含义见表 5.1。

表 5.1   Buffer Mode 选项及含义

MC_Aborting	立即打断前动作，执行后动作
MC_Buffered	等前动作执行完成，停稳后再执行后动作
MC_BlendingLow	以较低的速度达到前动作的目标位置，然后执行后动作
MC_BlendingPrevious	以前动作的速度达到前动作的目标位置，然后执行后动作
MC_BlendingNext	以后动作的速度达到前动作的目标位置，然后执行后动作
MC_BlendingHigh	以较高的速度达到前动作的目标位置，然后执行后动作

注意：如果前一动作已经运行到减速阶段第二个动作才触发进入等候队列，速度切换时
就会有一个明显的冲击。在 Axis_Ref 的 Status 项下，有匀速段、加速段、减速段的标记：

Axis1. Status. ConstantVelocity

Axis1. Status. Accelerating

Axis1. Status. Decelerating

监视后动作指令发出时轴的这些标记，可以预估后动作能否平稳过渡。当然，通常会让后指令在前动作启动之后尽快触发。

（8）增加了 Option 选项

在 TwinCAT 3 的运动控制库 Tc2_MC2 中，运动功能块都有 Option 选项，并且有了具体的用途，如图 5.4 所示。

STRUCT **ST_MoveOptions**					
Name	Type	Inherited from	Address	Initial	Comment
EnableBlendingPosition	BOOL				Command activation at defined ActivationPosition - extends the buffer mode when enabled
BlendingPosition	LREAL				
StartVelocity	LREAL				velocity profile options - instantaneous speed change at the beginning and at the end of the profile
EndVelocity	LREAL				

图 5.4　MC 运动指令的 Option 选项

EndVelocity 允许一个运动指令结束的时候，不是停止而是以给定速度做"Endless"运动。

5.2　轴的管理

5.2.1　基本管理

使能 MC_Power，如图 5.5 所示。

所有的 NC 轴在能够动作之前，都必须使能。

Enable：使能信号。Enable 信号为持续生效，必须保持为 True，直到 NC 轴正常停止。如果 NC 轴在动作过程中，使能信号变为 False，NC 立即触发 Error 报警。

图 5.5　使能 MC_Power

Enable_Positive：BOOL；允许正转。

Enable_Negative：BOOL；允许反转。

Override：LREAL；指速度输出比例。是 0～100.0 的实数，100.0 表示 PLC 给定速度为 200 mm/s 时，NC 轴的目标速度也是 200 mm/s，如果 Override 为 80.0，PLC 同样给定速度下，NC 轴的目标速度只有 80%，即 200 mm/s×80%＝160 mm/s。

Override 可以在 Enable 保持为 True 期间动态修改，实际输出速度会随之成比例变化。

成功使能后输出变量 Status 为 True。

连接硬件轴调试时，使能信号应使用变量，而不是常量 True，以便出现意外时能及时停止轴动作，比如把最高的报警等级触发条件作为 Enable 的条件之一，把限位信号加入允许正转或者反转的逻辑中。

连接硬件轴调试之初，为安全起见，通常把 Override 设置成小于 50 甚至更小的值，待机械部分走顺，逻辑都调通之后才逐步加大到 100.0。

复位 MC_Reset，如图 5.6 所示。

该功能块由输入变量 Execute 的上升沿触发，完成后输出变量 Done 置位。

NC 报错之后，即使故障触发条件已经排除，Error 信号也不会自动清除，要用复位功能块 MC_Reset 才能清除。

MC_Reset 是一个优先级最高的功能块，如果 NC 轴正在运动中，触发了 MC_Reset 的 Execute 信号，所有动作都会立即退出。

设置当前位置 MC_SetPosition，如图 5.7 所示。

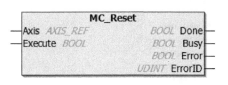

图 5.6　复位 MC_Reset　　　　　　　　图 5.7　位置设置功能块

该功能块把当前位置设置为 Position 变量的值。由输入变量 Execute 的上升沿触发，完成后输出变量 Done 置位。

设置的模式由输入变量"Mode"决定：True，相对模式，把当前位置设置和目标位置都设置为"ActPos+Position"之和；False，绝对模式，把当前位置设置和目标位置都设置为输入变量"Position"的值。

在梯形图中，读取轴状态功能块为 MC_ReadStatus，如图 5.8 所示。

执行成功 Valid 为 True，各输出变量都有效。

与之类似功能的是 Axis_Ref 自带的 Action"ReadStatus"，调用时写为 Axis.ReadStatus，读取的结果放在 Axis.Status，与本功能块的输出变量 Status 的类型都是 ST_AxisStatus，该结构体包含的元素如图 5.9 所示。

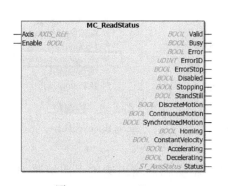

图 5.8　MC_ReadStatus　　　　　　　　图 5.9　Axis.Status 结构体包含的元素

Axis_Ref 的 Status 中包括的状态有 HasJob、HasBeenStopped、InPositionArea、InTargetPosition、Homed、HomingBusy 等，具体可查阅 TwinCAT Information System 中的相关章节。它们都可以通过 Axis1.Status.HasJob、Axis1.Status.Homed 的形式访问。

5.2.2 扩展管理

1. 功能块汇总

在 TC3 中，进一步丰富了轴管理的功能块，从 Tc2_MC2 可以看到，TC3 的扩展轴管理功能块如图 5.10 所示。

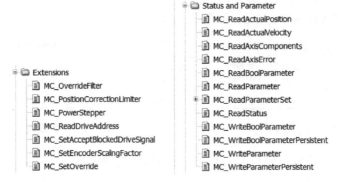

图 5.10　TC3 的扩展轴管理功能块

本节只对常用的 FB 做简单介绍。

MC_SetAcceptBlockedDriveSingal 如图 5.11 所示。

图 5.11　MC_SetAcceptBlockedDriveSingal

有的伺服驱动器，比如 AX5000，碰到正负限位以后，伺服就处于报警状态，不能前进也不能后退。在 TwinCAT NC 轴与 PLC 的接口变量中，控制字里有一个位专门用于在轴限位报警后允许回退的功能，即 MC_SetAcceptBlocked-DriveSingal。在控制字中该位的位置如图 5.12 所示。

图 5.12　控制位 AcceptBlockedDrive

2. MC_SetOverride

关于 Override，在用 MC_Power 使能的时候就可以赋值且随时修改，即时生效，取值 100 表示 100% 速度输出。而 MC_SetOverride 中设置的 VelFactor，在 Enable 为 True 时生效，优先级高于 MC_Power 中的赋值，取值 1.0 表示 100% 速度输出。MC_SetOverride 和 MC_Power 中的 Override 对比如图 5.13 所示。

MC_SetOverride 的 Enable 从 True 变为 False 时，NC 轴实际的输出速比立即按照 MC_Power 中的设定值变化。

关于 Override 切换时，本身是一个跳变，设定速度默认是按照加速度曲线渐变。如果想让 Override 经过可控的渐变过程到达预定值，以减少对设备的冲击，可以使用 MC_Override-Filter，如图 5.14 所示。

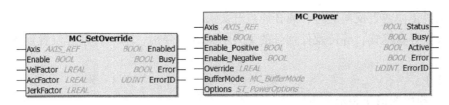

图 5.13 MC_SetOverride 和 MC_Power 中的 Override 对比

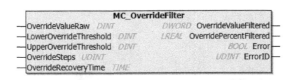

图 5.14 MC_OverrideFilter

截至目前（2019 年 4 月），这个功能块的测试结果还没有过滤功能，可以用 Tc2_ControllerToolbox 中的 FB_CTRL_RAMP_GENERATOR 代替，如图 5.15 所示。

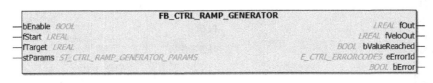

图 5.15 FB_CTRL_RAMP_GENERATOR

5.3 寻参 MC_Home

对于绝对编码器反馈的 NC 轴，可以不用寻参。原点的位置，由编码器安装时的机械位置和 System Manager 中 NC 轴 Encoder 参数的 Position Bias 决定。绝对编码器的机械零位设置如图 5.16 所示。

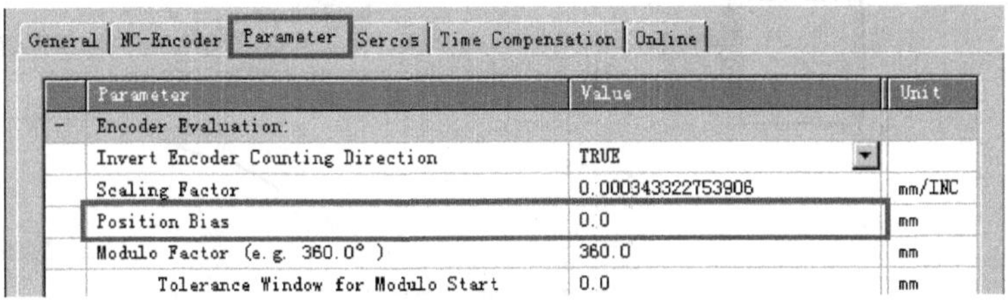

Parameter	Value	Unit
Encoder Evaluation:		
Invert Encoder Counting Direction	TRUE	
Scaling Factor	0.000343322753906	mm/INC
Position Bias	0.0	mm
Modulo Factor (e.g. 360.0°)	360.0	mm
Tolerance Window for Modulo Start	0.0	mm

图 5.16 绝对编码器的机械零位

换句话说，只要机械安装没变，只要设置一次 Position Bias 就可以了。

对于其他反馈的 NC 轴，如果需要定位动作，必须先寻参。

5.3.1 寻参过程简介

TwinCAT 提供的基本寻参的过程包括以下内容。

1）触发寻参动作。

2）电机正向或者反向运动，直到碰到原点开关。

3）电机正向或者反向运行，离开原点开关。

4）根据寻参模式，等待硬件信号的上升沿或者下降沿，那一时刻的位置设置为0或者指定值。

5）停止。

寻参过程以图形化表示如下。

第一步：准备。如图 5.17 所示。

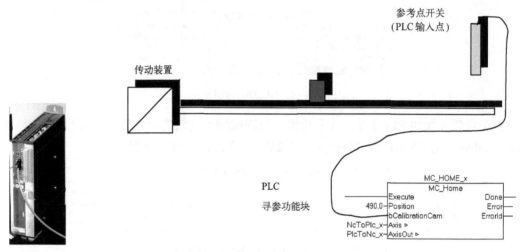

图 5.17　准备寻参

第二步：Execute 上升沿后，伺服轴向参考点运动，如图 5.18 所示。

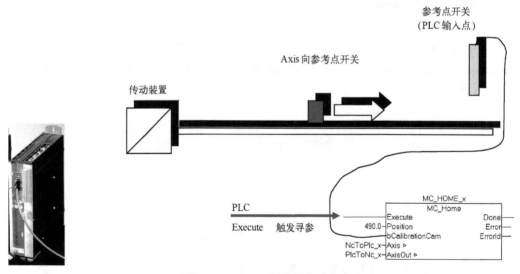

图 5.18　Execute 触发寻参动作

Execute 触发 MC_Home 后，轴就按照 Encoder 下 Parameter 选项卡的 Homing 中"Invert Direction for Calibration Cam Search"定义的方向运动，如图 5.19 所示。

True 为负方向运动，False 为正方向。从轴的当前位置，以上述方向去寻找原点开关的速度是在 Axis 下 Parameter 选项卡的 Manual Motion and Homing 中"Homing Velocity（towards plc cam）"定义的，如图 5.20所示。

General NC-Encoder **Parameter** Time Compensation Online		

Parameter	Offline Value	
+ Encoder Evaluation:		
+ Limit Switches:		
+ Filter:		
- Homing:		
Invert Direction for Calibration Cam Search	TRUE	▼
Invert Direction for Sync Impuls Search	FALSE	▼
Calibration Value	0.0	

图 5.19　寻找原点开关的方向

General Settings **Parameter** Dynamics Online Functions Coupling Compensation		

Parameter	Offline Value	
+ Maximum Dynamics:		
+ Default Dynamics:		
- Manual Motion and Homing:		
Homing Velocity (towards plc cam)	30.0	
Homing Velocity (off plc cam)	30.0	
Manual Velocity (Fast)	600.0	
Manual Velocity (Slow)	100.0	

图 5.20　寻找原点开关的速度

第三步：伺服轴碰到了原点开关，如图 5.21 所示。

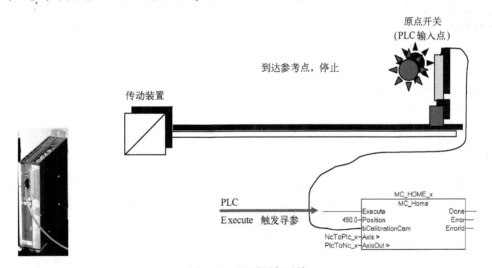

图 5.21　碰到原点开关

伺服轴碰到原点开关后，MC_Home 的输入变量 bCalibrationCam 为 TRUE，轴停止。

原点开关信号持续的信号不能小于 2 个 PLC 周期。如果寻参速度太慢，而接近开关的感应范围太短，这个信号持续时间太短，功能块就会报错。

第四步：伺服轴离开原点开关。根据寻参方式的不同，在接收到原点信号下降沿，或者寻参模式所指定的某种硬件信号后停止，如图 5.22 所示。

碰到原点开关并停止后，轴就按照 Homing 中 "Invert Direction for Sync Impuls Search" 定义的方向（True 为负方向），以 Manual Motion and Homing 中 "Homing Velocity off plc

87

cam"的速度，去寻找同步脉冲。

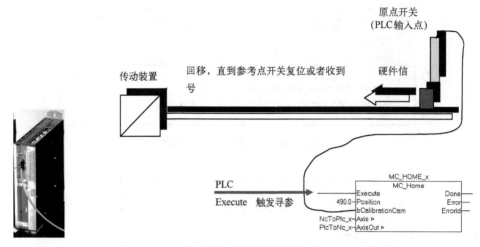

图 5.22　离开原点开关

实际应用中，由于寻参速度必须很慢，如果在工作台全程范围内寻参会很费时间，所以通常会以一个较快的速度先接近原点开关或者限位开关，然后再移动一个距离，到离原点开关较近的位置，最后才开始上述寻参过程。此时，用户可以自行编写寻参功能块，而不能直接使用 TwinCAT 提供的 MC_Home 功能块。

5.3.2　寻参的参数设置

寻参方向和寻参方式是在 NC 轴的 Encoder 参数中设置的，如图 5.23 所示。

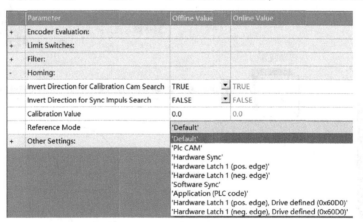

图 5.23　设置寻参模式

根据前面描述的寻参过程，各种寻参方式的差别，就在于离开原点开关后所等待的信号（称为同步脉冲信号）不同。该信号触发时，就把那一刻的电机位置作为原点。可选择的原点脉冲信号种类及其精度和适用范围见表 5.2。

表 5.2　可选择的原点脉冲信号种类及其精度和适用范围

	同步脉冲信号	精　　度	适 用 范 围
Default	—	—	根据硬件不同而不同

（续）

	同步脉冲信号	精　度	适 用 范 围
Plc Cam	原点开关信号的下降沿	寻参精度低，取决于寻参速度、PLC 周期、接近开关的精度。	适用于任何硬件类型，但通常只有虚拟的位置反馈，比如脉冲输出模块（EL2521、KL2521）、不带反馈的驱动模块（KL2531、EL7031），才会用这种寻参方式
Hardware Sync pulse	硬件同步脉冲，即编码器的 C 相脉冲或者 Z 脉冲	寻参精度极高	适用于编码器反馈有 C 相或者 Z 相接线的场合，比如伺服电机带 C 信号、EL5101 等
Software Sync pulse	指反馈信号的过零点	寻参精度高	适用于电机转动一圈位置反馈信号会有且只有一个过零点的情况，比如 Resolver。要求上电时的位置反馈值与实际电机角度有一一对应的关系
Hardware Latch Pos	驱动器上的探针信号的上升沿	寻参精度极高	要求驱动器设置了探针功能，或者编码器模块上有 Latch 点。
Hardware Latch Pos	驱动器上的探针信号的下降沿	寻参精度极高	
Application Defined Homing Sequence			用户自定义

5.3.3 寻参功能块

1. MC_Home

在 Tc2_MC2 中，最基本寻参功能块的接口如图 5.24 所示。

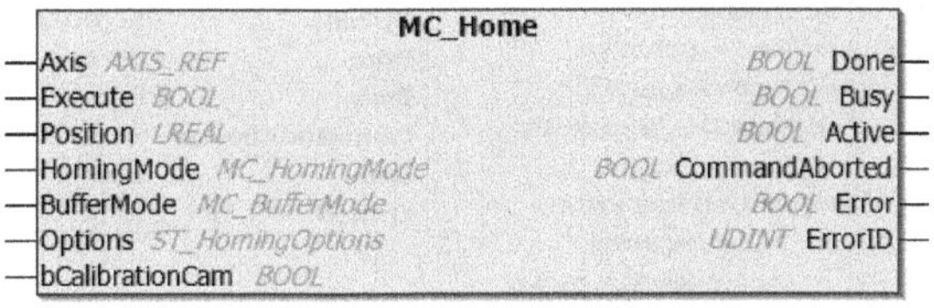

图 5.24　基本寻参功能块

输入变量如下。

Execute：BOOL；信号上升沿触发寻参的动作。

Position：LREAL；为参考点位置，如果设置为 0，即为原点。

bCalibrationCam：BOOL；原点接近开关。

Options：ST_HomingOptions；包含了 NC 轴的 Enc 参数中 Homing 方向、速度等元素，PLC 中填写 Option 优先于 NC 轴中的 Enc 默认设置，如图 5.25 所示。

Inputs/Outputs　Documentation

STRUCT ST_HomingOptions

Name	Type	Initial
ClearPositionLag	BOOL	
SearchDirection	MC_Direction	MC_Direction.MC_Undefined_Direction
SearchVelocity	LREAL	
SyncDirection	MC_Direction	MC_Direction.MC_Undefined_Direction
SyncVelocity	LREAL	
ReferenceMode	E_EncoderReferenceMode	E_EncoderReferenceMode.ENCODERREFERENCEMODE_DEFAULT

图 5.25　MC_Home 的 Option

HomingMode 的类型是枚举"MC_HomingMode"参数，有以下几个选项。

MC_DefaultHoming：按照 SystemManager 中的 encoder 参数设置。

MC_Direct：轴不动作，直接将当前位置设置为参考点。

MC_ForceCalibration：轴不动作，也不设置位置，直接置位已寻参标记。

MC_ResetCalibration：轴不动作，也不设置位置，直接清除已寻参标记。

输出变量如下。

Done：BOOL；寻参完成后，此标记置位。

2. Tc3_MC2_AdvancedHoming

根据 PLCopen 的"Function Block for Motion Control Part 5：Homing"，TC3 提供了一个高级寻参库 Tc3_MC2_AdvancedHoming。该库的内容如图 5.26 所示。

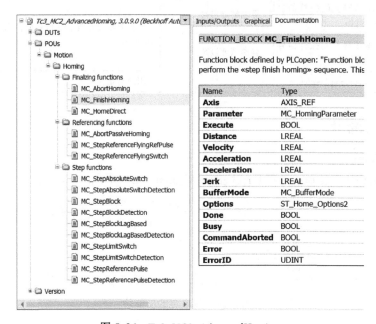

图 5.26　Tc3_MC2_AdvancedHoming

这些功能块的详细说明在 TC3 帮助系统的以下路径：

TwinCAT 3/TE1000 XAE/PLC/PLC Libraries/TC3_MC2_AdvancedHoming

这一套寻参系统比 Tc2_MC2 要复杂得多，有兴趣的读者可以研究。其中有一个"Flying Homing"的功能，可以在运动中寻找原点开关（Flying Switch）和读取同步脉冲（FlyingRefPulse），在运动中完成寻参过程，但实际上轴并不切换到 Homing 状态。该功能包括 3 个功能块：MC_StepReferenceFlyingSwitch、MC_StepReferenceFlyingRefPulse 和 MC_AbortPassiveHoming。

功能块 MC_StepReferenceFlyingSwitch 的接口如图 5.27 所示。

功能块 MC_StepReferenceFlyingRefPulse 的接口如图 5.28 所示。

功能块 MC_AbortPassiveHoming 的接口如图 5.29 所示。

3. 用户自定义寻参功能块

基本寻参功能块过于简单，很多用户都会根据工艺需求，重新封装寻参功能块，把机械限位、限位开关、实际力矩、反馈类型都考虑进去，甚至可能会使用驱动器本身的寻参模式。

图 5. 27 MC_StepReferenceFlyingSwitch

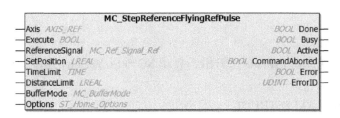

图 5. 28 MC_StepReferenceFlyingRefPulse

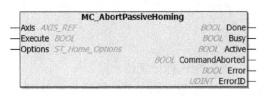

图 5. 29 MC_AbortPassiveHoming

5.4 轴的动作

匀速运动功能块 MC_MoveVelocity 如图 5.30 所示。
输入变量如下。

Execute：BOOL；上升沿触发，启动 NC 轴以
Velocity 变量值为速度，匀速运动。

Velocity：LREAL；速度给定。

Acceleration、Deceleration 和 Jerk：指加速度、
减速度和抖动，可以填写，也可以不填。如果不填，功能块将使用 System Manager 中该轴的
Dynamics 选项卡中所设置的参数来加减速。

图 5. 30 功能块 MC_MoveVelocity

Direction：运动方向，可以有如下 4 个选项。

MC_Positive_Direction：正方向。

MC_Shortest_Way：最短路径。

MC_Negative_Direction：反方向。

MC_Current_Direction：当前方向。

输出变量如下。

InVelotiy：NC 轴达到目标速度，则该标记置位。

CommandAborted：NC 轴退出标记。如果 NC 轴还没有达到目标速度，就因停止指令、
故障或者复位指令导致中断，则该标记置位。

说明：MC_MoveVelocity 启动之后，如果输入变量 Velocity 发生变化，NC 轴的速度也不

会变化。

为了实现速度的连续变化，可以在此输入"最大速度"，通过改变 MC_Power 的输入变量 Override 的值，来改变目标速度。

1. 定位运动：绝对、相对和模长定位

（1）MC_MoveAbsolute

绝对定位功能块 MC_MoveAbsolute 如图 5.31 所示。

输入变量如下。

Execute：BOOL。

Velocity：LREAL。

Position：LREAL。在 Execute 上升沿，启动 NC 轴以 Velocity 速度，运动至 Position 给定的绝对位置。

Axis：NCTOPLC_AXLESTRUCT。

Acceleration、Deceleration 和 Jerk：指加速度、减速度和抖动，可以填写，也可以不填。如果不填，功能块将使用 System Manager 中该轴的 Dynamics 选项卡中所设置的参数来加减速。

输出变量如下。

Done：NC 轴达到目标位置，则该标记置位。

CommandAborted：NC 轴退出标记。如果 NC 轴还没有达到目标位置，就因停止指令、故障或者复位指令导致中断，则该标记置位。

说明：在达到目标位置之前，功能块忽略输入变量 Position 及 Execute 的任何变化。

如果此时希望 NC 轴以新的速度运动到新的位置，可以重新调用此功能块。如果要中途停止，则使用功能块 MC_STOP。

（2）MC_MoveRelative

相对定位功能块 MC_MoveRelative 如图 5.32 所示。

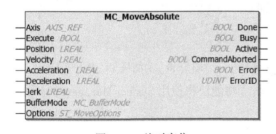

图 5.31　绝对定位

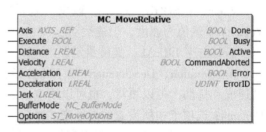

图 5.32　相对定位

输入变量如下。

Execute：BOOL。

Velocity：LREAL。

Distance：LREAL。在 Execute 上升沿，启动 NC 轴以 Velocity 速度，以当前位置为起点，运动 Distance 给定的距离。

Acceleration、Deceleration 和 Jerk：指加速度、减速度和抖动，可以填写，也可以不填。如果不填，功能块将使用 System Manager 中该轴的 Dynamics 选项卡中所设置的参数来加减速。

输出变量如下。

Done：NC 轴达到目标位置，则该标记置位。

CommandAborted：NC 轴退出标记。如果 NC 轴还没有达到目标位置，就因停止指令、故障或者复位指令导致中断，则该标记置位。

说明：在达到目标位置之前，功能块忽略输入变量 Position 及 Execute 的任何变化。如果此时希望 NC 轴以新的速度运动到新的位置，可以重新调用此功能块。如果要中途停止，则使用功能块 MC_STOP。

图 5.33　模长定位

（3）MC_MoveModulo

模长内定位功能块 MC_MoveModulo 如图 5.33 所示。

此功能块与 MoveAbsolute 类似，差别在于后者是绝对定位，而此处是模长内定位。此处指的模长，就是 System Manager 中 NC Axis 轴的编辑器参数中的 Modulo Factor 值，如图 5.34 所示。

Parameter	Offline Value
Encoder Evaluation:	
Invert Encoder Counting Direction	FALSE
Scaling Factor Numerator	0.0001
Scaling Factor Denominator (default: 1.0)	1.0
Position Bias	0.0
Modulo Factor (e.g. 360.0°)	360.0
Tolerance Window for Modulo Start	0.0

图 5.34　Modulo Factor

输入变量如下。

Execute：BOOL。

Velocity：LREAL。

Position：LREAL。在 Execute 上升沿，启动 NC 轴以 Velocity 速度，运动至 Position 给定的模长内位置。

Direction：方向选择，可以有如下 4 个选项。

MC_Positive_Direction：正向。

MC_Shortest_Way：最短距离。

MC_Negative_Direction：反向。

MC_Current_Direction：当前方向。

Acceleration、Deceleration 和 Jerk：指加速度、减速度和抖动，可以填写，也可以不填。如果不填，功能块将使用 System Manager 中该轴的 Dynamics 选项卡中所设置的参数来加减速。

输出变量如下。

Done：NC 轴达到目标位置，则该标记置位。

CommandAborted：NC 轴退出标记。如果 NC 轴还没有达到目标位置，就因停止指令、故障或者复位指令导致中断，则该标记置位。

在达到目标位置之前，功能块忽略输入变量 Position 及 Execute 的任何变化。

Modular Factor 是指对于一个伺服轴，重复一个工艺周期所经过的距离。

对于未连接传动机构的电机，最典型模长是电机转动一圈的距离。如果简单地设置一圈为 360 mm，那么模长 Modular Factor 就是 360 mm。而对于一台印刷机而言，两次重复印刷同一图案期间主轴所经过的距离，就是一个模长，比如 20 mm 或者 30 mm。

以电机转动一圈为一个模长 360 为例，如果当前位置是 1000，Position 是 90，那么终点的位置是 720+90 = 810，或者 810+360 = 1170，最终到哪个位置取决于 Direction 选项，详见表 5.3。

表 5.3　Direction 的功能示例

MC_Positive_Direction：正向	电机会正转 170，从 1000 运动到 1170
MC_Shortest_Way：最短距离	电机会正转要 170，反转要 190，取最短距离，所以电机会正转，从 1000 运动到 1170
MC_Negative_Direction：反向	电机会反转 190，从 1000 运动到 810
MC_Current_Direction：当前方向	取决于上一次运动的方向。如果是第一次，则为正向

2. 连续运动 MC_MoveContinuousAbsolute

连续运动相当于定位运动结束后再执行匀速运动，定位结束时轴并不停止，而是刚好达到第二段速度。到达目标位置后，这个功能块就算成功执行完毕，此时轴并没有停止。

连续运动包括连续绝对定位 MC_MoveContinuousAbsolute 和连续相对定位运动 MC_MoveContinuousRelative。在定位的整个行程中会监视轴的运动。到达目标位置时，刚好达到并保持一个恒定的速度，此时输出标记 InEndVelocity 置位，否则标记 CommandAborted 置位，若有故障则 Error 置位。

连续绝对定位功能块 MC_MoveContinuousAbsolute 的接口如图 5.35 所示。

连续相对定位功能块 MC_MoveContinuousRelative 的接口如图 5.36 所示。

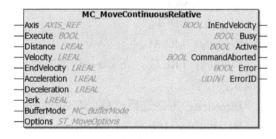

图 5.35　连续绝对定位　　　　　　　　　　图 5.36　连续相对定位

Input 变量中的 Velocity 和 EndVelocity 就分别是定位（第一阶段）的速度和匀速运动（第二阶段）的速度。

3. 叠加运动 Move_Additive

MC_MoveAdditive 在上一个目标位置指令的基础上触发一个相对定位运动，无论上个目标位置是否达到。本次定位的目标位置到达后置位 Done 标记，如图 5.37 所示。

此前没有这个功能块，要实现同样的功能，是利用 Buffer Mode，并

配套文档 5-1
例程：分段运动定位

94

建立两个同样的功能块控制一个 NC 轴并交替触发不同的目标位置。有的工艺要求分段运动，用 MC_MoveAdditive 功能块实现起来就更加方便。

点动功能块 MC_Jog 如图 5.38 所示。

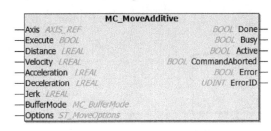

图 5.37   MC_MoveAdditive

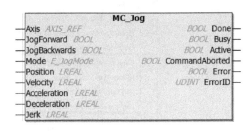

图 5.38   MC_Jog

在机器到了最终安装现场，示教或者调试阶段，常常要用到点动功能。

MC_Jog 点动功能块可执行正向点动（JogForward）或者反向点动（JogBackwards）。根据不同的点动模式（Mode），可能上升沿生效，或者持续作用。

输入变量如下。

JogForward：BOOL；正向点动。

JogBackwards：BOOL；反向点动。

Mode：点动模式。

Position：点动位置。

Velocity：点动速度。

Mode 的类型为枚举 "E_JogMode"，可选的类型有 MC_JOGMODE_STANDARD_SLOW，MC_JOGMODE_STANDARD_FAST，MC_JOGMODE_CONTINUOUS，MC_JOGMODE_INCHING，MC_JOGMODE_INCHING_MODULO。

MC_JOGMODE_STANDARD_SLOW 和 MC_JOGMODE_STANDARD_FAST 分别为标准慢速点动和标准快速点动。JogForward 或者 JogBackwards 为持续作用，功能块中 Position、Velocity 输入无效。

MC_JOGMODE_CONTINUOUS 为连续点动，JogForward 或者 JogBackwards 为持续作用，Velocity 为点动速度，Position 参数无效。

MC_JOGMODE_INCHING 为渐进点动。JogForward 或者 JogBackwards 上升沿触发。使用功能块时引用给定的速度、加速度等参数。点动的距离在 System Manager 中设置。

MC_JOGMODE_INCHING_MODULO 为渐进点动。JogForward 或者 JogBackwards 上升沿触发。使用功能块时引用给定的速度、加速度等参数。点动的距离在 System Manager 中设置。

Done：NC 轴达到目标位置，则该标记置位。

CommandAborted：NC 轴退出标记。如果 NC 轴还没有达到目标位置，就因停止指令、故障或者复位指令导致中断，则该标记置位。

点动速度是在 TwinCAT NC Axis 的 Parameter 中设置的，如图 5.39 所示。

Acceleration、Deceleration 和 Jerk：加速度、减速度和抖动，可以填写，也可以不填。如果不填，功能块将使用 System Manager 中该轴的 Dynamics 选项卡中所设置的参数来加减速。

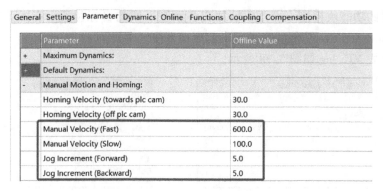

图5.39 点动速度和进给量

4. 停止暂停和急停

要让 NC 轴的速度为零，可以使用 MC_Stop 和 MC_OrientedStop 功能块，停止功能块 MC_Stop 的接口如图 5.40 所示。

在 Execute 上升沿，无论 NC 轴在执行何种动作，立即以减速度为 Deceleration 停止。如果 Deceleration 为 0 或没有赋值，则直接使用 TwinCAT System Manager 中 Dynamics 选项卡中设置的加减速特性。

MC_OrientedStop 是 MC_Stop 的一个变体，区别在于轴不是马上停止，而是在下一个模长 Modulo 的原点才停止。

暂停功能块 MC_Halt 的接口如图 5.41 所示。

图5.40 停止功能块

图5.41 暂停功能块 MC_Halt

MC_Halt 是一个"运动指令"，因为它的目的是让轴停止，可以称之为暂停。

相比于 MC_Stop，MC_Halt 允许未停稳之前再次启动。

如果在轴参数中设置了允许"从轴接受运动指令（Allow motion commands to slave axis）"，就可以用 MC_Halt 让耦合中的从轴解耦并停止，此时只能使用 Aborting 这种缓存模式，如图 5.42 所示。

Couple slave to actual values if not enabled	FALSE
Velocity Window	1.0
Filter Time for Velocity Window	0.01
Allow motion commands to slave axis	TRUE
Allow motion commands to external setpoint axis	FALSE
Dead Time Compensation (Delay Velo and Position)	0.0

图5.42 允许耦合从轴接受运动指令

急停并不是通过 MC_Stop 功能块来完成的，而是通过 PLC 触发 Drive. In. nState4 实现的。使用这种方式触发急停之前，要把急停功能打开，并设置急停的动态特性，如图 5.43 所示。

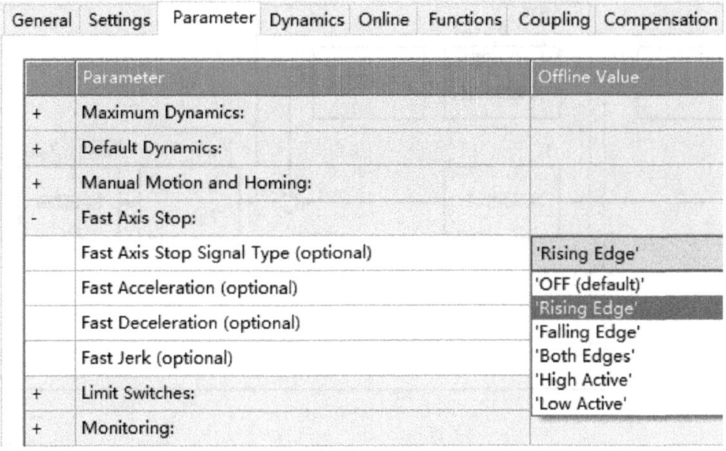

図 5.43 急停的动态特性

例如：

> 变量
>
> > bEStop ;BOOL;
> >
> > nDriveStatus4 AT %Q * :BYTE;
>
> 代码
>
> nDriveStatus4. 7 : =bEStop;
>
> 链接：
>
> nDriveStatus4 链接到：nState4 . In . Inputs . Drive . Axis 1 . Axis 1

用 nDriveStatus4. 7 触发 NC 轴快停时，正在执行的运动功能块执行结果为 Abort，但并不报错。与之对比的 "急停"，无论是断使能，还是接到伺服驱动的硬件急停，都会触发 NC 报警。

nState4 是 Axis. Drive 的 Input 数据，可以链接到 PLC 变量，也可以链接到某个 DI 通道，用现场的传感器或者按钮来触发快速停止。用现场 DI 信号的响应会更快，也更安全。

5.5 外部设定值发生器

外部设定值发生器，即 External Set Value Generation。通常 TwinCAT NC 的设定位置（SetPosition）、设定速度（SetVelocity）、设定加速度（SetAcceleration）是由 NC 信号发生器（即 Setpoint Generator）产生的。每个 NC 周期（比如 2 ms）产生一套设定数据 "Setpoint"。如果驱动器工作在位置模式，Setpoint 中的位置信号就会换算后发给驱动器，如果驱动器工作在速度模式，Setpoint 中的速度信号就会换算后发给驱动器，如图 5.44 所示。

有些应用项目中，用户需要用自己的算法来给定每个 NC 周期的目标位置和目标速度。此时，可以在 PLC 程序中使用一个独立的设定值发生器（Setpoint Generator），取代 NC 位置发生器的功能。这大大增加了 TwinCAT 轴的灵活性，可以应用于更广泛的场合。比如，电机转动与实际工件运动为非线性关系时，或者需要多种运动叠加的时候。

使用外部设定值发生器需要三个步骤：启用、位置给定、停用，依次由功能块 MC_ExtSetPointGenEnable、MC_ExtSetPointGenFeed、MC_ExtSetPointGenDisable（TcMc2. lib）实现。

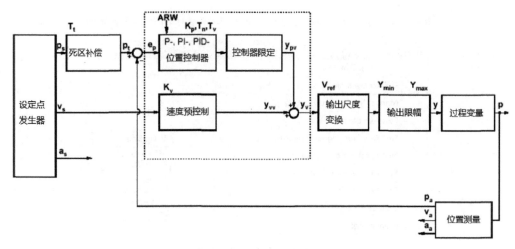

图 5.44　NC 轴的设定点发生器

（1）MC_ExtSetPointGenEnable

使能外部设定点发生器功能块 MC_ExtSetPointGenEnable 的接口如图 5.45 所示。

顾名思义，此功能块用于使能外部位置发生器。Execute 上升沿生效。

输入变量如下。

Execute：BOOL。

Position：LREAL。

PositionType：给定位置类型，有以下 3 种类型可选。

POS_ABSOLUTE：绝对位置。

POS_RELATIVE：相对位置。

POS_MODULO：模长内定位。

输出变量如下。

Done：成功使能后该标记置位。

注意：*输入 Position 并不是指让 NC 轴运动到该位置，而是到达该位置后，NC 轴标记位 InTargetPostion 置位。*

（2）MC_ExtSetPointGenDisable

禁用外部设定点发生器功能块 MC_ExtSetPointGenDisable 接口如图 5.46 所示。

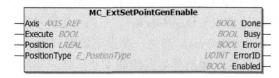

图 5.45　使能外部设定点发生器

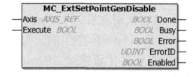

图 5.46　禁用外部设定点发生器

顾名思义，此功能块用于终止外部位置发生器。Execute 上升沿生效。

输入变量如下。

Execute：BOOL。

输出变量如下。

Done：成功使能后该标记置位。

（3）MC_ExtSetPointGenFeed

输入设定点 MC_ExtSetPointGenFeed 的接口如图 5.47 所示。

图 5.47　输入设定点

输入变量如下。

Position：LREAL；复制到 Axis_Ref. PlcToNc. ExtSetPos。

Velocity：LREAL；复制到 Axis_Ref. PlcToNc. ExtSetVelo。

Acceleration：LREAL；复制到 Axis_Ref. PlcToNc. ExtSetAcc。

Direction：方向选择；复制到 Axis_Ref. PlcToNc. ExtSetDirection，有以下 4 个选项。

MC_Positive_Direction：正向。

MC_Shortest_Way：最短距离。

MC_Negative_Direction：反向。

MC_Current_Direction：当前方向。

这是一个功能，不是功能块，用于给定位置发生器的目标位置，仅当发生器使能"MC_ExtSetPointGenEnable"以后，才把输入变量复制到接口变量 Axis_Ref 结构体中。NC 轴的接口变量中每个周期都可以收到"Feed"的值，如图 5.48 所示。

图 5.48　Axis. Inputs. FromPlc
中的外部设定点

注意：启用外部设定值发生器之前，MC_ExtSetPoint-GenFeed 中的设定位置必须与当前位置一致，否则会引起速度跳变，如果已连接驱动器和电机，很容易发生事故，或者使驱动器报警。

启用外部设定值发生器之前，如果位置环放在 TwinCAT NC 中完成，则需要将 K_v 置为 0。否则，给定的位置和速度不匹配时，实际运行出来的位置曲线就会变形。

无论位置、速度、加速度中只给 1 个还是 3 个参数都给定，如果驱动器工作在位置模式，则 Position 生效，如果驱动器工作在速度模式，则 Velocity 生效，如果驱动器工作在力矩模式，则 Acceleration 生效。当然，程序中 3 个变量最好互相匹配。

要用到外部设定值的程序，其轴变量所在的 PLC 周期应调整为与 NC SAF 周期相等，如果 NC 周期默认为 2 ms，那么轴变量所在的 PLC 任务周期也应当设置为 2 ms。否则即使位置给定平滑连续，电机也会抖动。

配套文档 5-2
例程：外部信号
发生器

5.6　位置补偿

TwinCAT NC PTP 提供一个用于位置补偿的功能块 MC_MoveSuperImposedExt。该功能块

使运动中的 NC 轴同时执行一个位置叠加的动作。

无论 NC 轴是独立运动的 PTP 轴、多轴联动的"Master",或者电子凸轮、电子齿轮的"Slave",都可以对轴进行补偿。如果 NC 轴的主动作是单向运动,位置补偿的结果可以预期。如果是往复运动,那么补偿动作触发的时机、补偿距离就会导致不同的结果,有时候可能补偿无法完成或者出现静止、反转的情况。

```
         MC_MoveSuperImposed
─ Execute                          Done ─
─ Mode                             Busy ─
─ Distance                       Active ─
─ VelocityDiff            CommandAborted ─
─ Acceleration                    Error ─
─ Deceleration                  ErrorID ─
─ Jerk                          Warning ─
─ VelocityProcess             WarningId ─
─ Length              ActualVelocityDiff ─
─ Options                ActualDistance ─
◁ Axis ▷                   ActualLength ─
                     ActualAcceleration ─
                     ActualDeceleration ─
```

图 5.49   位置补偿功能块

5.6.1　位置补偿的功能块 MC_MoveSuperImposed

位置补偿功能块 MC_MoveSuperImposed 的接口如图 5.49 所示。

位置补偿的功能块 MC_MoveSuperImposed 的关键参数是补偿距离 Distance、最大速度差 VelocityDiff、补偿区间 Length 以及补偿模式 Mode,接口变量的功能见表 5.4。

表 5.4   位置补偿模式功能解析

参　数	功　能
Excute	该功能块由输入变量的上升沿触发。完成后输出变量 Done 置位
VelocityProcess	指补偿过程匀速阶段的最大限值
VelocityDiff	最大速度差
Distance	补偿距离
Mode	用于选择生效的补偿速度差和补偿区间,一共有以下 4 种模式
	1) SUPERPOSITIONMODE_VELOREDUCTION_ADDITIVEMOTION:规定的区间 Length+Distance 内完成 Distance 的补偿,限定速度变化不超过 VelocityDiff
	2) SUPERPOSITIONMODE_VELOREDUCTION_LIMITEDMOTION:规定的区间 Length 内完成 Distance 的补偿,限定速度变化不超过 VelocityDiff
	3) SUPERPOSITIONMODE_LENGTHREDUCTION_ADDITIVEMOTION:以规定的最大速度差 VelocityDiff 完成补偿,补偿区间最短,以 Length+Distance 为限
	4) SUPERPOSITIONMODE_LENGTHREDUCTION_LIMITEDMOTION:以规定的最大速度差 VelocityDiff 完成补偿,补偿区间最短,以 Length 为限
Options	用于选择补偿退出模式,一共有以下 3 种选项
	1) ABORTATSTANDSTILL,默认选项,如果补偿未完成,本轴就停止了,下一次启动就不再补偿了
	2) RESUMEAFTERSTANDSTILL,速度为零后重启,补偿还能继续
	3) RESUMEAFTERMOTIONSTOP,运动中止后重启,补偿也还能继续

5.6.2　适用位置补偿的场合

下面详细介几种不同的应用场合。

1. 产品传送带上的位置补偿

一条传送带分为若干段,每段由一个伺服轴驱动。传送带用于传送包装箱,包装箱之间必须保持正确的距离。如果不符合设定值,就要将其值增加或者减小,包装箱必须在到达传送带终点之前,比前段传送带

配套文档 5-3
例程:位置补偿功能

走得更慢或者更快，这就是位置补偿，如图 5.50 所示。

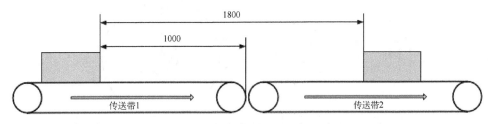

图 5.50　皮带输送应用上的位置补偿

如图 5.49 所示，当前测量距离是 1800 mm，需要缩短至 1500 mm。传送带 1 应加速，以缩短距离。距离补偿必须在传送带 1 到达终点之前完成，以免包装箱被推到速度更慢的传送带 2 上。

由于此时传送带 1 必须加速，传动系统要求给定速度差，在本例中假设为 500 mm/s。实际应用中，该值取决于传送带的最大速度和当前设置速度之差。

功能块 MC_MoveSuperImposed 的参数设置为

Distance = 1800 mm − 1500 mm = 300 mm （补偿距离）

Length = 1000 mm （补偿距离，此处用包装箱到传送带终点的距离）

Mode = SUPERPOSITIONMODE_VELOREDUCTION_LIMITEDMOTION

VelocityDiff = 500 mm/s

这种模式下，补偿距离为最大，以保持速度变化量为最小。此时速度差 VelocityDiff 的设定值是传送带 1 完成位置补偿的最大速度变化量。该值不能太小，以免传送带 1 用这个速度差运行到终点还不能完成位置补偿。

另一种办法是让传送带 2 减速。此时，补偿位置 Distance 必须为负，而补偿距离 Length 为包装箱的右端到传送带 2 终点的距离。允许的最大速度差 VelocityDiff 相应改为传送带 2 的最大速度与当前速度之差。这样传送带 2 就可以减速，必要时甚至可以减为 0。

2. 印刷辊轮移相

印刷辊轮需保持与印刷工件所在的传送带匀速运动。如果辊轮上的印刷图案位置与工件上的设计印刷位置没有同步，印刷辊轮就必须补偿一个适当的角度（移相），如图 5.51 所示。

移相可以有两种方式。

快速移相：在最短时间内修正相位角度，此时印刷辊轮必然发生速度冲击。

慢速移相：在尽可能长的距离内修正相位角度以减小速度冲击。

功能块 MC_MoveSuperImposed 的参数设置举例如下。

（1）快速移相

Distance = 7.1°

Length = 360° （最大补偿距离）

Mode = SUPERPOSITIONMODE_LENGTHREDUCTION_LIMITEDMOTION

VelocityDiff = 30°/s （速度差）

此模式下，补偿距离应尽可能短。此时补偿距离 Length 的设定值是辊轮完成移相的最大距离。该值不能太小，以至用最大速度也不能在这么短的距离内完成位置补偿。

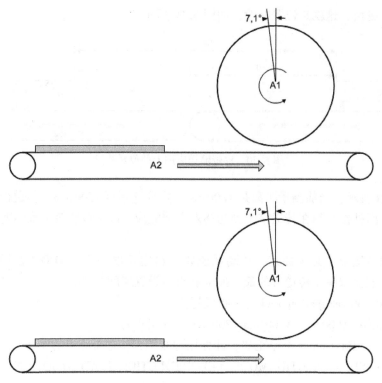

图 5.51 印刷辊轮移相应用的位置补偿

也可选择模式 SUPERPOSITIONMODE_LENGTHREDUCTION_ADDITIVEMOTION。此时,补偿距离为 367.1°。由于补偿距离都是尽可能短, 实际上对于这种应用, 两种模式结果相同。

（2）慢速移相

Distance = 7.1°

Length = 360°（correction distance）

Mode = SUPERPOSITIONMODE_VELOREDUCTION_LIMITEDMOTION

VelocityDiff = 30°/s（速度差）

这种模式下, 补偿距离为最大, 以保持速度变化量为最小。此时速度差 VelocityDiff 的设定值是辊轮完成移相的最大速度变化量。该值不能太小, 以免辊轮用这个速度差走完一圈还不能完成位置补偿。

3. 钻削设备

钻头要在运动的工件上钻两个孔。第一个孔的同步是通过飞锯功能（MC_GearInPos）实现的, 在此不再详述。完成第一个孔后, 钻头必须相对于运动工件移动一定的距离, 如图 5.52 所示。

图 5.52 中设备完成第一个孔后, 钻头必须相对于工件移动 250 mm, 即两孔之间的距离。而在这段时间内, 工件本身移动的距离是 400 mm。从这个位置开始, 钻头再次与工件同步, 然后钻第二个孔。

同样, 这里也可以有两种模式可供选择, 区别在于钻头的速度变化值。

功能块 MC_MoveSuperImposed 的参数设置如下。

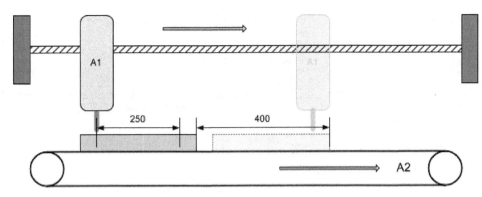

图 5.52 钻削应用上的位置补偿

（1）快速补偿

Distance ＝250 mm

Length ＝400 mm

Mode ＝ SUPERPOSITIONMODE_LENGTHREDUCTION_ADDITIVEMOTION

VelocityDiff ＝500 mm/s（钻头移动速度最大变化量）

在此模式下，补偿距离应尽可能短。此时补偿距离 Length 的设定值是钻头完成补偿的最大距离。该值不能太小，以免用最大速度也不能在这么短的距离内完成补偿。由于补偿距离是工件走过的距离加上相对位移，所以钻头实际上要走一个更长的距离。

（2）慢速补偿

Distance ＝250 mm

Length ＝400 mm

Mode ＝ SUPERPOSITIONMODE_VELOREDUCTION_ADDITIVEMOTION

VelocityDiff ＝500 mm/s（钻头移动速度最大变化量）

这种模式下，补偿距离为最大，以保持速度变化量为最小。此时速度差 VelocityDiff 的设定值是钻头完成补偿的最大速度变化量。该值不能太小，以免钻头用这个速度差走完全程还不能完成位置补偿。在此过程中，工件走过的距离 Length 为 400 mm，钻头走过的距离就是 Length ＋ Distance，即 650 mm。

5.7 几个 Beta 版的功能块介绍

在 Tc2_MC2 中，还提供了几个很有用的功能块（Beta 版），在此也提醒读者注意 Twin-CAT 中有这些功能，实际项目中可以尝试调用，如图 5.53 所示。

（1）背隙补偿

MC_BacklashCompensation，用于补偿丝杠正转和反转起步时的微小迟滞。

（2）螺距补偿

MC_TableBasedPositionCompensation，用于精度极高的场合，修正传动机构非线性偏差。

（3）正弦运动

MC_SinusOsillation 和 MC_SinusSequence，类似使用外部位置发生器产生正弦运动。

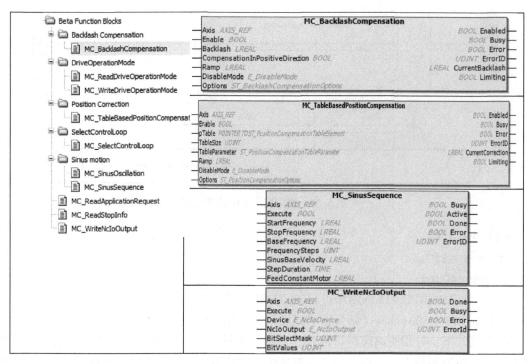

图 5.53　Beta 功能块

（4）写 NC 轴的 Encoder 或 Drive 输出

比如要写 AX5000 控制字 Bit8 和 Bit9，以切换 Secondary Operation mode，就可以使用功能块 MC_WriteNcIoOutput。写 Enc 还是 Drive 由 Device 决定，类型为 E_NcIoDevice。写哪个参数由 NcIoOutput 决定，类型为 E_NciIoOutput，其枚举项与伺服驱动器的 Process Data 对应关系如图 5.54 所示。

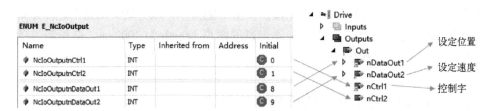

图 5.54　E_NciIoOutput 与伺服驱动器的 Process Data 对应关系

5.8　从 PLC 程序修改 NC 轴的参数设置

如果需要 PLC 程序动态地修改 NC 轴的参数，而不是驱动器参数，有两种方法：用专门的 MC 功能块，或者使用 ADS 通信。

1. 用 MC 功能块修改 NC 轴的参数

可以访问 NC 轴参数的功能块见表 5.5。

表 5.5　访问 NC 参数的功能块

访问指定 Parameter	按 Parameter ID 访问
MC_ReadActualPosition MC_ReadActualVelocity MC_ReadAxisComponents MC_ReadAxisError MC_ReadStatus	MC_ReadBoolParameter MC_ReadParameter MC_ReadParameterSet MC_WriteBoolParameter MC_WriteParameter MC_WriteBoolParameterPersistent MC_WriteParameterPersistent

顾名思义或者看帮助文档就能了解各自的作用，这里以 MC_WriteParameter 为例，如图 5.55 所示。

图 5.55　MC_WriteParameter

该功能块在输入变量 Enable 的上升沿，把输入变量 Value 的值写到 Axis 轴的参数号为 ParameterNumber 的 NC 变量中。完成后输出变量 Done 置位。

输入变量如下。

Enable：BOOL。

ParameterNumber：INT。

Value：LREAL。

输出变量如下。

Done：BOOL。

Error：BOOL。

ErrorID：UDINT。

这里最重要的参数就是 ParameterNumber，打开 TC3 帮助文件定位到以下位置：

Libraries/TwinCAT 3 PLC Lib：Tc2_MC2/Data types/Status and parameter/MC_AxisParameter

如图 5.56 所示。

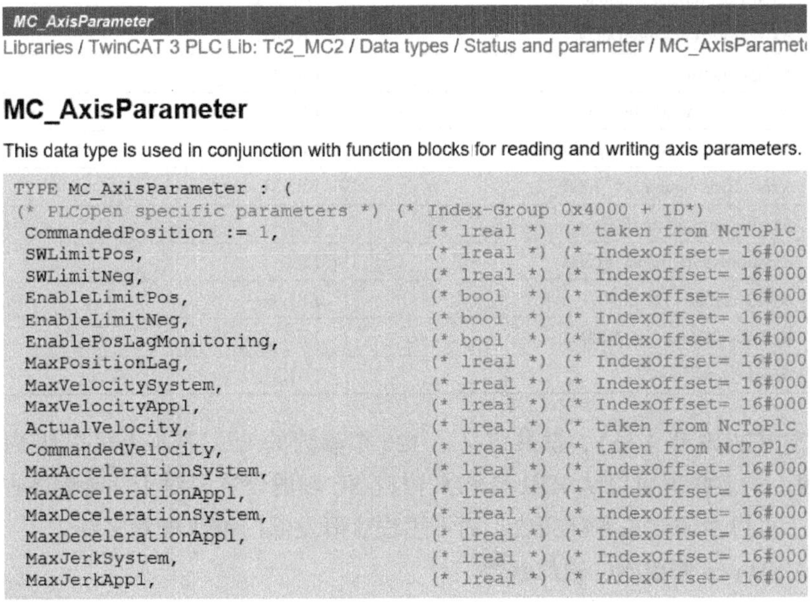

MC_AxisParameter

Libraries / TwinCAT 3 PLC Lib: Tc2_MC2 / Data types / Status and parameter / MC_AxisParamete

MC_AxisParameter

This data type is used in conjunction with function blocks for reading and writing axis parameters.

```
TYPE MC_AxisParameter : (
(* PLCopen specific parameters *) (* Index-Group 0x4000 + ID*)
    CommandedPosition := 1,         (* lreal *) (* taken from NcToPlc
    SWLimitPos,                     (* lreal *) (* IndexOffset= 16#000
    SWLimitNeg,                     (* lreal *) (* IndexOffset= 16#000
    EnableLimitPos,                 (* bool  *) (* IndexOffset= 16#000
    EnableLimitNeg,                 (* bool  *) (* IndexOffset= 16#000
    EnablePosLagMonitoring,         (* bool  *) (* IndexOffset= 16#000
    MaxPositionLag,                 (* lreal *) (* IndexOffset= 16#000
    MaxVelocitySystem,              (* lreal *) (* IndexOffset= 16#000
    MaxVelocityAppl,                (* lreal *) (* IndexOffset= 16#000
    ActualVelocity,                 (* lreal *) (* taken from NcToPlc
    CommandedVelocity,              (* lreal *) (* taken from NcToPlc
    MaxAccelerationSystem,          (* lreal *) (* IndexOffset= 16#000
    MaxAccelerationAppl,            (* lreal *) (* IndexOffset= 16#000
    MaxDecelerationSystem,          (* lreal *) (* IndexOffset= 16#000
    MaxDecelerationAppl,            (* lreal *) (* IndexOffset= 16#000
    MaxJerkSystem,                  (* lreal *) (* IndexOffset= 16#000
    MaxJerkAppl,                    (* lreal *) (* IndexOffset= 16#000
```

图 5.56　NC 轴的参数 ID

TC3 帮助文件中，这些参数 ID 定义在一个枚举 "MC_AxisParameter" 中，每一段只定义首参数的 ID，后续参数的 ID 递增，比如图 5.56 中 SWLimitPos 的 ID 为 2，SWLimitNeg 的 ID 为 3。但是数到底部的 Max-JerkAppl 时，就容易数错。实际上 ID 从 1000 开始的参数多达 103 个，每次凭肉眼去数几乎不可能。所以作者从 TC3 帮助文件中复制了枚举定义 "MC_AxisParameter" 到表格中，以便给参数编号。详见配套文档 5-4。

配套文档 5-4
NC 轴的参数 ID 列表

另外，近年新增的 TwinCAT NC 轴参数见表 5.6。

表 5.6　新增的 NC 轴参数

ID	参　　数	类　　型
1049	AxisUnitInterpretation	LREAL
1050	AxisMotorDirectionInverse	BOOL
1051	AxisCycleTime	LREAL
1052	AxisFastStopSignalType	DWORD
1053	AxisFastAcc	LREAL
1054	AxisFastDec	LREAL
1055	AxisFastJerk	LREAL
1056	AxisEncoderScalingNumerator	LREAL
1057	AxisEncoderScalingDenominator	LREAL
1058	AxisMaximumAcceleration	LREAL
1059	AxisMaximumDeceleration	LREAL
1060	AxisVeloJumpFactor	LREAL
1061	AxisToleranceBallAuxAxis	LREAL
1062	AxisMaxPositionDeviationAuxAxis	LREAL
1063	AxisErrorPropagationMode	DWORD
1064	AxisErrorPropagationDelay	LREAL
1084	AxisTorqueInputScaling	LREAL
1085	AxisTorqueInputFilterPT1	LREAL
1086	AxisTorqueDerivationInputFilterPT1	LREAL
2000	AxisTargetPosition ; = 2000	LREAL
2001	AxisRemainingTimeToGo	LREAL
2002	AxisRemainingDistanceToGo	LREAL
3000	AxisGearRatio ; = 3000	LREAL
4000	NcSafCycleTime ; = 4000	LREAL
4001	NcSvbCycleTime	LREAL

截至目前（2019 年 4 月），总共定义了 126 个参数的 ID，基本上可以从 PLC 定义所有 NC 轴的配置。这意味着可以从 HMI 经 PLC 修改 NC 轴的设置，对于一套程序在不同派生机型上的调试，可以由调试工程师完成，而不用程序研发部门修改配置文件。

2. 用 ADSWrite 修改 NC 轴的参数

对于枚举 "MC_AxisParameter" 中没有定义的 NC 轴参数，PLC 可以用 ADSWRITE 功能块访问，如图 5.57 所示。

图 5.57　功能块 ADSWRITE

通常 PLC 是访问本控制器的 NC 轴参数，所以 NETID 可以不填，Port 为"501"。

IDXGRP 和 IDXOffS 取决于 ADS 设备描述，详见 Beckhoff Information System：

TwinCAT 2/TwinCAT System/TwinCAT Connectivity/TwinCAT ADS Device Documentation/ TwinCAT ADS Device NC/Specification "Index group" /

该路径下有 Axes、Drive、Encoder 的所有参数的 ADS Index 和 Offset，前者与轴号有关，后者与参数有关。

5.9　专题分析

1. 轴控模块 Demo

请参考配套文档 5-5。

2. 关于回零功能的分析

请参考配套文档 5-6。

3. 关于编码器的类型和掩码设置

请参考配套文档 4-2。

4. 如何修改单个 NC 轴的控制周期

在 Axis 的 Settings 选项卡的底部，设置 Divider 可以修改单 NC 轴的控制周期，如图 5.58 所示。

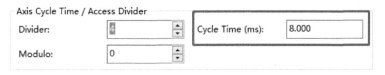

图 5.58　修改单个 NC 轴的控制周期

配套文档 5-5
Motion Control 典型
演示程序

配套文档 5-6
TwinCAT 运动控制
中的回零问题

配套文档 5-7
如何修改单个 NC
轴的控制周期

5. TwinCATNC 轴的标记位

Status. ControlLoopClosed 与 Status. Operational，早期使用个别型号的伺服驱动器，曾出

现二者背离的情况，现场应用显示用 ControlLoopClosed 来作为下一步操作的条件更为准确。

另一个有用的标记位 Status. MotionCommandsLocked，如果 MC_Stop 不是一直调用的话，至少要等到这个状态为 False 才能停止调用（比如 Case 跳到下一个分支），否则下次执行其他 Move 指令会出错。实际测试的结果表明，执行 MC_Stop（Exectue = False）后，至少要 2 个周期以上这个状态才会复位，所以用它会作为跳转条件更加可靠。

这部分内容请参考配套文档 3-1。

6. NC 轴持续单向运动时，是否会位置溢出

请参考配套文档 5-8。

7. 多圈绝对编码器的溢出处理

请参考配套文档 5-9。

配套文档 5-8
NC 轴持续单向运动，
是否会位置溢出

配套文档 5-9
功能最全的回零功
能块 FB_Home

第 6 章 编写 TwinCAT NC 耦合联动的 PLC 程序

本章内容包括多轴联动程序（包括电子齿轮、电子凸轮、飞剪和 FIFO 运动）以及基于调速的张力控制。

6.1 电子齿轮

机械齿轮至少有两个作用：传递动力和双轴速比联动。传动，即把电机的高速旋转运动，转换为工艺需求速度和力矩的直线或者旋转运动，减速箱、蜗轮蜗杆、齿轮齿条及皮带轮等机构都是这个用途。在任何机械上，传动部分是不可省略的。

电子齿轮代替机械齿轮，仅限于双轴速比联动的场合，这就是无轴传动。无轴传动效率更高、磨损更小而且品质更卓越。

无轴传动（也称为无齿轮传动）设计现已逐渐取代印刷机等制造业中的常规机械长轴和齿轮。机械零部件总是容易磨损。虽然积极维护可减少磨损，但却无法消除这一问题。采用机械方式进行连接的设备会逐渐降低精度，最后导致工作人员必须不断重新调节或者更换磨损的零部件。对于采用电子同步技术的机械而言，磨损问题已经成为过去，因为用户可通过软件来控制同步功能。

TwinCAT 提供 5 种电子齿轮耦合功能块，下面分别解释。

- MC_GearIn
- MC_GearInDyn
- MC_GearInMultiMaster
- MC_GearInPos
- MC_GearInVelo

1. 基本的齿轮耦合

TwinCAT 提供 5 种齿轮耦合中有 3 种包含在 Tc2_MC2 中，无须另购软件授权。最基本的耦合功能块 MC_GearIn 的接口如图 6.1 所示。

这是最简单的齿轮耦合，在主从轴都静止时，把 1 个从轴耦合到 1 个主轴，齿轮比固定为 Execute 上升沿瞬间分子（RatioNumerator，实数）和分母（RatioDenominator，整数）的比值。耦合过程中修改分子分母的值也不会生效。

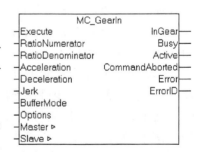

图 6.1 功能块 MC_GearIn

MC_GearIn 功能块的增强版是 MC_GearInDyn，如图 6.2 所示。

这也是较简单的齿轮耦合，在主从轴都静止时，把 1 个从轴耦合到 1 个主轴，齿轮比 GearRatio 为实数。耦合过程中，只要 Enable 为"True"的时候，修改齿轮比 GearRatio 就会生效。如果 Execute 由"True"变成了"False"，那么轴仍然保持耦合状态，但齿轮比保持

"False" 之前的值，直到使用 MC_GearOut 才解除耦合。

齿轮耦合的时候会有加速或者减速阶段。主从轴的速度达到设定的齿轮比后，输出状态位 Ingear 置位，如果此前因故取消耦合，则输出状态位 CommandAborted 置位。

Acceleration、Deceleration 和 Jerk 指加速度、减速度和抖动，可以填写，也可以不填。如果不填，功能块将使用 System Manager 中该轴的 Dynamics 选项卡中所设置的参数来加减速。

MC_GearIn 和 MC_GearInDyn 都是实现一个主轴和一个从轴的耦合，TwinCAT 还提供一个从轴耦合到多个主轴的功能块 MC_GearInMultiMaster，如图 6.3 所示。

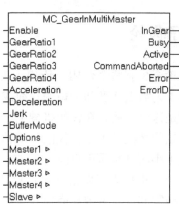

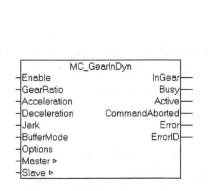

图 6.2　功能块 MC_GearInDyn　　　　图 6.3　功能块 MC_GearInMultiMaster

这是相对复杂的一种齿轮耦合，无论主从轴是运动还是静止，都允许把一个从轴耦合到最多 4 个主轴，齿轮比可以独立设定。Enable 上升沿会触发齿轮耦合，但是只有当 Enable 保持为 "True" 的时候，才能修改 GearRatio。各速比的类型为实数。

提示：虽然这个功能块用于多轴运动的速度合成，不便之处在于即使只使用两个轴的合成，也必须指定 Master3 和 Master4，否则编译报错，所以使用时得多建虚轴作为备用主轴，然后指定相应的 GearRatio 为 0。

2. 飞锯库中的齿轮耦合

TwinCAT 提供的 5 种齿轮耦合中有 2 种包含在 TcMC2_FlyingSaw.lib 中，需要购买软件授权 TS5055 或者 TF5055 MC Flying Saw 才能使用。在 TC3 中购买正式授权之前可以使用 7 天的试用版授权（Trial Lisence）。

飞锯库的齿轮耦合功能块包括 MC_GearInPos 和 MC_GearInVelo，二者都允许限制从轴的速度和加减速度，允许在主轴运动中进行耦合。MC_GearInPos 可以指定耦合时的主从轴位置，从轴可以较为 "从容" 地规划自己的加速度，只要在指定的位置达到给定的速度比例即可。而 MC_GearInVelo 就要求从轴 "尽快" 达到给定的速度比，至于在什么位置达到给定速度比则是不确定的。

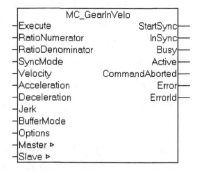

功能块 MC_GearInVelo 的接口如图 6.4 所示。

与 MC_GearIn 类似，MC_GearInVelo 的齿轮比也是固

图 6.4　功能块 MC_GearInVelo

定为 Execute 上升沿瞬间分子（RatioNumerator，实数）和分母（RatioDenominator，整数）

的比值，耦合过程中修改分子分母的值也不会生效。MC_GearInVelo 的先进之处在于以下几点。

1）允许在主轴运动的状态下，把从轴耦合上去。

2）提供同步模式（SyncMode），可以设置同步过程中从轴加减速度取决于主轴的速度变化还是由从轴自己的加减速度设置，以及是否启用各种"Check"项目。

3）如果同步模式中启用了速度和加减速限制，就可以通过输入变量 Velocity、Acceleration、Deceleration、Jerk 限制从轴的动态特性，如果不填则使用 NC 轴参数中的"Max Velocity"。

注意：*MC_GearInVelo 在耦合时，如果主轴是静止的，那么从轴也必须是静止的。如果主轴是运动的，从轴则运动或静止都可以。*

MC_GearInVelo 的一个重要参数是同步方式，通过 Input 变量"SyncMode"指定，SyncMode 的选项如图 6.5 所示。

```
TYPE ST_SyncMode :
STRUCT
    (* mode *)
    GearInSyncMode : E_GearInSyncMode;

    (* 32 bit check mask ... *)
    GearInSync_CheckMask_MinPos : BOOL;
    GearInSync_CheckMask_MaxPos : BOOL;
    GearInSync_CheckMask_MaxVelo : BOOL;
    GearInSync_CheckMask_MaxAcc : BOOL;
    GearInSync_CheckMask_MaxDec : BOOL;
    GearInSync_CheckMask_MaxJerk : BOOL;
    GearInSync_CheckMask_OvershootPos : BOOL;
    GearInSync_CheckMask_UndershootPos : BOOL;
    GearInSync_CheckMask_OvershootVelo : BOOL;
    GearInSync_CheckMask_UndershootVelo : BOOL;
    GearInSync_CheckMask_OvershootVeloZero : BOOL;
    GearInSync_CheckMask_UndershootVeloZero : BOOL;

    (* operation masks ... *)
    GearInSync_OpMask_RollbackLock : BOOL;
    GearInSync_OpMask_InstantStopOnRollback : BOOL;
    GearInSync_OpMask_PreferConstVelo : BOOL;
    GearInSync_OpMask_IgnoreMasterAcc : BOOL;
END_STRUCT
END_TYPE


TYPE E_GearInSyncMode :
(
    GEARINSYNCMODE_POSITIONBASED, (* synchronization based on the master position,
                slave dynamics depend on master dynamics *)

    GEARINSYNCMODE_TIMEBASED       (* synchronization based on a standalone slave PTP profile,
                master independet slave dynamics *)
);
END_TYPE
```

Note: The time-based motion profile (GEARINSYNCMODE_TIMEBASED) is currently only implemented for the function block MC_GearInVelo.

图 6.5　SyncMode 的选项

目前"time-based"的运动规则只适用于 MC_Gear-InVelo，意即 MC_GearInVelo 可以选择基于时间还是基于位置，而 MC_GearInPos 就只能基于位置。MC_GearInPos 的接口如图 6.6 所示。

MC_GearInPos 的齿轮比也是固定为 Execute 上升沿瞬间分子（RatioNumerator，实数）和分母（RatioDenominator，整数）的比值，具有 MC_GearInVelo 的功能，如下所示。

1）提供同步模式（SyncMode），可以设置同步过程中从轴加减速度取决于主轴的速度变化还是由从轴自己

图 6.6　功能块 MC_GearInPos

的加减速度设置，以及是否启用各种"Check"项目。

2）如果同步模式中启用了速度和加减速限制，就可以通过输入变量 Velocity、Acceleration、Deceleration、Jerk 限制从轴的动态特性，如果不填则使用 NC 轴参数中的"Max Velocity"。

3）允许指定主从轴在准确的同步位置 MasterSyncPosition 和 SlaveSyncPosition。

4）耦合时主轴必须在运动状态，否则同步失败。

3. 解耦以及解耦后的动作

在 TcMc2. lib 中关于齿轮的功能块有 3 个：MC_GearIn、MC_GearInMultiMaster 和 MC_GearInDyn。TcMc2. lib 中的这几个功能块也有 Buffer Mode 选项，其作用参考第 5.1.2 节的相关描述。它们都有加速度、加加速度参数，以限制速度跟随过程中的抖动。

其中，MC_GearIn 的速比由整数型分子、分母来确定，MC_GearInDyn 直接给定实数型的速比。MC_GearInDyn 的速比还可以动态修改。MC_GearInMultiMaster 是 TcMc2. lib 的新功能，它允许一个从轴通过齿轮耦合到多个主轴，并且速比也可以动态修改，适用于多个简单运动叠加成一个复杂运动的情况。

4. 齿轮解耦

无论使用前面 5 种齿轮耦合功能块中的哪一个实现耦合，解耦都是使用同一个功能块 MC_GearOut。解耦后，从轴保持解耦时刻的速度。如果解耦时速度不为零，就需要用 MC_Stop 或者 MC_Halt 才能停下来。功能块 MC_GearOut 的接口如图 6.7 所示。

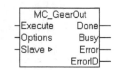

图 6.7　功能块 MC_GearIn

Execute 的上升沿为解除耦合关系。

5. 几种齿轮耦合的对比

不同的齿轮耦合指令，对主从轴运动状态的要求不同，变更齿轮比的方法和从轴相应的加减速度也不同，综合对比见表 6.1。

表 6.1　几个齿轮耦合方式的对比

	MC_GearIn	MC_GearInDyn	MC_GearIn MultiMaster	MC_GearInPos	MC_GearInVelo
耦合条件	主轴停止 从轴停止	主轴停止 从轴停止	无限制	主轴速度为零时，从轴应停止 主轴速度不为零时，从轴无限制	
齿轮比	不为零	无限制		不为零	
更改齿轮比	解耦后重新触发	输入变量 Enable 保持为"True"		解耦后重新触发	
加减速	无	更改齿轮比时，从轴按 NC 轴参数中的"Default"加减速度			

6.2　电子凸轮

传统的机械凸轮，实现从轴与主轴之间非线性的位置对应关系。凸轮与齿轮相比，齿轮实现的是主从轴之间的速度比例关系，而凸轮保证的是位置关系。齿轮的主从轴位置是线性关系，而凸轮的主从轴位置可以实现任意线性或者非线性关系。

TwinCAT 提供两种电子凸轮耦合功能块：MC_CamIn 和 MC_CamIn_V2。这两个功能块包含在 Tc2_MC2_Caming 中，需要购买软件授权 TS5050 或者 TF5050 MC Caming 才能使用。

在 TC3 中购买正式授权之前可以使用 7 天的试用版授权（Trial Lisence）。

如果要使用倍福公司的凸轮编辑器，对于 TC3 需要安装功能包 TE5910-Motion-Designer-Update. exe，对于 TC2 需要安装 Supplement "TwinCAT_CAM_Design"。

1. MC Caming 的原理

一个独立的 NC PTP 轴，有轨迹规划和位置环运算功能。通常如果没有特别要求，则位置环会由伺服驱动器完成。NC 轴的设定点发生器和位置环控制如图 6.8 所示。

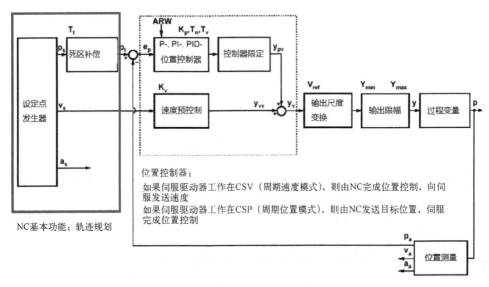

图 6.8　NC 轴的设定点发生器和位置环控制

轨迹规划由设定点发生器（Setpoint Generator）完成，每个 NC SAF 周期都会生成一组"位置、速度、加速度"的值。独立 PTP 轴的给定点产生依据是"动作指令、目标位置、目标速度、加速度和加加速度"。

以定位动作为例，要从当前位置 0 移动到位置 100 mm，速度 50 mm/s，加速度 150 mm/s²，加加速度 450 mm/s³。NC 接到这个命令，就会规划以下位置、速度、加速度曲线。从 Scope 示波器抓取波形局部放大如图 6.9 所示。

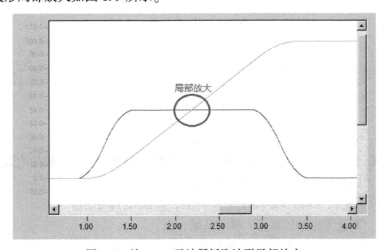

图 6.9　从 Scope 示波器抓取波形局部放大

局部放大之后可以看到每个 NC 周期设定位置和设定速度的值，如图 6.10 所示。

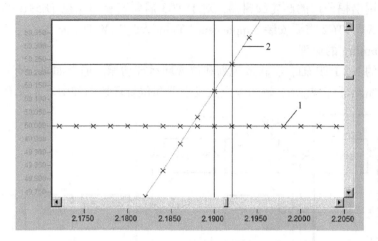

图 6.10　设定位置和设定速度曲线的局部放大图

图 6.10 中线 1 为速度设定曲线，线 2 为位置设定曲线。带 "×" 处为给定点。两个给定点的时间间隔为 NC SAF 周期，图 6.10 中为 2 ms。

当一个从轴耦合到主轴之后，Setpoint 产生设定点的依据就是主轴当前位置在凸轮表中对应的从轴位置。此时，该从轴不再接受任何动作指令。

依据主轴位置点查找从轴位置点，就是要确定凸轮曲线。

确定凸轮曲线有两种方式，一是关键点式（Motion Function）凸轮表，如图 6.11 所示。

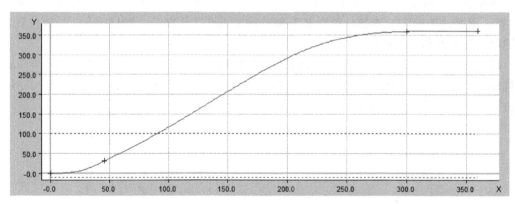

图 6.11　关键点式凸轮表

图 6.11 中，X 轴为主轴位置，Y 轴为从轴位置。

这种方式通过几个关键点，以及它们之间的连接方式确定一条凸轮轮曲线。关键点信息包括主轴位置、从轴位置、点序号及连接方式等。

另一种是位置表式（Position Table）凸轮表，如图 6.12 所示。

图 6.12 中，X 轴为主轴位置，Y 轴为从轴位置。

这种方式以密化的成百上千个点来描述一条凸轮曲线，每个点包括主轴位置和从轴位置。

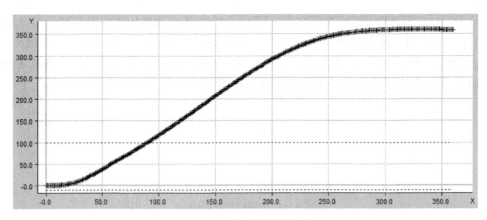

图 6.12 位置表式凸轮表

传统上，把主轴和从轴之间非线性的电气耦合关系称为凸轮表。TwinCAT 提供多种凸轮表。

第一种是典型的位置表（Fixed Table），位置表中用大量的点来描述一段凸轮曲线，每个主轴位置对应一个从轴位置，相邻点之间使用直线插补方式。这种方式的凸轮表过去用得很多，它的缺点是运行过程中很难修改。

为了弥补这个不足，TwinCAT 提供第二种凸轮表，即 Motion Function（MF）型的凸轮表，它用另一种方式描述凸轮曲线。MF 型凸轮表通常只包含少量的关键点，然后用数据公式，比如 polynomial（多项式），来描述相邻两点之间的曲线。运行时根据数学公式实时计算从轴的位置。由于修改关键点就可以修改曲线，所以 Motion Function 型的凸轮表比 Fixed Table 更容易在线修改。

2. 基本的凸轮耦合

最基本的凸轮控制程序，只包括耦合与解耦。在 PLC Control 中开发程序时，早期的运动控制程序引用的是 TcMc. lib，凸轮控制则引用 TcNcCamming. lib。TC2 Build2xxx 以后的运动控制程序都使用 TcMc2. lib，凸轮则引用 TcMc2_Camming. lib，其接口如图 6.13 所示。

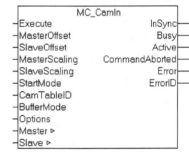

图 6.13　功能块 MC_CamIn

MC_CamIn 的接口和功能比较简单，就是固定 1 个凸轮表。耦合完成后，可以通过 MC_CamScaling 来修改相位 Offset 和比例 Scaling。

MC_CamIn 功能块绝大部分变量是较容易理解的，比如触发动作 Execute、偏移量 Offset、幅值比例 Scaling 等，需要解释的重要参数是 Options 和 StartMode。

在 Options 中的重要参数是 ActivationMode，在这里可以指定凸轮改变在什么时间生效。

1）立即生效。

MC_CAMACTIVATION_INSTANTANEOUS：不考虑加速度是否在允许范围。

MC_CAMACTIVATION_ASSOONASPOSSIBLE：考虑加速度和冲击在允许范围内。

2）下周期生效。

MC_CAMACTIVATION_NEXTCYCLE：下一个凸轮表周期生效。

3）指定位置生效。

MC_CAMACTIVATION_ATMASTERAXISPOS：主轴绝对位置。

MC_CAMACTIVATION_ATMASTERCAMPOS：凸轮表的主轴位置，即主轴模态位置。

如果 Options 中选择了在指定位置生效，ActivationPositon 和 StartMode 才会有意义。StartMode 是指凸轮耦合的瞬间，把轴的当前位置作为绝对位置还是作为凸轮表中的零位。在 Information System 中可见它的枚举选项如图 6.14 所示。

```
TYPE MC_StartMode :
(
   MC_STARTMODE_ABSOLUTE          := 1,  (* cam table is absolute for master and slave *)
   MC_STARTMODE_RELATIVE          := 2,  (* cam table is relative for master and slave *)
   MC_STARTMODE_MASTERABS_SLAVEREL := 3, (* cam table is absolute for master and relative for
   MC_STARTMODE_MASTERREL_SLAVEABS := 4  (* cam table is relative for master and absolute for
);
END_TYPE
```

图 6.14　枚举 MC_StartMode

总的来说，主轴相对，则实际的从轴曲线相对于凸轮表定义的曲线会产生横向的偏移；从轴相对，则从轴曲线相对于凸轮表定义的曲线会产生纵向的偏移，又叫作幅值偏移。如果 ActivationPositon 不为 0，而凸轮表曲线的起点为（0，0），那么主轴到达 ActivationPositon 位置时，不同的 StartMode，从轴的动作会不同。

1）主从轴都绝对，则严格对齐，相位和幅值都不偏移。无论轴耦合前在什么位置，都立即跳变到凸轮表中 ActivationPositon 对应的从轴位置上。

2）主从轴都相对，则相位和幅值都偏移，把 ActivationPositon 点作为起点（0，0），从轴无跳变。

3）主轴绝对，从轴相对。则相位不变，从轴把当前位置作为自己在凸轮表中的 0 位，表中 ActivationPositon 对应的从轴位置，就是从轴在耦合时需要跳变的距离。

4）主轴相对，从轴绝对，则相位从 0 始，无论耦合前从轴在什么位置，都立即跳变到凸轮表中主轴位置 0 对应的从轴位置上。

多主轴或者多个 Cam 表的凸轮耦合使用 MC_CamIn 的升级版 MC_CamIn_V2，功能块接口如图 6.15 所示。

MC_CamIn_V2 的功能更强大，支持多个凸轮表的叠加和切换。已经通过 MC_CamIn_V2 耦合完成的从轴，还可以用 MC_CamAdd、MC_CamRemove、MC_CamExchange 来添加、移除和更换凸轮表。通过 MC_CamScaling_V2 来修改目标凸轮表相位偏移（Offset）和比例缩放（Scaling）。

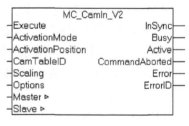

图 6.15　功能块 MC_CamIn_V2

已经通过 MC_CamIn_V2 耦合完成的从轴，再次触发并指定另一个轴为主轴，就可以实现多主轴耦合。最多只能有两个主轴。

MC_CamIn_V2 的接口参数封装到 3 个结构体 ActivationMode、Scaling、Options 中了，由于结构体中元素众多，使得 MC_CamIn_V2 在凸轮功能增强的同时，使用也变得复杂。总的来说，在叠加、切换、移除之前，第一次耦合的时候，只要在默认参数的基础上指定 ActivationMode 和 StartMode，含义与使用 MC_CamIn 的时候相同。

如果只是普通的耦合解耦，而不需要多主轴耦合或者叠加、切换、移除凸轮曲线，那么直接使用 MC_CamIn 更为简单。

3. 凸轮叠加、切换、移除

通过 MC_CamIn_V2 耦合完成后，还可以用 MC_CamAdd、MC_CamRemove、MC_CamExchange 来添加、移除和更换凸轮表。也可以使用 MC_CamIn_V2，此时如果把 CamOperation-Mode 设置为 1、2 或 3 时，就分别等效于 MC_CamAdd、MC_CamExchange 和 MC_CamRe-move。

Options：ST_CamInOptions_V2，该结构包括以下三个元素。

1）Interpolation type：插补类型，可用默认值。

2）CamOperationMode：定义指定凸轮表的切入模式（CamTableID），可以添加或者移除。

3）ReferenceCamTableID：待定，先用默认值。

其中最重要的参数是 CamOperationMode，它有几个选项。

0：CAMOPERATIONMODE_DEFAULT，（＊默认模式，与 ADDITIVE 相同＊）。

1：CAMOPERATIONMODE_ADDITIVE，（＊在多凸轮运动中叠加一个凸轮表＊）。

2：CAMOPERATIONMODE_EXCHANGE，（＊在多凸轮运动中替换一个现有的凸轮表＊）。

3：CAMOPERATIONMODE_REMOVE（＊从多凸轮应用中移除一个现有的凸轮表＊）。

注意：只有使用 MC_CamIn_V2 耦合的主从轴，才能使用在线切换凸轮表的功能。如果原先是使用 MC_CamIn 耦合的，就不能切换凸轮表。

4. 凸轮缩放（Scaling）

通过 MC_CamIn_V2 耦合完成后，还可以通过 MC_CamScaling_V2 来修改目标凸轮表相位偏移（Offset）和比例缩放（Scaling）。MC_CamScaling_V2 的接口如图 6.16 所示。

通过 MC_CamIn 耦合完成后，则通过 MC_CamScaling 来修改目标凸轮表相位偏移（Offset）和比例缩放（Scaling）。MC_CamScaling 的接口如图 6.17 所示。

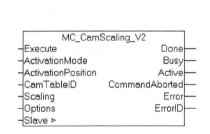

图 6.16　功能块 MC_CamScaling_V2

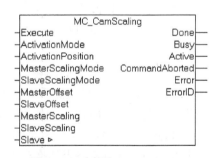

图 6.17　功能块 MC_CamScaling

该功能块也是上升沿生效，与 MC_CamIn_V2 相同的接口变量含义也相同，此处不再重复。

Scaling：缩放选项，类型为 ST_CamScalingData，包括以下元素。

1）主轴缩放选项。

MasterScalingMode：MC_CamScalingMode。

MasterRelative：BOOL；（＊主轴位置使用相对模式＊）。

MasterOffset：LREAL；（＊凸轮曲线相位偏移＊）。

MasterScaling：LREAL：＝1.0；（＊凸轮曲线周期缩放＊）。

2）从轴缩放选项。

SlaveScalingMode：MC_CamScalingMode。

SlaveRelative：BOOL；（＊从轴位置使用相对模式＊）。

SlaveOffset：LREAL；（＊凸轮曲线上下平移＊）。

SlaveScaling：LREAL：= 1.0；（＊凸轮曲线幅值缩放偏移＊）。

这里的 Relative 选项，作用与 MC_CamIn 中 StartMode 下的 Absolute 和 Relative 作用一致。

主从轴的缩放模式类型 MC_CamScalingMode 通常使用默认值即可。有兴趣的话可以测试这些选项的作用。

1）MC_CAMScaling_USERDEFINED，这是默认选项。缩放比例和偏移都保持不变，用户必须计算缩放比例和偏移，以避免位置跳变。此时将按照功能块中定义的主从轴相位偏移（Offset）和比例缩放（Scaling）。

2）MC_CAMScaling_AUTOOFFSET，自动偏移，自动调整凸轮表的偏移量，可独立用于主轴或从轴，凸轮表切换和缩放时也可使用。选择此模式后，比例缩放立即生效，系统调整偏移以避免位置跳变。缩放应该发生在从轴速度为 0 的相位，否则从轴速度不可避免地会发生突变。

3）MC_CAMScaling_OFF，忽略缩放和偏移。此模式用于只有从轴缩放而主轴不缩放的情况。

4）Master-AutoOffset，主轴自动偏移。

当在不同周期的两个凸轮表之间切换或者调整凸轮表的主轴缩放比例时，主轴偏移功能可以调整主轴在凸轮表中的相对位置，这个功能对于保持绝对坐标系统中的依赖于主轴凸轮循环周期的凸轮相对位置非常有用。

主轴自动偏移功能，计算凸轮表的主轴偏移，以保持主轴在凸轮表中的相对位置不变。当切换凸轮表导致主轴周期改变时，或者主轴缩放比例改变时，可以保持主轴位置在凸轮周期中的相对位置不变，这样新旧凸轮表中，当前主轴位置所对应的从轴位置相同，从轴就不必发生跳变了。

例如：一个主轴周期为 360°的凸轮，要在下一次循环时将周期放大 2 倍为 720°。缩放操作发生在 90°时，即凸轮表自起点后 25%的位置。缩放执行后，相对主轴凸轮位置还是保持在凸轮表新的周期自起点后 25%的位置，即 180°。

选项 MC_CAMScaling_AUTOOFFSET 的效果对比如图 6.18 所示。

当在一个循环的起点或者终点切换凸轮表时，Master-AutoOffset 功能将调整凸轮表按顺序依次执行。

Master-Autooffset 功能不能与 Relative Coupling Mode（相对耦合模式）同时使用。在一对凸轮主从轴耦合之初，其至还有更严格的约束，这是因为某些组合是无法工作的。凸轮耦合时 Activation Mode 与 Scaling Mode 的可用组合如图 6.19 所示。

凸轮切换时 Activation Mode 与 Scaling Mode 的可用组合如图 6.20 所示。

Slave-Autooffset 调整从轴的凸轮偏移，以确保凸轮表切换和缩放时从轴的位置不变。如果同时启用了 Master-Autooffset 和 Slave-Autooffset 功能，那么系统会先计算主轴偏移，再用从轴偏移来计算从轴位置。

从轴自动偏移可能会导致从轴的位置区间超出预期，应谨慎使用。最好先在虚轴上测试。

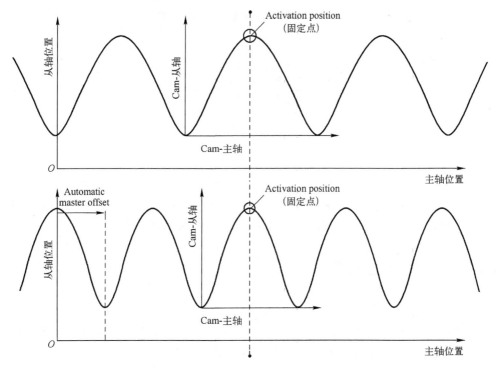

图 6.18　选项 MC_CAMScaling_AUTOOFFSET 的效果对比

	Coupling with Cam Tables			
Master-ScalingMode:	without Master-AutoOffset		with Master-AutoOffset	
StartMode:	Absolute	Relative	Absolute	Relative
Instantaneous (default)	√	√	—	—
AtMasterAxisPos	√	√	—	—
AtMasterCamPos	√	—	—	—
NextCycle	√	—	—	—
DeleteQueuedData	—	—	—	—

图 6.19　凸轮耦合时 Activation Mode 与 Scaling Mode 的可用组合

	Switching of Cam Tables			
Master-ScalingMode:	without Master-AutoOffset		with Master-AutoOffset	
StartMode:	Absolute	Relative	Absolute	Relative
Instantaneous (default)	√	√	√	—
AtMasterAxisPos	√	√	√	—
AtMasterCamPos	√	√	√	—
NextCycle	√	√	√	—
DeleteQueuedData	√	√	√	—

图 6.20　凸轮切换时 Activation Mode 与 Scaling Mode 的可用组合

5. 解耦以及解耦后的动作

无论使用 MC_CamIn_V2 还是 MC_CamIn 实现耦合，解耦都是使用同一个功能块 MC_CamOut，其功能块的接口如图 6.21 所示。

解耦后，从轴保持解耦时刻的状态，如果此时轴还在运行状态，有以下几种方式更改其状态，详见表 6.2。

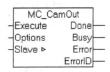

图 6.21　功能块 MC_CamOut

表 6.2　解耦后的运动轴可以接受的指令

定位	MC_MoveAbsolute MC_MoveRelative MC_MoveAdditive MC_MoveModulo
停止	MC_Stop MC_Halt
更改速度	MC_MoveVelocity MC_Jog
重新耦合	支持运行中耦合的 Gear 或是 Cam 功能块

耦合过程中的轴，如果 NC 轴参数设置为允许从轴接受命令，可以直接用 MC_Halt 实现解耦停止，也可以调用上表中的 MC_Move 指令，解耦并触发 PTP 运动。

6.3　定义和装载凸轮表

使用凸轮表之前必须定义和装载凸轮表。因为多数用户使用 TwinCAT System Manager 中的工具 Cam Design Tool 定义凸轮表，而这种方式定义的凸轮表在激活配置里写入了控制器，TwinCAT Runtime 启动时自动装载，用户甚至会忽略凸轮表的定义和装载过程。

Cam Design Tool 功能强大，可以在可视化界面增加、删除、编辑关键点，所见即所得，不仅可以看到位置曲线，还可以查看二阶和三阶的曲线，对应主轴匀速运动时从轴的速度、加速度变化情况。这是一个安装于 TwinCAT 开发环境的收费软件，在 TwinCAT 3 中订货号为 TE1510，并且不提供试用版授权。所以有的客户更倾向于脱离 Cam Design Tool，仅使用 PLC 来定义和装载凸轮表。

6.3.1　凸轮表需要定义的特征

定义凸轮表包括整个表的特征参数和表中每一个点的特征参数。

（1）表的特征参数

1）ID 号。

2）主轴起点和终点：比如最小为 0，最大为 360。

3）是否循环（Line/Rotation）：Line 指主轴位置超过凸轮表定义的起点和终点的区间后，从轴不动，Rotation 则根据定义的主轴起点和终点位置重复运动。

4）位置描点（Fixed）还是关键点曲线连接（Motion Function）：前者只需要主从轴坐标，后者还要定义相邻点的连接方式。为了使曲线平滑，位置描点需要越密越好，而关键点式只要少数几点。Fixed 的凸轮表可以表达任何不规则曲线。

（2）每一个点的特征参数

1）Fixed 的凸轮表：每个点的主轴坐标和从轴坐标。

2）Motion Function 的凸轮表：每个点的主轴坐标和从轴坐标，以及和上一相邻点的连接方式。

6.3.2　用凸轮编辑器（Cam Design Tool）定义凸轮表

电子齿轮是主轴与从轴的速度保持比例关系，而电子凸轮则是主轴与从轴的位置保持对应关系。这个对应关系就是通过凸轮表（Cam Table）来表示的。TwinCAT System Manager 中集成了凸轮编辑器（Cam Design Tool），但是需要授权并安装才能保存当前制作的凸轮表。

在 TC3 中，凸轮编辑器是一个开发工具，如果编程 PC 上没有购买该授权，编程曲线时就会弹出提示："No License-No Possibility to store modified cam data permanently"。

1. 添加凸轮表（Cam Table）

（1）添加 Master

在"Motion"→"NC Task 1 SAF"→"Table"的右键菜单中选择"Add New Items"，就会弹出消息窗"Insert Master"。

（2）添加 Slave

在"Master 1"的右键菜单中选择"Add New Items"，就会弹出消息窗"Insert Slave"。

（3）凸轮表编辑画面

双击 Slave，就会进入凸轮表的编辑画面，如图 6.22 所示。

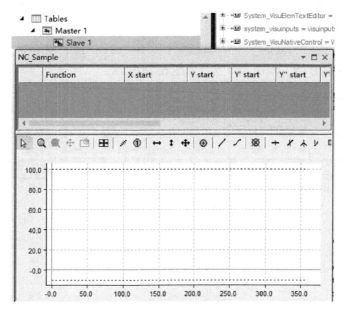

图 6.22　凸轮表的编辑画面

（4）主轴页面

双击 Master，选中 Master 标签，如图 6.23 所示。

表的特征参数在 Master 选项卡设置。

1）Mode：勾选"Periodic"指周期性的凸轮表，否则就是非周期性凸轮表。TC2 中，此处为选项"Rotation"和"Linear"，Rotation 就对应于 TC3 中的 Periodic。

2）Minimum 和 Maximum：表示了一个凸轮周期的主轴位置范围，即一个 Modulo。如果 Mode 处勾选了"Periodic"，而凸轮表中主轴的起点和终点却不是这里指定的范围，凸轮装载运行（CamIn）时就会报错。

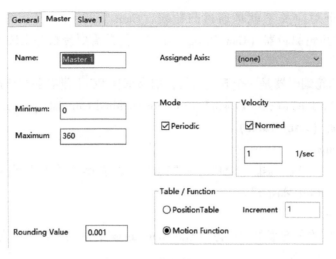

图 6.23 凸轮主轴设置页面

2. 编辑凸轮曲线

（1）插入关键点

双击"Motion"→"Tables"→"Master 1"→"Slave 1"，就会进入凸轮曲线编辑画面。从最简单的曲线开始，添加 3 个点，如图 6.24 所示。

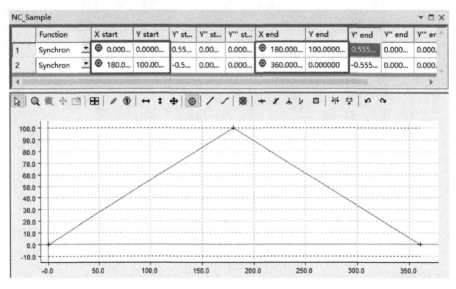

图 6.24 凸轮曲线编辑画面

图 6.24 中，曲线上方的一排按钮用来增减或者移动关键点。这些按钮的功能如下。

⊕：增加关键点。

⊗：删除关键点。

↔ ↕ ✛：关键点移动。

●：以直线或者自动平滑曲线连接关键点。

🔍 🔍 ✛：分别为视图缩放，取消缩放，视图平移。

（2）选择关键点之间的连接曲线

添加关键点时，默认的连接方式为 Synchron，指用直线段连接相邻的关键点，即最简单的线性插值。通过曲线上方列表中的首字段"Function"下拉菜单，可以选择其他插值方式。

例如选择 Sinusline，表示用 Sine 曲线插值，如图 6.25 所示。

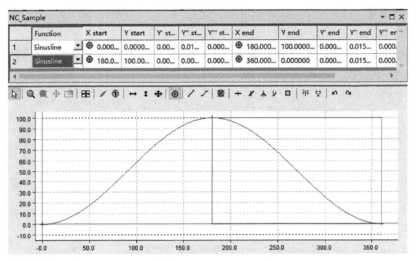

图 6.25　关键点之间的 Sinusline 插值

（3）显示 2 阶和 3 阶凸轮曲线

在"曲线显示区域"的右键菜单中选择"Select 3 Graph View"显示 3 阶曲线，如图 6.26 所示。

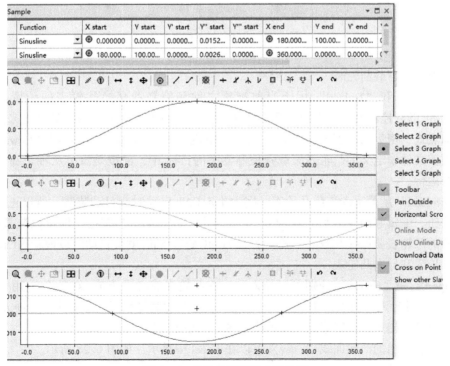

图 6.26　凸轮位置表的 3 阶曲线

1 阶曲线即位置曲线（Pos）为默认显示，2 阶曲线即速度曲线（Velo），3 阶曲线为加速度曲线（Acc），4 阶曲线为加加速度曲线（Jerk）。当然，这些曲线都是指主轴匀速运动的情况下，从轴的特性曲线。

如果勾选了 Online Mode，即在线模式，如果凸轮表正在执行，则显示一条竖线代表凸轮表当前的主轴位置。

3. 从轴的配置

（1）Table Id

同一主轴可能带多个凸轮从轴，或者以不同凸轮曲线带同一个从轴。不同的凸轮曲线用不同的 Table Id 来识别，如图 6.27 所示。

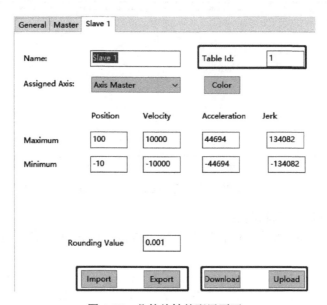

图 6.27　凸轮从轴的配置页面

（2）上传和下载凸轮表

"Download" 和 "Upload" 用于当前配置文件和控制器交换凸轮表的位置序列。用 "Upload" 可以从控制器上传当前目标 ID 中已装载的凸轮表到配置文件，装载上来的表总是密集的描点式，密集的程度就是 Master 选项卡中定义的 Increment；反之用 "Download" 则可以将当前文件中定义的凸轮表装载到控制器中的目标 ID，前提是没有从轴正在使用该凸轮表耦合运行。

"Download" 就是手动装载凸轮表，因为 TwinCAT 启动时会自动装载，所以正常不用单击这个按钮。编辑好凸轮表后，在图 6.27 中单击 "Download" 按钮，即可以装载凸轮表。测试满意的凸轮表要保存并激活配置，下次 TwinCAT 启动时就会自动装载最新的凸轮曲线。

（3）导入和导出凸轮表

"Import" 和 "Export" 分别可以导入到当前凸轮表或者导出成 csv 文件。用 "Import" 可以从 csv 文件导入凸轮表，用 "Export" 则将当前凸轮表导出成 csv 文件。这种方式导入/导出的总是密集描点式，密集的程度取决于 Slave 选项卡中的 Rounding Value。

导入或者导出的凸轮曲线（.csv）可以在 Excel 中显示，如图 6.28 所示。

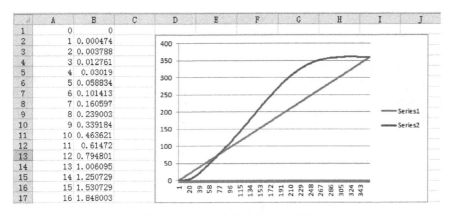

图 6.28　Excel 中显示的凸轮曲线

Excel 中的曲线导入到 TwinCAT CAM Desighn Tool 后，如图 6.29 所示。

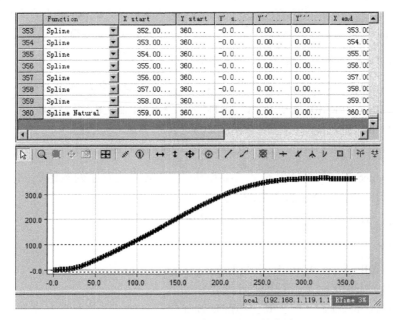

图 6.29　从 .csv 文件导入的凸轮曲线

图 6.29 中，主轴周期为 360 mm，表中就定义了 361 个点，实际上是 360 条线段。导出功能与此相反，用户可以自己测试。

实际上，在 TwinCAT 中的凸轮表，都是以关键点的方式编辑。Master 设置页面的 Table/Function 选择为 Motion Function，导出的就只有几行关键点；选择为 Position Table，导出的表格行数的计算式为：（主轴最大值-最小值）/从轴的 Rounding Value。

6.3.3　用 PLC 定义和装载凸轮表

使用 Tc2_MC2_Camming 中的功能块 MC_CamTableSelect，可以定义和装载凸轮表。功能块的接口如图 6.30 所示。

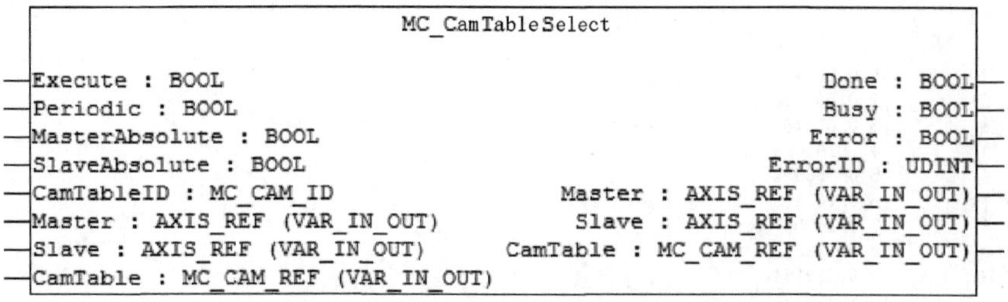

```
                        MC_CamTableSelect
─Execute : BOOL                                      Done : BOOL─
─Periodic : BOOL                                     Busy : BOOL─
─MasterAbsolute : BOOL                              Error : BOOL─
─SlaveAbsolute : BOOL                          ErrorID : UDINT─
─CamTableID : MC_CAM_ID          Master : AXIS_REF (VAR_IN_OUT)─
─Master : AXIS_REF (VAR_IN_OUT)   Slave : AXIS_REF (VAR_IN_OUT)─
─Slave : AXIS_REF (VAR_IN_OUT)  CamTable : MC_CAM_REF (VAR_IN_OUT)─
─CamTable : MC_CAM_REF (VAR_IN_OUT)
```

图 6.30　功能块 MC_CamTableSelect

Periodic：定义了这个表的主轴是 Rotation 还是 Line，即这个凸轮表要不要重复。

CamTable：定义凸轮曲线的特征参数，包含以下信息：

pArray：	UDINT;	(* 位置表数组的起始位置 *)
ArraySize：	UDINT;	(* 位置序列数组的字节数 *)
TableType：	MC_TableType;	(* 凸轮表的类型 *)
NoOfRows：	UDINT;	(* 关键点的个数，或者描点的行数 *)
NoOfColumns：	UDINT;	(* 1 关键点,2 密集描点 *)

其中 TableType 是 MC_TableType 型的枚举，选项包括：

MC_TABLETYPE_EQUIDISTANT 　　　:=10(* （n * m）主轴位置等差递增 *)

MC_TABLETYPE_NONEQUIDISTANT:=11(* （n * m） 主轴位置不等差递增 *)

MC_TABLETYPE_MOTIONFUNCTION:=22(* 实时计算运动的关键点 *)

MC_TABLETYPE_CHARACTERISTIC :=23(* valve characteristic *)

MC_CamTableSelect 的功能就是从 CamTable 中定位"位置序列数组"，并从中读取数据装载到 ID 为"CamTableID"的凸轮表。

（1）示例：描点式凸轮曲线（Position Table）

变量声明：

Table：ARRAY [0..1, 0..500] OF LREAL;		
CamTableID	: UINT := 1;	
CamTableSelect	: MC_CamTableSelect;	
CamTable	: MC_CAM_Ref;	

初始化，指定 CamTable_MF 的特征参数：

CamTable. pArray	:=ADR(Table);
CamTable. ArraySize	:=SIZEOF(Table);
CamTable. NoOfColumns	:=2;(* 1 关键点,2 密集描点 *)
CamTable. NoOfRows	:=500+1;（ * 501 行 * ）
CamTable. TableType	:=10;(* 不等间距为 11,等间距为 10 *)

描点式凸轮曲线（Position Table）的 CamTable. NoOfColumns 应为 2，表示凸轮曲线表有 2 列：第 1 列是主轴位置，第 2 列是从轴位置。

（2）示例：关键点式凸轮曲线（Motion Function）

变量声明：

```
CamTableSelect_MF              : MC_CamTableSelect;
aPoints                        :ARRAY[1..iMaxPoint] OF MC_MotionFunctionPoint;
CamTable_MF                    :MC_CAM_Ref;
CamTableID_MF                  : UINT := 3;
```

初始化代码，为 aPoints 中的关键点赋值：

```
FOR i:=1 TO iMaxPoint DO
    aPoints [i]. FunctionType:=MOTIONFUNCTYPE_POLYNOM3;
    aPoints [i]. PointIndex:=i;
    aPoints [i]. MasterPos:=(i−1) * 30;
    aPoints [i]. PointType:=MOTIONPOINTTYPE_MOTION;
    aPoints [i]. RelIndexNextPoint;
    aPoints [i]. SlavePos:=(i−1) * 10;
END_FOR
```

指定 CamTable_MF 的特征参数：

```
CamTable_MF. pArray:=ADR(aPoints);
CamTable_MF. ArraySize:=SIZEOF(aPoints);
CamTable_MF. NoOfColumns:=1;( * 1 关键点,2 密集描点 * )
CamTable_MF. NoOfRows:=SIZEOF(aPoints) / SIZEOF(aPoints[1]);
CamTable_MF. TableType:= 22;( * MOTIONFUNCTION:实时计算运动的关键点 * )
```

关键点式凸轮曲线（Motion Function）的 CamTable. NoOfColumns 应为 1，表示凸轮曲线表只有 1 列：每个元素是一个 MC_MotionFunctionPoint 类型的结构体，包括以下元素：

```
PointIndex       :关键点的序号,必须以 1 开头,并依次递增 1
FunctionType     : MC_MotionFunctionType
PointType        : MC_MotionPointType   ( * 标准的关键点此值取 8 即 Motion Point * )
RelIndexNextPoint: MC_MotionFunctionPoint_ID( * 不用赋值,或赋 0、1 均可 * )
MasterPos        : LREAL( * X * )
SlavePos         : LREAL( * Y * )
SlaveVelo        : LREAL( * Y′ * )
SlaveAcc         : LREAL( * Y″ * )
SlaveJerk        : LREAL( * Y‴ * )
```

从前面的初始化代码中的 aPoints 赋值语句可见，被赋值的都是 MC_MotionFunctionPoint 的子元素。其中最重要的是 PointIndex、MasterPos、SlavePos 和 FunctionType，Index 和 Pos 的含义不用解释，需要解释的是 FunctionType，它是一个 MC_MotionFunctionType 枚举。对比枚举选项和 Cam Design Tool 中的 Function 下拉菜单如图 6.31 和图 6.32 所示。

从名称可以大略知道其特性，可以在 Cam Design Tool 中对照验证。曲线虽然有 20 多种，其实常用也就是 3 次、5 次、sin 曲线、Spline 几种。可以用 Cam Design Tool 编辑好凸轮表下载，再用功能块 MC_ReadMotionFunction 读取进行分析对比。

```
MOTIONFUNCTYPE_NOTDEF,
MOTIONFUNCTYPE_POLYNOM1              := 1,
MOTIONFUNCTYPE_POLYNOM3              := 3,
MOTIONFUNCTYPE_POLYNOM5              := 5,
MOTIONFUNCTYPE_POLYNOM8              := 8,
MOTIONFUNCTYPE_SINUSLINIE            := 10,
MOTIONFUNCTYPE_MODSINUSLINIE         := 11,
MOTIONFUNCTYPE_BESTEHORN             := 12,
MOTIONFUNCTYPE_BESCHLTRAPEZ          := 13,
MOTIONFUNCTYPE_POLYNOM5_MM           := 15,
MOTIONFUNCTYPE_SINUS_GERADE_KOMBI    := 16,
MOTIONFUNCTYPE_HARMONIC_KOMBI_RT     := 17,
MOTIONFUNCTYPE_HARMONIC_KOMBI_TR     := 18,
MOTIONFUNCTYPE_HARMONIC_KOMBI_VT     := 19,
MOTIONFUNCTYPE_HARMONIC_KOMBI_TV     := 20,
MOTIONFUNCTYPE_BESCHLTRAPEZ_RT       := 21,
MOTIONFUNCTYPE_BESCHLTRAPEZ_TR       := 22,
MOTIONFUNCTYPE_MODSINUSLINIE_VV      := 23,
MOTIONFUNCTYPE_POLYNOM7_MM           := 24,
MOTIONFUNCTYPE_POLYNOM6STP           := 27,
MOTIONFUNCTYPE_POLYNOM6WDP           := 28,
MOTIONFUNCTYPE_STEPFUNCTION          := 99,
MOTIONFUNCTYPE_SPLINE                := 100,
MOTIONFUNCTYPE_SPLINE_NATURAL     := 101, (*
MOTIONFUNCTYPE_SPLINE_TANGENTIAL     := 102,
MOTIONFUNCTYPE_SPLINE_PERIODIC    := 103  (*
```

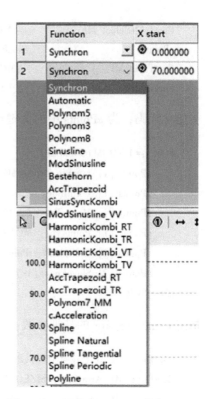

图 6.31　枚举 MC_MotionFunctionType　　　　图 6.32　CAM Design Tool 中的 Function

最后执行凸轮装载的代码，如图 6.33 所示。

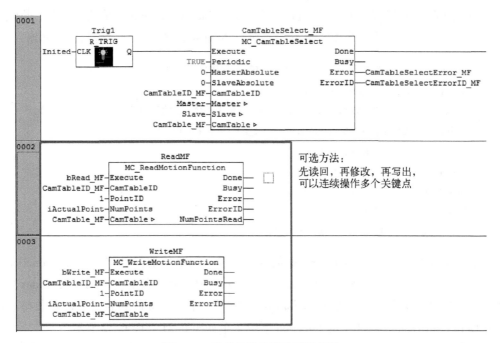

图 6.33　装载凸轮曲线的示例代码

128

6.3.4　从文件装载凸轮数据

使用 PLC 定义和装载凸轮表，用户就有可能动态地修改凸轮表中的数据，即修改"位置序列数组"。如果是 Motion Function 的凸轮表，这个数组元素是 MC_MotionFunctionPoint 结构体，如果是 Fixed Table，每个数组元素就只包含主轴位置和从轴位置。这些位置序列可以有 3 个来源：在线用公式计算；从文件中读取；从 NC 端口读取并修改。

无论哪种来源，最终都是为了往 MC_CAM_Ref 的 pArray 地址的数组里填充数据。

对于从文件读取位置表，其实就是涉及二进制文件和 ASCII 文件的处理。用户可以自己写，也可以用倍福提供的例程功能块 TableLoad，如图 6.34 所示。

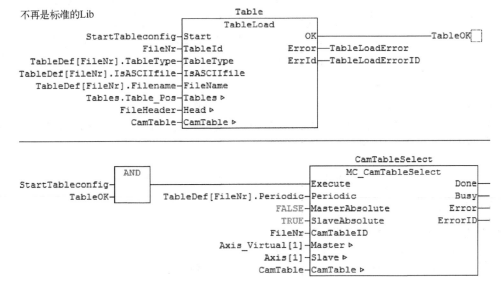

图 6.34　调用例程功能块 TableLoad 生成凸轮曲线

生成 ASCII 文件，可以用 Cam Design Tool 导出 csv 文件，然后在此基础上修改并另存为 ASCII 文件。

生成 Bin 文件，可以先写成 txt 文件，再用 ASCII2BIN. exe 转成 bin 文件，该工具包含在配套文档 6-1 中。

6.3.5　从 NC 端口读取和修改凸轮数据

由于生成凸轮有的方式有多种，修改凸轮表的方式也有多种。对于关键点式的凸轮，可以用 CAM Design Tool 创建一个基本的凸轮曲线，然后用 PLC 程序读取，并根据工艺修改或者增减某个关键点。Tc2_MC2_Camming 库中提供不同的功能块，既可以读单独一个点（MC_ ReadMotionFunctionPoint），也可以连续读多个点（MC_ReadMotionFunction）。

配套文档 6-1
例程：从文件读取
CAM 曲线_100 条
曲线测试

读取 1 个关键点的功能块 MC _ ReadMotionFunctionPoint 接口如图 6.35 所示。

MC_ReadMotionFunctionPoint 读回来的结果放在 Point 中。

读取多个关键点的功能块 MC_ReadMotionFunction 接口如图 6.36 所示。

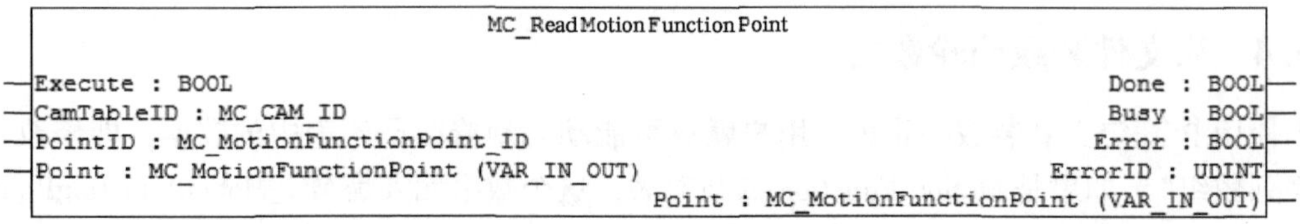

```
                    MC_ReadMotionFunctionPoint
─Execute : BOOL                                          Done : BOOL─
─CamTableID : MC_CAM_ID                                  Busy : BOOL─
─PointID : MC_MotionFunctionPoint_ID                    Error : BOOL─
─Point : MC_MotionFunctionPoint (VAR_IN_OUT)          ErrorID : UDINT─
                                   Point : MC_MotionFunctionPoint (VAR_IN_OUT)─
```

图 6.35　功能块 MC_ReadMotionFunctionPoint

```
                    MC_ReadMotionFunction
─Execute : BOOL                                          Done : BOOL─
─CamTableID : MC_CAM_ID                                  Busy : BOOL─
─PointID : MC_MotionFunctionPoint_ID                    Error : BOOL─
─NumPoints : UDINT                                    ErrorID : UDINT─
─CamTable : MC_CAM_REF (VAR_IN_OUT)           NumPointsRead : UDINT─
                                    CamTable : MC_CAM_REF (VAR_IN_OUT)─
```

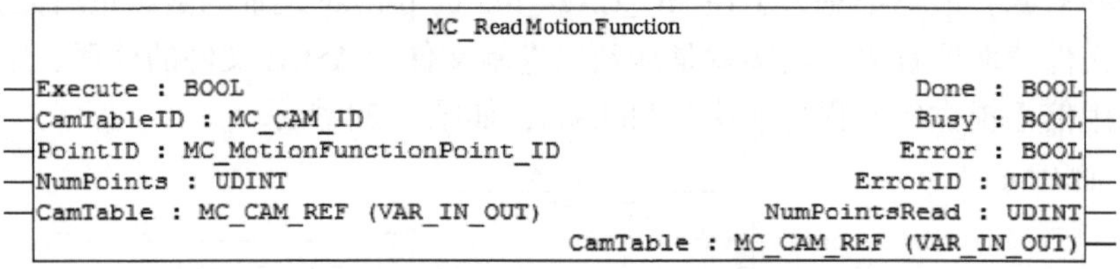

图 6.36　功能块 MC_ReadMotionFunction

MC_ReadMotionFunction 读回来的结果放在 MC_CAM_REF 中。

由于不同类型的表，CamTable 的参数会不同，所以相应的变量声明和初始化代码也有区别。关键点式凸轮表的变量声明如下：

aPoints　　　　　　　　　　:ARRAY[1..iMaxPoint] OF MC_MotionFunctionPoint;

初始化代码如下：

CamTable_MF. pArray:=ADR(aPoints);

CamTable_MF. ArraySize:=SIZEOF(aPoints);

CamTable_MF. NoOfColumns:=1;(＊ 1 关键点,2 密集描点 ＊)

CamTable_MF. NoOfRows:=SIZEOF(aPoints) ／ SIZEOF(aPoints[1]);

CamTable_MF. TableType:= 22;(＊MOTIONFUNCTION:实时计算运动的关键点＊)

密集描点式的凸轮则使用功能块 MC_ReadMotionFunctionValues，如图 6.37 所示。

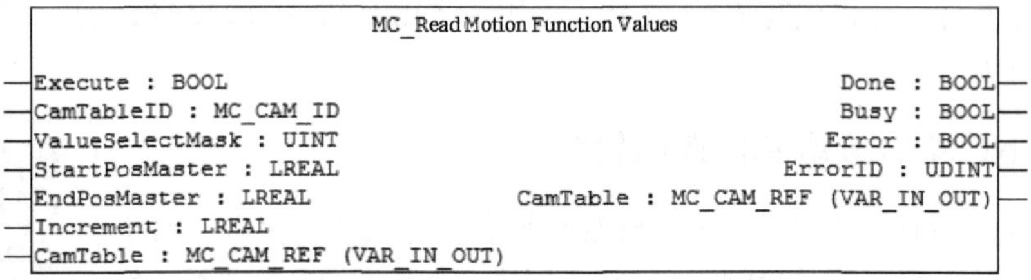

```
                    MC_ReadMotionFunctionValues
─Execute : BOOL                                          Done : BOOL─
─CamTableID : MC_CAM_ID                                  Busy : BOOL─
─ValueSelectMask : UINT                                 Error : BOOL─
─StartPosMaster : LREAL                               ErrorID : UDINT─
─EndPosMaster : LREAL                    CamTable : MC_CAM_REF (VAR_IN_OUT)─
─Increment : LREAL
─CamTable : MC_CAM_REF (VAR_IN_OUT)
```

图 6.37　功能块 MC_ReadMotionFunctionValues

MC_ReadMotionFunctionValues 读回来的结果放在 MC_CAM_REF 中。

由于不同类型的表，CamTable 的参数会不同，所以相应的变量声明和初始化代码也有区别。对于描点式凸轮表，其变量声明如下：

Table:ARRAY [0..1, 0..500] OF LREAL;

初始化代码如下：

```
CamTable.pArray:=ADR(Table);
CamTable.ArraySize:=SIZEOF(Table);
CamTable.NoOfColumns:=2;        (* 1 关键点,2 密集描点 *)
CamTable.NoOfRows:=500+1;       (* 501 行 *)
CamTable.TableType:=10;         (* 不等间距为11,等间距为10 *)
```

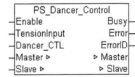

配套文档 6-2
例程:编辑凸轮曲线

6.4 收放卷及张力控制

6.4.1 张力控制简介

收放卷及张力控制有时很简单,有时也很复杂。实际应用中进行张力控制时需要考虑以下因素。

材料的形状:线材、片材。

材料厚度:直径、厚度。

材质拉伸系数:纸张、塑料膜、金属膜。

传感器安装位置:离拖动电机的距离。

传动机构的模型:传动辊与材料之间是否打滑。

收放卷的线速度:根据工艺不同,设备运行的线速度也不同。速度越快越难控制。

张力控制的精度:首先张力传感器要校准,信号稳定可靠,然后根据工艺选择控制精度。

卷芯形状:方形、圆形、椭圆形及圆角矩形等。

可以采用调速度或者调力矩的方式来控制张力,通常的做法是调速度加上力矩限幅,或者调力矩加上速度限幅。要求较高的场合用 PID 调节,要求不高时则让伺服工作在力矩模式。张力调节并不是随时保持越准越好,还要求张力稳定,需在各个指标之间获得平衡。

完美的张力控制方案并不容易,具体可以搜索专业论文或者专家系统。张力控制方案的优劣与 PLC 和运动控制平台无关,而取决于符合工艺特点的控制算法。本章只介绍最简单的方式:用 PID 调节从轴速度,以改变主从辊之间的速度差,从而影响张力。

6.4.2 功能块 PS_Dancer_Control

在 TwinCAT 2 时代,倍福的授权功能包 TcPackALv3.0.lib 中包含了一个张力控制的功能块 PS_Dancer_Control,既可用于浮动辊也可用于张力传感器,但不适用于主轴频繁起停且主从轴之间没有缓冲区间的场合,也不适用于非标准圆形卷芯的张力控制。PS_Dancer_Contro 的功能块接口如图 6.38 所示。

此功能块控制从轴跟随 Dancer 耦合的主轴运动。主轴可以是实际的运动轴,也可以是虚拟轴。功能块通过 Dancer-PID 调节主轴和从轴之间的齿轮比,实现从轴到主轴的耦合。

此功能块的目的是,依据某一 Dancer 位置,产生一个恒定表面速度(外设速度)相对于主轴速度的调节量。主轴和从轴之间的张力可以表示为一个位置信号(即 Dancer 位置信号)。

```
      PS_Dancer_Control
─Enable               Busy─
─TensionInput         Error─
─Dancer_CTL           ErrorID─
─Master ▷           ▷ Master─
─Slave ▷            ▷ Slave─
```

图 6.38 张力控制功能
块 PS_Dancer_Control

Enable：使能。

TensionInput：张力输入，整型变量。

Dancer_CTL：所有控制变量都集中在此结构体中，包含以下元素。

```
STRUCT
    Tension_ctl   : DINT;           张力设定值，为整数。
                                    注意与当前张力输入的单位匹配
    GearRatio    : REAL;            主从轴耦合比例系数，默认为 1.0
                                    实时的耦合比例 g（t）= deltaGear * PIDout + Gearoffset
    deltaGear   : REAL;             PID 输出（-1.0~+1.0）的放大倍数
                                    必须 0<DeltaGear<1
    GearOffset   : REAL;            耦合比例系数的基准值
                                    应与卷径之比一致
    fKp        : REAL;             PID 控制的比例增益（P）
    fTn       : REAL;             PID 控制的积分增益（Tn），单位 s
    fTv       : REAL;             PID 控制的微分增益（Tv），单位 s
    fTd       : REAL;             PID 控制的阻尼时间（Td），单位 s
    Accel_limit   : REAL;          间接作用于允许最大加速度
END_STRUCT
```

功能块执行的每个周期都会扫描实际张力值，而其他输入信号则仅在 Enable 信号为 True 的第一个周期读取。使用时需要注意以下几点。

1）GearRatio 是 Dancer Control 功能块的输出，是 PID 调节的结果，用于控制主从轴的转速比。而实际张力受线速度比影响，由于收放卷的不同阶段卷径不同，要保持线速度基本相同，还要自行添加卷径计算。

2）DeltaGear 是调节的幅度。以线速度 1∶1 为例，如果调节量超过-1.0，从轴就会反转。所以默认的取值范围（0，1）通常都过大，需要根据工艺谨慎选择。

3）GearOffset 是 PID 调节的基准点，卷径比为 1∶1 时，基准点就为 1.0。

Dancer Control 的原理框图如图 6.39 所示。

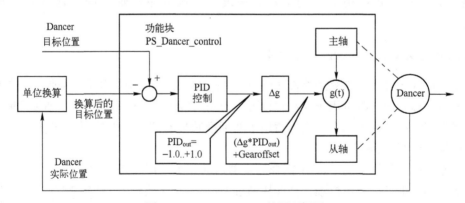

图 6.39　Dancer Control 的原理框图

Dancer Control 的时序图如图 6.40 所示。

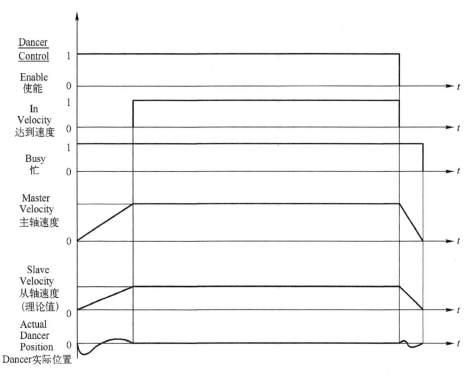

图 6.40　Dancer Control 的时序图

由图 6.40 可见，当主轴的速度开始上升时，浮动辊的位置会被向前拉，而在张力控制的作用下，从轴速度也开始上升，浮动辊偏离平衡的位置就如曲线 Actual Dancer Position 所示，最后，当主轴的速度稳定后，从轴的速度也稳定，而浮动辊的位置也稳定下来。

配套文档6-3
例程：收放卷及
张力控制

6.5　飞锯（Flying Saw）

6.5.1　飞锯功能简介

在许多工厂里，工件是在传输的过程中进行加工的。为此，刀具的位置和速度必须和工件同步，才能像加工静止的工件一样工作。举个典型的例子，一个电锯要在物料传输的过程中剪切物料，这就是飞锯（Flying Saw）。

从运动控制上讲，Flying Saw 是指从轴同步到正在运动的主轴，并与主轴同步运行以完成一个加工周期。启动飞锯后，从轴追上主轴（例如传输物料的运动轴），和主轴保持速度同步，并持续一段时间，以便对物料进行加工。加工完成后，从轴解耦，根据机构的不同，可以继续向前运动，或者停止并反向运动，回到起始点，准备下一个周期。

使用飞锯功能，即使从轴不在停止状态也可以切入同步运行。此外还可计算"改进的位置曲线"，用户可以通过更宽松的约束条件来调整该曲线。

同步运行阶段主从轴速度之比，由参数"耦合系数（Coupling Factor）"给定。例如，斜切时耦合系数不等于1，于是同步阶段，从轴在主轴运动方向上的速度分量（Vslave parallel to Vmaster）与主轴速度相等，如图 6.41 所示。

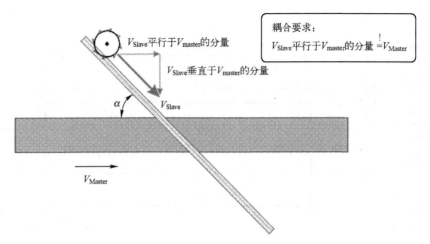

图 6.41　飞锯耦合系数的物理意义

飞锯有两种同步方法：速度同步和位置同步。速度同步时，从轴按耦合系数 Coupling Factor 尽快同步到主轴，因此主从轴的耦合位置就是各个参数设定值允许的前提下最快达到同步的位置。位置同步时，用户通过参数设定主从轴的同步位置，主从轴将在最新指定的位置同步运行。

这两种同步方式都要求定义同步阶段的约束条件，即同步模式 SyncMode，以便根据工艺需求调整同步动作。

6.5.2　速度同步

速度同步时，从轴使用指定的最大加减速度尽快同步到主轴。在同步阶段，从轴速度与主轴速度成正比：

$$v_{\text{Slave}} = F_{\text{CouplingFactor}} \cdot v_{\text{Master}}$$

从轴到主轴的同步过程依次经过以下步骤。

1）启动飞锯：和电子齿轮一样，这个时刻就是耦合时间。

2）同步阶段：从轴从当前状态变速到主轴速度，同时监视从轴的运动不超过用户定义的约束条件（比如加速度不超过设定值）。从开始加速到同步运行的时间，就称为同步时间。

3）同步运行阶段：从轴与主轴同步运行。

4）飞锯解耦：被耦合的从轴恢复为一个独立主轴，以解耦时的速度继续运动。

5）从轴重新启动或者停止，接受任意 MC_Move 指令。

6.5.3　位置同步

位置同步时，要求从轴以指定的加减速度在指定的同步位置达到与主轴同步。这意味着从轴刚好在同步位置达到同步速度。然后，从轴就与主轴保持同步运行，在同步运行阶段，从轴速度与主轴速度成正比：

$$v_{\text{Slave}} = F_{\text{CoupltingFactor}} \cdot v_{\text{Master}}$$

从轴到主轴的同步过程依次经过以下步骤。

1）启动通用飞锯。与速度同步不同，位置同步的飞锯启动后，从轴并不立即动作，而是根据加速度计算启动的时刻，以保证在指定的位置达到与主轴匹配的速度。

2）同步阶段：从轴从初始条件加速到主轴速度，在主轴同步位置以同步速度准确到达从轴同步位置。从开始加速到同步运行的时间，就称为同步时间。

3）同步运行阶段：从轴与主轴同步运行。

4）通用飞锯解耦：从轴脱离主轴运行。

5）从轴重新启动或者停止，接受任意 MC_Move 指令。

6.5.4　在 PLC 程序中实现飞锯功能

对于 TC2，需要单独安装 Flying Saw 的工具包，TC3 不需要安装。控制器上运行该功能需要购买授权，订货号为 TF5055。

飞锯同步分为位置同步和速度同步，PLC 程序里引用库文件 Tc2_NcFlyingSaw，分别用功能块 MC_GearInPos 和 MC_GearInVelo 实现。而功能块 MC_ReadFlyingSawCharacteristics 则用于读取同步阶段的从轴特征参数。下面分别说明这几个功能块的使用。

MC_GearInPos 的接口如图 6.42 所示。

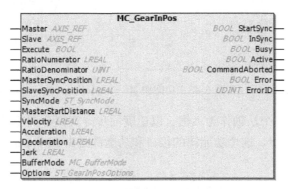

图 6.42　功能块 MC_GearInPos

MC_GearInPos 把一个从轴作为飞锯，以位置同步方式耦合到主轴。在主轴和从轴的同步位置实现精确地速度同步。这个功能块的接口和功能都是由 PLCopen 组织定义的。

输入变量如下。

Execute：	上升沿触发飞锯同步
RatioNumerator：	耦合系数的分子
RatioDenominator：	耦合系数的分母
MasterSyncPosition：	主轴同步位置
SlaveSyncPosition：	从轴同步位置
SyncMode：	同步模式 ST_SyncMode
Velocity：	同步阶段从轴的最大速度/加速度/减速度/抖动,默认使用 NC 轴参数
Acceleration	注意:此处给定参数仅当同步模式中选中了相应的校验选项,才会校验
Deceleration	（GearInSync_CheckMask_MaxVelo=TRUE）
Jerk	（GearInSync_CheckMask_MaxAcc=TRUE）
	（GearInSync_CheckMask_MaxDec=TRUE）
	（GearInSync_CheckMask_MaxJerk=TRUE）

说明：RatioNumerator（分子）可以是负数。

使用 MC_GearOut 可解耦，如果此时从轴速度不为零，解耦后将保持原速运动，使用功能块 MC_Stop 可令其停止。

输出变量如下。

StartSync：	同步开始后即置 True
InSync：	同步完成后即置 True
CommandAborted：	耦合中断即置 True
Error：	发生错误即置 True
ErrorID：	Error 置 True 后，此变量显示错误代码

MC_GearInVelo 的接口如图 6.43 所示。

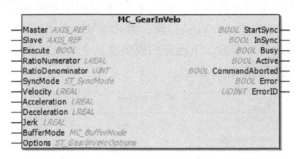

图 6.43　功能块 MC_GearInVelo

MC_GearInVelo 把一个从轴作为飞锯，以速度同步方式耦合到主轴。对同步的位置没有要求，只要尽快实现同步。这个功能块的接口和功能都是由 PLCopen 组织定义的。

输入变量如下。

Execute：	上升沿触发飞锯同步
RatioNumerator：	耦合系数的分子
RatioDenominator：	耦合系数的分母
SyncMode：	同步模式 ST_SyncMode
Velocity： 　　Acceleration 　　Deceleration 　　Jerk	同步阶段从轴的最大速度/加速度/减速度/抖动,默认使用 NC 轴参数 注意:此处给定参数仅当同步模式中选中了相应的校验选项,才会校验 （GearInSync_CheckMask_MaxVelo=TRUE） （GearInSync_CheckMask_MaxAcc=TRUE） （GearInSync_CheckMask_MaxDec=TRUE） （GearInSync_CheckMask_MaxJerk=TRUE）

说明：RatioNumerator（分子）可以是负数。

使用 MC_GearOut 可解耦，如果此时从轴速度不为零，解耦后将保持原速运动，使用功能块 MC_Stop 可令其停止。

输出变量如下。

StartSync：	同步开始后即置 True
InSync：	同步完成后即置 True
CommandAborted：	耦合中断即置 True

Error：	发生错误即置 True
ErrorID：	Error 置 True 后，此变量显示错误代码

（1）同步模式

从轴运动自初始状态到同步运行状态的加速过程，必须严格遵循用户定义约束条件，这些约束条件可以包括限制从轴最大速度、防止位置过冲等。无论是速度同步还是位置同步的飞锯，都需要约定这个约束条件，这就是同步模式 SyncMode，其类型为 ST_SyncMode，它包含以下项目。

（ * mode * ）

GearInSyncMode	耦合同步模式
	ST_GearInSyncMode

（ * 32 bit check mask ... * ）

GearInSync_CheckMask_MinPos	是否校验最小位置
GearInSync_CheckMask_MaxPos	是否校验最大位置
GearInSync_CheckMask_MaxVelo	是否校验最大速度
GearInSync_CheckMask_MaxAcc	是否校验最大加速度
GearInSync_CheckMask_MaxDec	是否校验最大减速度
GearInSync_CheckMask_MaxJerk	是否校验最大抖动
GearInSync_CheckMask_OvershootPos	是否校验位置过冲
GearInSync_CheckMask_UndershootPos	是否校验位置静差
GearInSync_CheckMask_OvershootVelo	是否校验速度过冲
GearInSync_CheckMask_UndershootVelo	是否校验速度静差
GearInSync_CheckMask_OvershootVeloZero	是否校验零速过冲
GearInSync_CheckMask_UndershootVeloZero	是否校验零速静差

（ * operation masks ... * ）

GearInSync_OpMask_RollbackLock	反转锁定
GearInSync_OpMask_InstantStopOnRollback	反转时停止
GearInSync_OpMask_PreferConstVelo	恒速优先
GearInSync_OpMask_IgnoreMasterAcc	忽略主轴加速

其中 ST_GearInSyncMode 又包括以下两项。

GEARINSYNCMODE_POSITIONBASED	基于主轴位置的同步，根据主轴加减速，从轴相应加速和减速
GEARINSYNCMODE_TIMEBASED	基于时间的同步曲线，主从轴的加减速运态特性是独立的。仅适用于 MC_GearInVelo

（2）飞锯同步特征值 FlyingSawCharacValues

飞锯启动的过程中系统会自动计算各项特征值，并根据同步模式 SysnMode 中设定的约束条件进行校验。原则上主从轴在任意状态下都可以计算这些特征值，但在实际操作中，因为耦合时并不知道主轴将要执行的动作，所以假设主轴保持匀速运动，没有加速度，否则无法准确计算和校验各项特征值。耦合以后，如果主轴加速，从轴也会相应加速。所以即使是校验通过的参数，主轴加速度过大时，也可能出现过冲或者静差。

飞锯启动以后，用户可以使用功能块 MC_ReadFlyingSawCharacteristics 访问从轴同步阶段使用的动作特征参数。读回的结果包括各种限值，比如最大从轴加速度、最大/最小从轴位置等。这些值都是在假设主轴速度不变的前提下计算的，所以仅在此条件下，这些参数才完全正确。

飞锯启动时的主轴加速度对于曲线的计算和优化影响巨大，这意味着如果主轴是一个编码器，速度和加速度必须小心滤波，或者把 Axis_Enc 的参数 Encoder Mode 选择为"PosVelo"。

（3）读取飞锯耦合特征值

在 PLC 程序中读取飞锯耦合特征值的功能块是 MC_ReadFlyingSawCharacteristics，其接口如图 6.44 所示。

图 6.44　功能块 MC_ReadFlyingSawCharacteristics

此功能块仅用于 PLC 程序读取特征值并显示。即使不调用，飞锯功能块 MC_GearInPos 和 MC_GearInVelo 也会计算这些特征参数，并依据同步模式 SyncMode 的设置在同步阶段使用。

输入变量如下。

Execute：　　　上升沿时，从 TwinCAT NC 读取飞锯的特征值
　　　　　　　注意：只有飞锯启动以后才能读取

输出变量如下。

Done：　　　　成功读取后置 True
Error：　　　　发生错误后置 True
ErrorID：　　　Error 置 True 后提供错误代码

输入/输出变量如下。

Slave：　　　　飞锯从轴读取的结果，飞锯特征值
CamTableCharac：　这些特征值仅用于同步阶段，而不是同步运行阶段或者准备同步阶段

CamTableCharac 包含的内容见表 6.3。

表 6.3　CamTableCharac 的内容

飞锯特征值	描　　述	是否受主轴加速度影响
fMasterVeloNom	飞锯启动时，主轴速度	否
fMasterPosStart	飞锯启动时，主轴位置	是
fSlavePosStart	飞锯启动时，从轴位置	是
fSlaveVeloStart	飞锯启动时，从轴速度	否
fSlaveAccStart	飞锯启动时，从轴加速度	否
fSlaveJerkStart	飞锯启动时，从轴抖动	否
fMasterPosEnd	同步阶段结束时，主轴位置	是

飞锯特征值	描 述	是否受主轴加速度影响
fSlavePosEnd	同步阶段结束时，从轴位置	是
fSlaveVeloEnd	同步阶段结束时，从轴速度	否
fSlaveAccEnd	同步阶段结束时，从轴加速度	否
fSlaveJerkEnd	同步阶段结束时，从轴抖动	否
fMPosAtSPosMin	从轴在最小位置时，主轴位置	否
fSlavePosMin	从轴最小的位置	是
fMPosAtSVeloMin	从轴在最小速度时，主轴速度	否
fSlaveVeloMin	从轴最小的速度	否
fMPosAtSAccMin	从轴在最小加速度时，主轴位置	否
fSlaveAccMin	从轴最小的加速度	否
fSVeloAtSAccMin	从轴在最小加速度时，从轴速度	否
fSlaveJerkMin	从轴最小的抖动	否
fSlaveDynMomMin	最小从轴动态力矩（暂不支持）	否
fMPosAtSPosMax	从轴在最大位置时，主轴的位置	否
fSlavePosMax	从轴最大位置	是
fMPosAtSVeloMax	从轴在最大速度时，主轴的位置	否
fSlaveVeloMax	从轴最大速度	否
fMPosAtSAccMax	从轴在最大加速度时，主轴的位置	否
fSlaveAccMax	从轴最大加速度	否
fSVeloAtSAccMax	从轴在最大加速度时，从轴的速度	否
fSlaveJerkMax	从轴最大抖动	否
fSlaveDynMomMax	最大从轴动态力矩（暂不支持）	否
fSlaveVeloMean	从轴的平均绝对速度（暂不支持）	否
fSlaveAccEff	从轴的有效加速度（暂不支持）	否

6.6 TwinCAT NC FIFO

6.6.1 FIFO 简介

1. 基本原理

FIFO 是 First Input First Output 的缩写。TwinCAT NC FIFO 是类似 TwinCAT CNC 或者 TwinCAT NCI 的一种多轴联动通道，每个 FIFO 通道最多可以包含 16 个轴。FIFO 通道内有一个先进先出的缓存表 FIFO 表，通道内有多少个轴，FIFO 表就有多少列。而 FIFO 表的行数可以自定义，默认为 1000 行。每次输出一行数据，即每个轴的目标位置。所以只要 FIFO 表的行列数据确定，各个轴的运动就会保持严格的位置耦合。

换言之，也可以把 FIFO 表的每一列作为耦合到时间轴的一条凸轮曲线，整个 FIFO 通道就是耦合到同一个时间轴的多个从轴的凸轮曲线。

FIFO 通道和 FIFO 表的工作机制如图 6.45 所示。

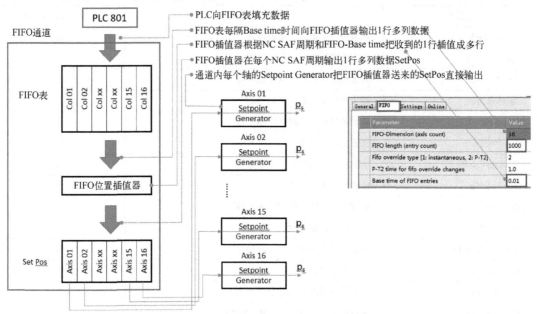

图 6.45 FIFO 通道和 FIFO 表的工作机制

由图 6.45 可见，FIFO 表中的数据是从 PLC 批量写入的，比如一次写入 1000 行。而 FIFO 表中的数据输出时采用先进先出的原则，并且按照严格的时间间隔（Base time of FIFO Entry）逐行输出。所以单个轴在某一行的速度（Velo）等于相邻两行的位置差除以时间间隔（Base time），同理可以计算加速度与减速度（Acc 与 Dec）和加加速（Jerk）。所以，和凸轮从轴一样，FIFO 轴运动过程中的速度、加速度完全取决于 FIFO 表中的数据，不受轴参数最大速度、最大加减速度的影响。PLC 填充到 FIFO 表的位置数据，可以从文件中读取，也可以在 PLC 程序中在线生成。当 FIFO 表驱动实际硬件时，由于速度不是在程序中指定，而是由文件中位置表决定，所以建议先在虚轴上运行，观察各轴运行 FIFO 表的最大速度，然后确认伺服驱动器和电机确实能够支持该速度。这一过程，又称为曲线校验。

另外，NC 周期与 FIFO 通道的 Base time 并不相同，所以 FIFO 表中的一行位置要由 FIFO 组内各轴插值成多个 SAF 周期的设定位置。假定 NC 周期为默认值 2 ms，而 Base time 为默认值 0.01 s 即 10 ms，那么 FIFO 表中的一行位置就需要插值为 5 行，并在接下来的 5 个 NC 周期依次输出。

单独拿出 FIFO 通道中的一个轴来分析，其工作机制如图 6.46 所示。

在图 6.46 中，一个重要的参数是 FIFO 表剩余行数 SafEntries，这个变量包含在结构体 NcToPlc 中，PLC 程序每个周期都可以知道 FIFO 表里面还有多少行，是否应该往里补充数据，是否所有行都已输出，是否运动已经结束。

实际应用中，PLC 什么时候往 FIFO 表里填充数据、填多少行是需要考虑的。通常每次填充数据的时候，只要 PLC 里需要继续执行的位置数据足够，都会把 FIFO 表填满。不能等 FIFO 表数据输出完（剩余行数 SafEntries 为零）才从 PLC 填充数据，那样速度会瞬间变零产生严重后果，必须在数据用完之前及时补充，比如提前 1 s 或者 2 s，如果 Base Time 为 0.01 s，那么在 SafEntries 剩余行数小于 100 或者 200 行的时候就应该补充数据了。

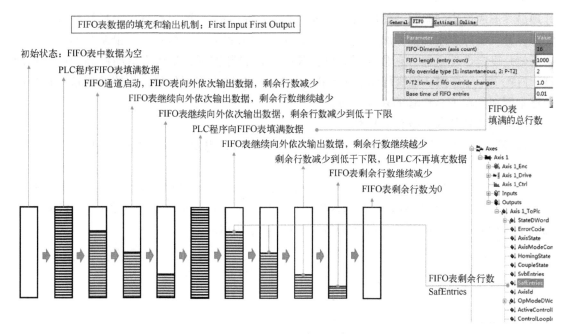

图 6.46　单个 FIFO 轴的工作机制

2. FIFO 与 MC 指令、CAM 指令、外部位置发生器的对比

本节内容为对比 FIFO 轴、NC PTP 轴执行标准运动指令、NC PTP 轴由外部位置发生器控制时 SetPos 的生成方式，仅仅是为了加深理解 NC 轴在不同模式下的运行机制，初次使用 FIFO 功能的用户可以略过。

FIFO 通道内的 NC 轴设定位置（SetPos）的一种特殊的生成方式。要理解其特殊之处，我们先看看普通的 NC 轴是如何产生设定位置的。

一个标准的 NC 轴控制环如图 6.47 所示。

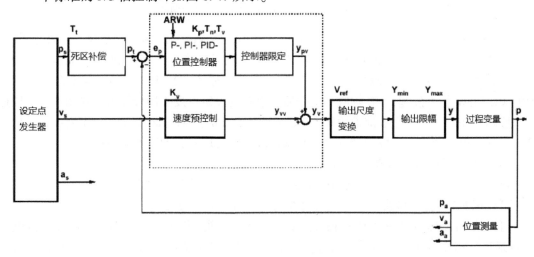

图 6.47　标准的 NC 轴控制环

数据流向从左至右，首先每个 NC 周期由设定点发生器（Setpoint Generator）生成 p_s（设定位置 SetPos）、v_s 即设定速度 SetVelo、a_s 即设定加速度 SetAcc，其中 p_s 和 v_s 经过一系列

处理最终形成送给伺服驱动器的目标位置（Target Postion），同时根据位置反馈装置又获取实际位置、实际速度和实际加速度（p_a、v_a和a_a）。TwinCAT NC 最重要、最基本的一个软件单元就是设定点发生器，它独立于硬件，独立于位置环控制，是所有运动控制的最终作用点。FIFO 轴、NC PTP 轴执行标准运动指令、NC PTP 轴由外部位置发生器控制这三种情况的根本区别就在于 SetPos 的来源不同。

（1）PTP 轴的 SetPos 位置序列

最普通的情况，NC PTP 值执行标准的运动指令时，设定点发生器是如何产生每个 NC 周期的目标位置呢？

假定 NC 轴收到一个绝对定位指令，当前位置为 0，要以 500 mm/s 的速度运动到绝对位置 500 mm，加速度为 3000 mm/s²，加加速度为 9000 mm/s³，执行动作时用 Scope View 可以记录下 SetPos、SetVelo 和 SetAcc 的曲线，如图 6.48 所示。

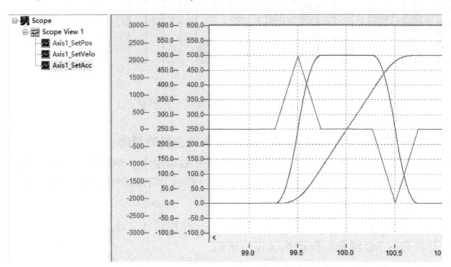

图 6.48 普通运动指令的 NC 轴设置值曲线

这三条曲线就是设定点发生器产生的 SetPos、SetVelo 和 SetAcc 序列，从图上可以知道，在每个周期的设定位置 SetPos 都是严格按照运动指令的速度和 Dynamics 中的 Acceleration/Deceleration（加速度/减速度）和 Jerk（加加速度）来规划的。运动命令由 PLC 中的 MC_Move 指令发起，NC 轴收到命令后，由轴的设定点发生器计算出本次动作的 7 段速中每段的动作时间，并生成加速段每个 NC 周期的 SetPos、SetVelo 和 SetAcc 序列，并且依次输出。其后再生成匀速度段的位置序列和减速段的位置序列，如图 6.49 所示。

（2）FIFO 轴的 SetPos 位置序列

对于 FIFO 通道中的轴，每个 NC 周期的设定位置是如何产生的呢？

可以把 FIFO 通道与独立的 PTP 轴做个对比，如图 6.50 所示。

可以从 PLC 程序将一个 PTP 轴集成到一个 FIFO 通道作为第 n 个轴，也可以解散整个 FIFO 通道。图 6.50 中到底选用哪个 p_s 作为最终的 SetPos 输出，取决于一个轴是否组合到了 FIFO 通道。

（3）外部设定点发生器的 SetPos 位置序列

NC PTP 轴由外部位置发生器控制时每个 NC 周期的设定位置是如何产生的呢？

可以把独立的 PTP 轴执行普通运动指令和外部位置发生器做个对比，如图 6.51 所示。

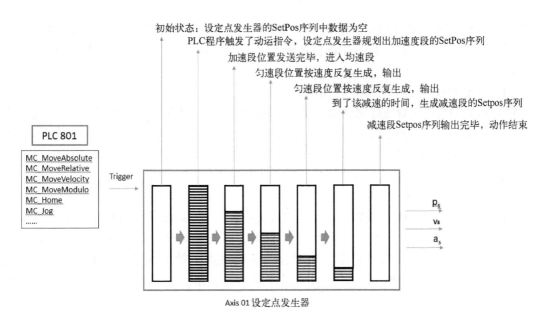

图 6.49　普通运动指令的 SetPos 序列

图 6.50　FIFO 通道与独立的 PTP 轴的对比

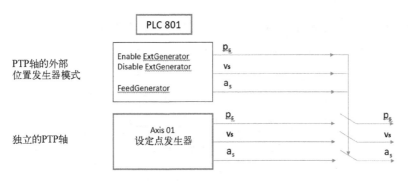

图 6.51　普通运动指令和外部位置发生器的 SetPos 来源对比

图 6.51 中到底选用哪个 p_s 作为最终的 SetPos 输出，取决于一个轴是否启用了外部位置发生器，在 PLC 中启用和禁用外部发生器是通过功能块 MC_ExtSetPointGenEnable 和 MC_ExtSetPointGenDisable 实现的，而把设定位置、设定速度和设定加速度送到 PLC 则是通过功能 MC_ExtSetPointGenFeed 实现的。

为什么启用和标用是 "Function Block"，而输出数据则是 "Function"，这是因为启用和禁用外部发生器在 PLC 底层代码中是执行一个 ADS 写操作，不可能在一个 PLC 周期完成，而输出数据时是通过直接的变量映射，能够在一个 PLC 周期内完成赋值，也必须在一个 PLC 周期内刷新位置。并且 PLC 中的位置刷新的任务周期必须与 NC SAF 任务周期一致，比如 2 ms。

（4）对比 FIFO 功能和外部位置发生器

两者的共同点是位置轨迹完全由 PLC 送来的数据决定，不受 NC 参数控制。不同之处在于两点，一是 FIFO 功能允许同时给最多 16 个轴发送位置而 ExtSetpointGenerator 只能输出给一个轴；二是 FIFO 功能的位置序列允许自定义完成相邻两行位置之间的时间间隔，实际上就是 NC 会在相邻两行之间以 NC 周期插值。

（5）对比 FIFO 与电子凸轮

如果 FIFO 组中的轴数可以自定义，默认值为 1。TwinCAT NC FIFO 类似描点式电子凸轮表，但是 FIFO 消耗资源少，灵活性较差，不支持关键点的方式，也不能在线修改位置点。并且 FIFO 组内没有主从轴之分，不能根据主轴的速度变化调节从轴速度。FIFO 运动不能反转，从堆栈中完成的位置序列不再保留，如果要重复动作，只能重新装载数据。

6.6.2　配置 TwinCAT NC FIFO 通道

对于 TwinCAT 3，控制器上应有 FIFO 授权："TF5060 TC3 NC FIFO Axis"。

对于 TwinCAT 2，配置 FIFO 通道之前应在编程环境中上安装 Supplement。

然后在 NC 任务下添加 FIFO 通道并配置其参数，主要包括以下内容。

1）FIFO 表的列数，即一个通道内的轴数。

2）FIFO 表的行数，缓存多长时间的位置数据。

3）相邻两行的两个位置之间允许的动作时间。

4）停止或者变速时输出速度切换方式及参数。

TwinCAT NC 中允许创建多个 FIFO 组，每个组的 ID 号是唯一的。在 PLC 程序中对 FIFO 组的操作都是通过 ID 号识别的。

配置 FIFO 通道的具体步骤是在 "NC Task 1 SAF" 的右键菜单中选择 "Add New Items"，显示通道选择对话框，如图 6.52 所示。

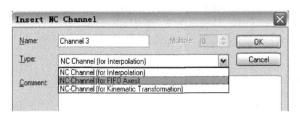

图 6.52　NC Channel 选择

FIFO 通道的组参数设置界面如图 6.53 所示。

1）FIFO Dimension（axis count）：FIFO 组中轴的数量，最大值为 16。

2）FIFO Length：FIFO 表的行数，默认为 1000 行。以图 6.53 为例，Base time 为 0.02 s，FIFO Length 为 1000，则 FIFO 表中的数据能维持运行 20 s。缓存越小，则数据从 PLC 传送到 NC FIFO 就越频繁。位置缓存表（Buffer）越大，消耗计算机内存越多。

3）FIFO override type：通过 Override，可以调节运动速度。Override 的切换方式可以选

Parameter	Value	V.
FIFO-Dimension (axis count)	8	
FIFO length (entry count)	1000	
Fifo override type [1: instantaneous,...	1	
P-T2 time for fifo override changes	1.0	s
Base time of FIFO entries	0.02	s

图 6.53 FIFO 通道的组参数

择阶跃型（Instantaneous override）或者平滑型（PT-2 override）。FIFO 通道的 Override 和 PTP 轴 MC_Power 里的 Override 含义相同，当为 100% 时是按 FIFO 表原速输出。比如 Override 为 50%，而 Base Time 是 0.02 s，那么实际上从一行位置到下一行位置，运动的时间就是 0.02/0.5 = 0.04 s。走完 100 行就需要 4 s。

4）P-T2 time for fifo override changes：当 Fifo override type 选择平滑型（PT-2 override）切换方式时，在此处设置切换时间，即 Override 从 100% 变为 0 的时间。时间越长，停机越平缓，反之时间越短，停机时冲击越大。

5）Base time of FIFO entries：相邻两行的轴位置之间允许的动作时间，也是 FIFO 表输出数据的时间间隔。

6.6.3 FIFO 控制的 PLC 指令介绍

FIFO 控制的 PLC 指令包含在 Tc2_NcFIFOAxis 中，功能块及功能描述见表 6.4。

表 6.4 FIFO 控制的功能块

功能块名称	说　　明
FIFOGroupIntegrate	集成独立的 PTP 轴到 FIFO 通道
FIFOGroupDisintegrate	将 FIFO 组中的各轴释放为独立的 PTP 轴
FIFOWrite	向 FIFO 表填充数据
FIFOStart	启动 FIFO 运动，FIFO 表向外输出数据
FIFOSetChannelOverride	设置 FIFO 通道运动速度的百分比

理论上用户掌握了这些功能块的用法，就能自己写出 FIFO 运动的程序。但实际上要真正控制 NC 轴做 FIFO 运动，还涉及很多外围的文件读写、数据处理等程序。请参考配套文档 6-4。

本节只简单介绍这几个功能块的接口变量。

1）把 PTP 轴集成到 FIFO 组的功能块 FIFOGroupIntegrate。

功能块接口如图 6.54 所示。

FIFOGroupIntegrate 把一个独立的 PTP 轴集成到一个 FIFO 组中，接口变量如下。

配套文档 6-4
TwinCAT NC FIFO
的 Demo 程序

iChannelId：FIFO 通道的 ID
iAxisId：轴的 ID
iGroupPosition：将轴集成到 FIFO 组后，它在该组中的序号，首序号为 1
　　　　　　　一个 8 轴的 FIFO 通道，各轴的序号从 1~16 连续
bExecute：上升沿触发本功能块动作

tTimeout：ADS timeout（约 1 s）

bBusy：bExecute 的上升沿 bBusy 置 True, 完成后为 False

bErr：指令执行过程中出错则置为 True

bErrId：错误代码（ADS 或 NC 错误代码）

2）将 FIFO 组中的各轴释放为独立 PTP 轴的功能块 FIFOGroupDisintegrate。

功能块接口如图 6.55 所示。

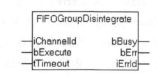

图 6.54　功能块 FIFOGroupIntegrate　　　　图 6.55　功能块 FIFOGroupDisintegrate

FIFOGroupDisintegrate 将 FIFO 组中的各轴释放为独立的 PTP 轴, 接口变量如下。

iChannelId：FIFO 通道的 ID

bExecute：上升沿触发本功能块动作

tTimeout：ADS timeout（约 1 s）

bBusy：bExecute 的上升沿 bBusy 置 True, 完成后为 False

bErr：指令执行过程中出错则置为 True

bErrId：错误代码（ADS 或 NC 错误代码）

3）向 FIFO 通道写入数据的功能块 FiFoWrite。

功能块接口如图 6.56 所示。

FIFOWrite 把指定数组中的数据写到 FIFO 通道的位置缓存表（Buffer）, 接口变量如下。

iChannelId：FIFO 通道的 ID

AdrDataArray：位置表数组的指针。该数组的"列"对应轴,"行"对应该轴的位置

iRowsToWrite：写入行数,必须≤位置表数组的行数

bExecute：上升沿触发本功能块动作

tTimeout：ADS timeout（约 1 s）

bBusy：bExecute 的上升沿 bBusy 置 True, 完成后为 False

bErr：指令执行过程中出错则置为 True

bErrId：错误代码（ADS 或 NC 错误代码）

4）启动 FIFO 通道各轴动作的功能块 FiFoStart。

功能块接口如图 6.57 所示。

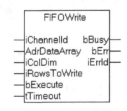

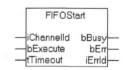

图 6.56　功能块 FIFOWrite　　　　　　　图 6.57　功能块 FIFOStart

FIFOStart 触发组内各轴按照此前接收并存储在位置缓存表（Buffer）中的位置表运动，接口变量如下。

      iChannelId：FIFO 通道的 ID

      bExecute：上升沿触发本功能块动作

      tTimeout：ADS timeout（约 1 s）

      bBusy：bExecute 的上升沿 bBusy 置 True，完成后为 False

      bErr：指令执行过程中出错则置为 True

      bErrId：错误代码（ADS 或 NC 错误代码）

5）设置 FIFO 通道运动速比的功能块 FIFOSetChannelOverride。
功能块接口如图 6.58 所示。

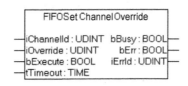

图 6.58　功能块 FIFOSetChannelOverride

该功能块设置 FIFO 通道运动速度的百分比，接口变量如下。

      iChannelId：FIFO 通道的 ID

      iOverride：运动速度百分比，注意类型为 UDINT，单位是 0.0001%

      bExecute：上升沿触发本功能块动作

      tTimeout：ADS timeout（约 1 s）

      bBusy：bExecute 的上升沿 bBusy 置 True，完成后为 False

      bErr：指令执行过程中出错则置为 True

      bErrId：错误代码（ADS 或 NC 错误代码）

6.6.4　生成二进制文件的工具 ASCII2BIN. exe

FIFO 例程读取文件时最简单的方式是读取二进制文件，二进制文件需要由外部程序生成，并放到指定路径。这里推荐一个生成二进制文件的小工具 ASCII2BIB. exe，测试时，二进制文件的生成方法如下。

1）在 Excel 中按规则生成数据，例如有 8 个轴，就需要有 8 列数据。Base time 为 0.02 s，则 500 行数据可以运行 10 s。

2）在 Excel 中保存文件为"文本文件（制表分隔符）（﹡. txt）"。

3）使用工具 ASCII2BIN，将 txt 文件转换为二进制文件（﹡. bin）。

4）将 . bin 复制到控制器上某个全英文路径下，并指定为 PLC 读取数据的路径。

exe 文件不需要安装，但必须以管理员权限运行。ASCII2BIN. exe 的操作界面如图 6.59 所示。

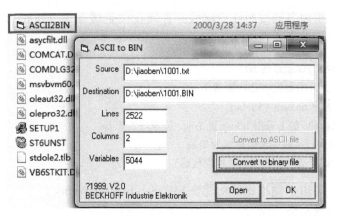

图 6.59   ASCII2BIN. exe 的操作界面

6.7   常见问题

1. 齿轮从轴的加减速是多少?

MC_GearIn 和 MC_GearInDyn 耦合时主从轴都是静止的, 所以不需要加减速。

MC_GearInDyn 在修改齿轮比时, 从轴按自己 NC 轴的 Dynamics 选项卡中设置的参数加减速。

MC_GearInMultiMaster 耦合和修改齿轮比时, 加减速都只受从轴的 Dynamics 选项卡中设置的参数限制。

MC_GearInPos 和 MC_GearInVelo, 两者都允许在功能块中限制从轴的速度和加/减速度, 当然也可以不限制。如果完全不限制, 从轴的实际加减速就取决于主轴的速度变化和齿轮比。

2. GearIn 和 CamIn 的对比

齿轮耦合是基于速度的同步, 凸轮耦合是基于位置的同步。齿轮是一种特殊的凸轮, 其凸轮表是一条直线。齿轮耦合关注的是速度, 不会出现从轴跳变以追上主轴位置的情况。

3. GearInMultiMaster 和 CamIn_V2 的对比

齿轮最多支持 4 个主轴, 凸轮最多支持 2 个主轴, 都可以用同一个主轴作为齿轮或是凸轮的主轴。

4. 多级级联的耦合顺序

如果一个 NC 轴同时作为主轴和从轴 (CoupleState = 2: axis is master and slave), 耦合的次序最好都统一起来。例如: 从轴 n 耦合到从轴 (n-1), 从轴 (n-1) 耦合到从轴 (n-2) ……从轴 1 耦合到主轴, Master1 不受影响。或者例如: 从轴 1 耦合到主轴, 从轴 2 耦合到从轴 1…从轴 n 耦合到从轴 (n-1), Master1 不受影响。

5. 如何让从轴解耦后立即停止

无论是齿轮还是凸轮耦合的从轴, 如果解耦时速度不为零, 就需要用 MC_Stop 或者 MC_Halt 才能停下来。如果从轴参数中设置 "Allow motion command to slave axis" 为 True, 执行 MC_Halt, 就会解耦并停止。

这是由于 MC_Halt 与 MC_Stop 的区别在于 MC_Stop 一旦触发, 在它完全停止之前, 不接收任何动作命令。而 MC_Halt 是一个"动作命令"，它有 Buffer Mode 这个参数，可以像其他动作命令一样设置与缓存命令的关系。在轴完全停止之前可以接收其他动作命令并重新启动。

6. 从轴耦合中可否接收运动命令

默认处于耦合中的从轴，不能再接收运动命令。但是 TwinCAT NC Axis 中提供了一个选项"Allow motion commands to slave axis"，默认为 False，如图 6.60 所示。

Allow motion commands to slave axis	FALSE	▼

图 6.60　轴在耦合状态接收运动指令的选项

图 6.60 中把该参数改为了 TRUE，那么从轴耦合中如果触发 MC_MoveAbsolute、MC_MoveRelative、MC_MoveAdditive、MC_MoveModulo、MC_MoveVelocity 或者 MC_Jog 等功能块的"Execute"时，就会自动解耦并执行这些动作命令。如果执行 MC_Halt，就会解耦并停止。

7. 修改凸轮表中的数据

PLC 可以用功能块 MC_CamTableSelect 从凸轮表中定位到"位置序列数组"的内存地址，并从中读取数据装载到目标 ID 的凸轮表。

要修改凸轮表的数据，分以下两种情况。

如果凸轮表是在 PLC 中生成的，PLC 就可以找到这块内存，修改其中的值，再装载到目标 ID 的凸轮表。

如果凸轮表是用 Cam Design Tool 生成的，PLC 就需要先从控制器读取目标 ID 的凸轮表，然后再修改。

第7章　TwinCAT NC 控制倍福伺服驱动器 AX5000

本章介绍用 TwinCAT NC 控制倍福 AX5000 系列伺服驱动器和倍福电机，不再涉及 PLC 中编写运动控制程序，只涉及 NC 轴的参数设置、物理轴的参数设置和调试中的重要步骤。

配套文档 7-1
AX5000 用户手册

配套文档 7-2
AX5000 TCDrive-
Manager 中文手册

7.1　AX5000 功能介绍

1. AX5000 的特点

AX5000 系列是倍福公司的"标准"驱动器，只提供 EtherCAT 接口，不支持模拟量或者其他总线控制方式。其调试工具 Drive Manager 集成在 TwinCAT 开发环境中。

AX5000 的所有参数保存在 TwinCAT 项目文件中，存储于 TwinCAT 控制器的硬盘或者存储卡，每次 TwinCAT 运行核起动时装载驱动器参数，并在 EtherCAT 状态从 Pre-OP 切换到 Safe-OP 时写入 AX5000。因此更换同型号的驱动器时只要"掉电—换线—上电"，不需要任何配置。

2. 接口总览

任意 AX5000 驱动器，都支持从 AC 100~480V 的电压，支持几乎所有反馈类型。通过第三方电机 XML 文件，可以配置非倍福的电机，如图 7.1 所示。

3. 接线和供电注意

连接单相电源时，L1 端子接相线，L3 端子接零线。

注意，Up 控制电源 DC 24 V 不允许低于 24 V，而开关电源使用一段时间后输出电压会有所下降，通常会将开关电源的电压略微调高至 25 V 或者 26 V。

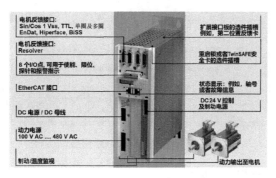

图 7.1 AX5000 的接口总览

7.2 配置和调试 AX5000

本节描述内容为作者个人经验总结，不能替代原版帮助系统。在线帮助系统中，有最新的原版英文文档，包括调试指南，如图 7.2 所示。

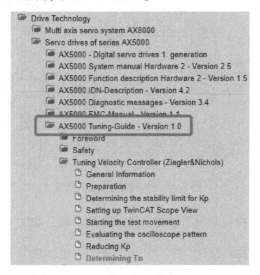

图 7.2 AX5000 的在线帮助内容

1. 扫描并配置 AX5000 和电机

从 TwinCAT Build 20xx 开始，Drive Manager 就有了自动链接到 NC 轴并进行单位设置的功能。用户用不到 1 min 的时间就可以在 TwinCAT NC 配置一个空载的电机并控制其运动。具体步骤如下。

（1）第 1 步：准备工作

确认控制电源 DC 24 V 和动力电源 230 V 或者 380 V 已上电。

确认 EtherCAT 网线已经正确连接。

确认已经正确执行了"Choose Target"，并且目标系统处于"Config Mode"。

（2）第 2 步：扫描 I/O 设备和从站

扫描 EtherCAT 从站时，如果发现了 AX5000 驱动器，系统会提示是否扫描电机，确认反馈和动力线都已经连接到电机，如图 7.3 所示。

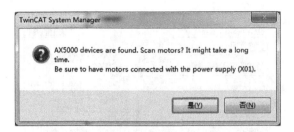

图 7.3 提示发现了 AX5000 伺服驱动器

选择"是",等待电机扫描完成。

对于绝对编码器反馈的倍福电机,会自动扫描出电机型号,并提示设置 NC-Scaling 及相关参数,如图 7.4 所示。

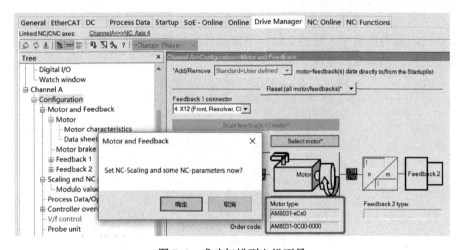

图 7.4 成功扫描到电机型号

单击"确定"按钮,按提示设置脉冲当量及速度参数,如图 7.5 所示。

Parameter	Value	Unit	Configured value in NC
☑ Scale factor numerator:	360	mm/Inc	360
☑ Scale factor denominator:	1048576	mm/Inc	1048576
☑ Reference Velocity: 110% of Max motor speed	22867.9413574219	mm/s	22867.9413574219
☑ Maximum Velocity: 100% of Max motor speed	20789.0375976563	mm/s	20789.0375976563
☐ Manual Velocity (Fast): 30% of Max motor speed	6236.71127929687	mm/s	6236.71127929687
☐ Manual Velocity (Slow): 5% of Max motor speed	1039.45187988281	mm/s	1039.45187988281
☐ Calibration Velocity (towards plc cam): 1% of Max motor spe...	207.890375976563	mm/s	207.890375976563
☐ Calibration Velocity (off plc cam): 1% of Max motor speed	207.890375976563	mm/s	207.890375976563
☑ Acceleration: with an acceleration time of 1s	31183.5563964844	mm/s?	31183.5563964844
☑ Deceleration: with an acceleration time of 1s	31183.5563964844	mm/s?	31183.5563964844
☑ Jerk: with an acceleration time of 1s	93550.6691894531	mm/s?	93550.6691894531

Position resolution: 1048576: 2^20 bit
Feed constant: 360 mm /motor rotation [Set NC Parameters]
NC scaling factor: 360 / 1048576 mm/Inc
NC modulo scale: 1048575

☐ Invert NC-Encoder counting direction   ☐ Invert NC-Drive motor polarity
Default parameter settings for linked NC-axis. The value can be changed later in NC-axis configuration.

Max motor speed = 20789.038 (mm/s)

Scale factors for scope view

图 7.5 设置脉冲当量及速度参数

对于 AX5000，位置分辨率 Position resolution 基本是固定的 2^{20} 位，即电机转一圈位置增量为 1048576。用户只要设置电机转动一圈机构前进的距离（进给常数 Feed constant）即可，与速度相关的参数将计算出来。首先是电机额定速度（r/min）换算成 mm/s 作为最大速度，参考速度、手动速度、寻参速度默认都以额定速度为基准，按百分比放大或者缩小。默认的比例可能偏大，可以像图 7.5 中一样取消这几项，然后在 NC 参数中手动设置。

系统提示是否添加 NC 轴并链接到驱动器，如图 7.6 所示。

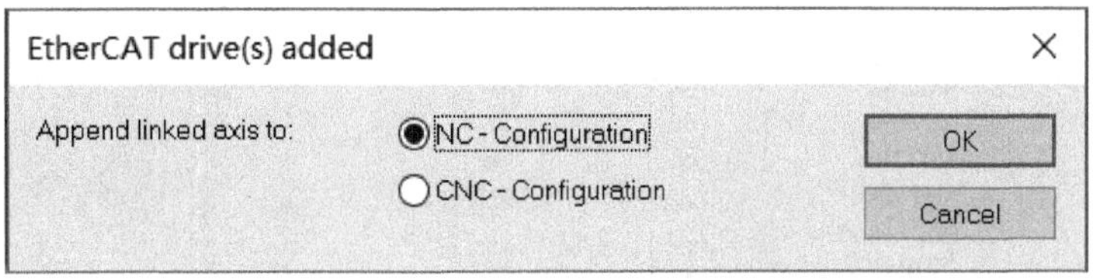

图 7.6　提示是否添加并链接 NC 轴

单击 "OK" 按钮，到 NC 轴配置中检查 Axis 是否链接到了驱动器，如图 7.7 所示。

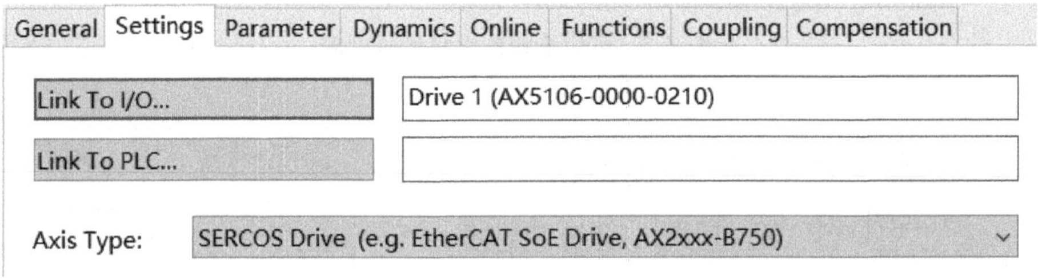

图 7.7　NC 轴链接到了 AX5000

对于绝对编码器反馈的倍福电机，NC 轴的配置就完成了。但是对于其他反馈的电机，就必须手动选择，如图 7.8 所示。

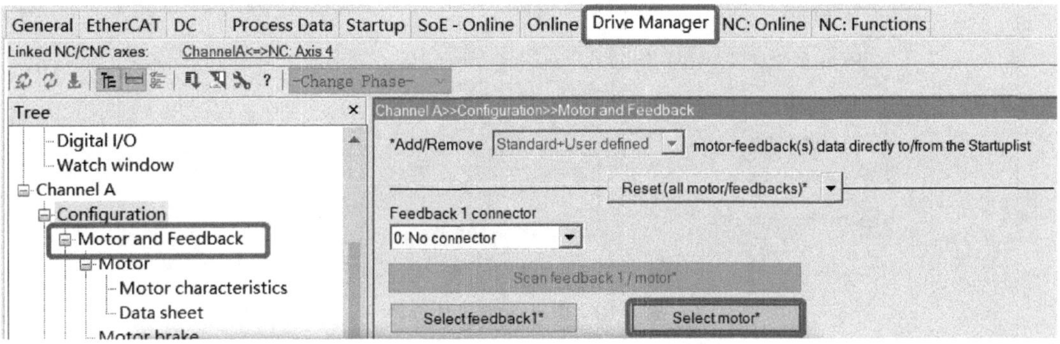

图 7.8　选择电机的按钮

单击 "Select Motor*" 按钮，弹出可供选择的电机型号列表，如图 7.9 所示。

建议勾选 "Only show the suitable motors for this drive" 以过滤电机列表显示，选择实际型号，弹出供电电压选择。单击 More Settings，可以选择电流环周期为 62 μs 或者 125 μs，如图 7.10 所示。

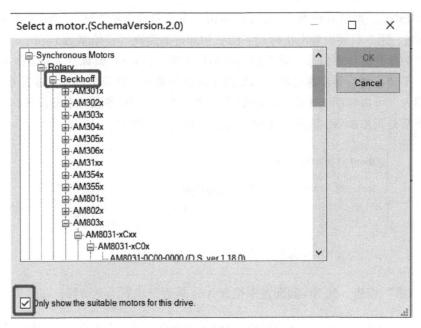

图 7.9　可供选择的电机型号列表

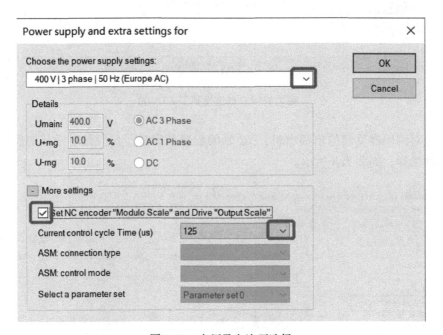

图 7.10　电压及电流环选择

　　然后按提示进入 Scaling and NC Parameter 页面，设置脉冲当量和速度参数即可，如图 7.11 所示。

　　（3）第 3 步：设置 Process Data/Operation mode（可选）

　　AX5000-0000 默认的工作模式是"11：pos ctrl feedback 1 lag less"；默认的反馈变量只包含状态字、当前位置和跟随误差，如图 7.12 所示。

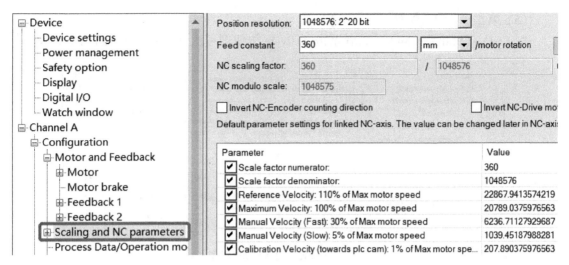

图 7.11　Scaling and NC Parameters 页面

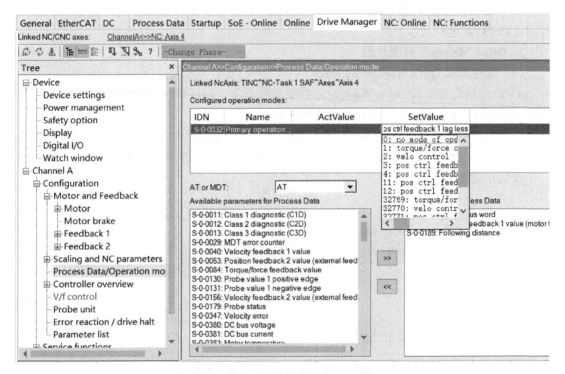

图 7.12　设置 Process Data/Operation mode

实际项目中常常需要监视其他变量，比如实际力矩 "S-0-0084：Torque/force feedback value"，这时就可以在图 7.12 中选中想要的变量，然后单击 `>>` 按钮，该变量就可以添加到 Process Data 中了。

（4）第 4 步：Sercos 设置（可选）

如果 AX5000 工作在速度模式，则必须分别在 Axis.Enc 和 Axis.Drive 的 Sercos 选项卡中执行 Modulo Scale 和 Drive 的 Output Scale 自动计算。具体方法请参考 3.2.2 和 3.2.3 节。

(5) 第5步：激活配置

"〈Ctrl〉+〈Shift〉+〈F4〉"或者单击 Activate 按钮即可激活配置。如图 7.13 所示。

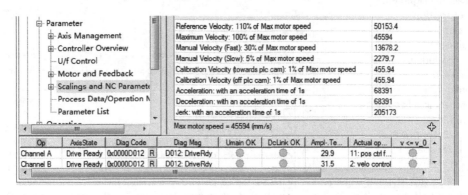

图 7.13 激活成功的 AX5000 状态显示

图 7.13 中，如果看到 AxisState 为 Drive Ready，就可以在 PLC 和 NC 中像控制虚轴一样控制 AX5000 和电机动作了。

2. Drive Manager 界面介绍

（1）配置工具 Drive Manager 的安装

AX5000 的配置工具 Drive Manager 不需要单独安装，最新版的 TwinCAT 包含了最新版的 Drive Manager，支持最新的 AX5000 固件和电机。

当然用户也可以在不更新 TwinCAT 的情况下，单独更新 AX5000 的配置工具 Drive Manager。选中 AX5000，从右边主窗体就可以进入 Drive Manager 的配置页面。

按钮介绍如图 7.14 所示。

图 7.14 Drive Manager 的按钮

在图 7.14 中的各个按钮功能见表 7.1。

表 7.1 Drive Manager 的按钮功能

按　钮	名　称	功　能
⊞	Tree View	此按钮通常应处于按下状态，以便切换到不同的操作界面。如图 7.14 所示，配置画面显示不完全时，可以取消此按钮，以便显示更多的内容
⬇	Startup List	TwinCAT 启动时，按 Startup List 列表中的参数值对 AX500 初始化
A/B	Switch Channel	当一个驱动器（AX52xx）带两个电机时，此按钮用于在两套电机参数之间切换

按　　钮	名　　称	功　　能
（扳手图标）	Config Options	配置选项。比如 PID 调试，默认改变参数时，是否立即下载生效
［-Change Phase ▾］	Change Phase	在此修改 AX5000 的 EtherCAT 通信状态，因为有的参数修改只能在特写的通信状态下才被允许。AX5000 正常工作时，EtherCAT 通信应处于 CP4（OP）状态。比如寻找磁偏角之前，就需要切到 Pre_Op 状态
（下载图标）	Download Parameter	下载参数
（箭头图标）	视图移动	当配置画面不能完全显示时，画面右下角才会出来这个视图移动的操作面板。单击上、下、左、右箭头，可以移动配置画面

（2）基本状态显示区

Drive Manager 窗体底部是基本状态显示区，如图 7.15 所示。

Offline	AxisState	Diag Code	Diag Msg	Umain OK	DcLink OK	Ampl. Temp.[ǎC]	Actual ...	v <= v_0	Positive c...	Negativ...	Periph. Voltage.[V]
Channel A		R		●	●			●	●	●	

图 7.15　基本状态显示区

对于双通道的 AX5000，会分两行显示 Channel A 和 Channel B 的状态，包括以下内容。

OP：EtherCAT 通信状态，绿色表示正常 OP，其他状态可能是黄色或者红色。

AxisState：轴状态。

Diag Code 和 Diag Msg：故障代码和提示信息，旁边的 "R" 按钮可以复位故障。

Umain OK 和 DcLink OK：动力电源和直流母线电压 "OK"。

Ampl. Temp：环境温度。

Actual Operation Mode：实际操作模式，比如速度模式、位置模式等。

v<=v_0：是否静止状态。

Positive/Negative Command Value：设定速度为正转或者反转。

Periph. Voltage：外设电压，即供给刹车等外设使用的电压。

如果状态显示区一片空白，表示当前 TSM 文件与硬件不一致，找不到这个驱动器。

历史故障信息需要在该通道的 Diagnostics 中查询。

3. 完整配置 AX5000 和电机

电源设置如图 7.16 所示。

通常实际接入的电源电压等级，在扫描驱动器的时候系统会自动设置。

需要注意的是：电压波动范围的设置。默认的波动范围是 ±10%，供电电压超过这个范围就会报错。但是根据国内的电网质量，设置为 ±20% 较为合适。

关于制动电阻的设置，默认是启用 AX5000 内置的制动电阻。如果需要启用外部制动电阻，则需要在图 7.16 中选择 "0x0001：External brake resistor"。然后单击按钮，进入制动电阻参数设置页面，如图 7.17 所示。

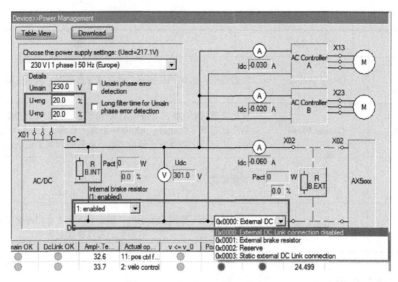

图 7.16 AX5000 的电源设置

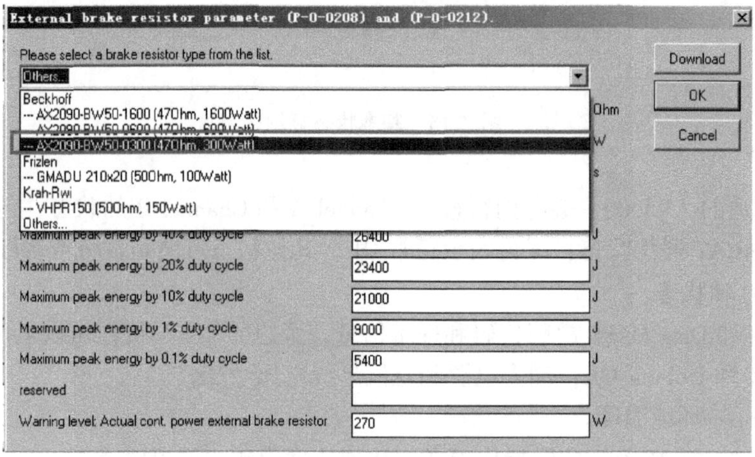

图 7.17 制动电阻的配置

提示：*如果是倍福原厂电阻，直接选择型号即可。否则可以选择一个电阻和功率接近的原厂电阻，在此基础上再修改参数。*

为安全起见，通常会将限位开关接入伺服驱动器。对于 AX5000 而言，接线端子的功能是不固定的。必须经过一定的设置，才能让信号起到限位开关的作用。

硬件接线如图 7.18 所示。

正负限位开关，可以接在端子上的 Input 0~7 任何一个点，因为每个点的功能都是从配置软件设置的。接线端子上的 0 V 和 24 V 是电源输出。限位开关接收负逻辑，即接收 PNP 传感器。如果要接 NPN 型的传感器，就要加上拉电阻。

图 7.18 硬件接线

在 P-0-0401 参数中设置限位开关的选项，如图 7.19 所示。

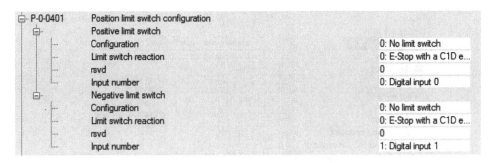

图 7.19　限位开关的启用和设置

图 7.19 中，可以设置限位开关 "Positive limit Switch" 和 "Negative limit Switch" 接入的端子号、上升沿或者下降沿触发、碰到限位开关后驱动器的报警方式等。

通常碰到限位开关后，驱动器报错，电机停下来，由操作人员手动令其回退。手动回退动作在程序中应包括以下步骤：

软复位 MC_Reset→硬复位 FB_SoEReset→接受回退 MC_SetAcceptBlockedDriveSingal

FB_SoEReset 相当于在驱动器 AX5000 上执行硬件复位操作（S-0-0099），只需要指定 Axis_Ref 接口，该功能块存在于库文件 Tc2_Mc2Drive 中。使用该功能块，需要在 "Advanced Settings" 页面勾选 "Wait for WcState is OK"，如图 7.20 所示。

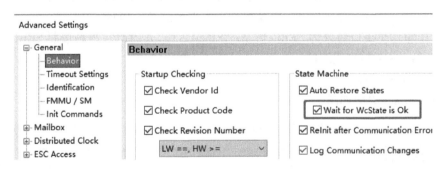

图 7.20　勾选 "Wait for WcState is OK"

MC_SetAcceptBlockedDriveSingal 的作用是影响 NC 轴的控制字 ControlDword 中的 Bit 8：AcceptBlockedDrive。

4. 配置参数概览

Drive Manager 提供了完整的参数配置和调试功能，但并非每次调试都会全部用到，初次调试时可以略过。本节只是罗列重点，以提醒用户存在这些可用的功能。所有功能以树形结构来组织，展开左边的目录树，选择目标项，双击即可进入图形化的设置界面，如图 7.21 所示。

图 7.21 左侧的树形结构根目录分为 Device 和 Channel A，Device 中是整个驱动器的配置，包括动力供电、I/O 端子及安全功能等。因为 AX5000 有单通道和双通道型号，双通道的 AX5000 就有 Channel A 和 Channel B，各自一套电机和控制参数包括配置（电机，当量，PID 参数，探针，故障和暂停）和诊断信息等。

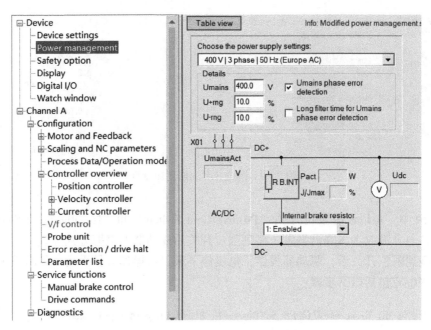

图 7.21　Drive Manger 的目录树

在这里不仅可以设置和查看参数，还可以发送命令松开或者合上抱闸（"Service func-tions"→"Manual brake control"），以及校准磁偏角或者硬件复位的命令（"Service functions"→"Drive commands"），以及查看历史报警信息（Diagnostics）。

AX5000 的总线接口协议为 SERCOS over EtherCAT。其内部参数是按照 SERCOS 协议中规定的 P 参数、S 参数来组织的。

（1）Device Settings

Device Settings 界面如图 7.22 所示。

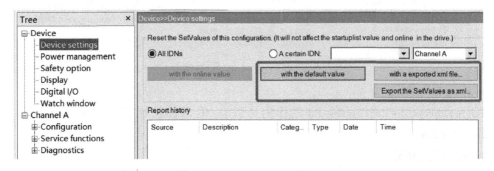

图 7.22　Device settings 界面

这个界面用于所有参数的"SetValues"恢复出厂设置或者恢复此前导出的 XML 文件中的参数设置。这个操作只影响当前配置的"SetValues"，而不会影响伺服驱动器中的实际值和 Startup List 中的值。当然导出参数也在这个界面："Export the SetValues as xml"。

在 Channel A 的 Parameter list 中，可以看到所有参数的 SetValues。

（2）Power Management

目录树中选择 Power Management，可以在可视化界面修改电源参数，如图 7.23 所示。

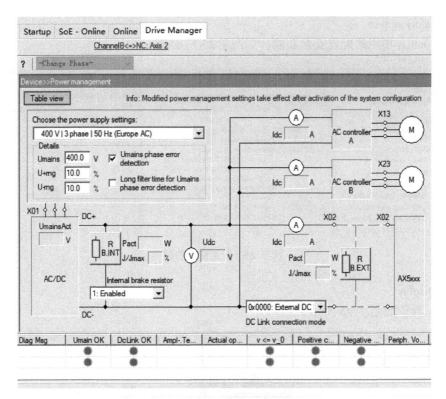

图 7.23　修改电源参数的可视化界面

图 7.23 中的设置项，最终都会体现在 Startup List 的 P 参数中，如图 7.24 所示。

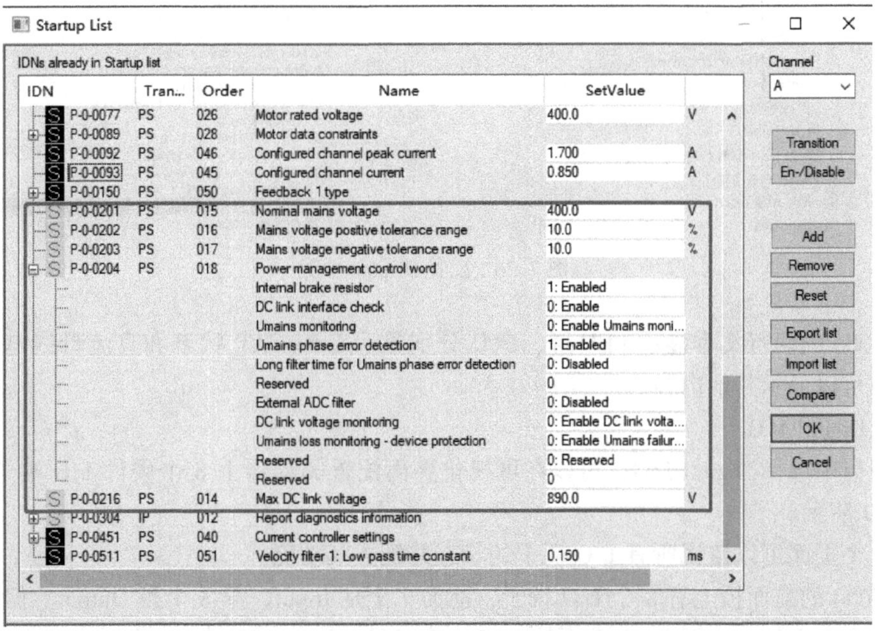

图 7.24　Startup List 中的电源参数

可视化界面和 Startup List 这两个途径都可以修改电源参数，用户可以选择自己习惯的方式。

（3）Safety option

Safety option 项用来配置安全功能，如图 7.25 所示。

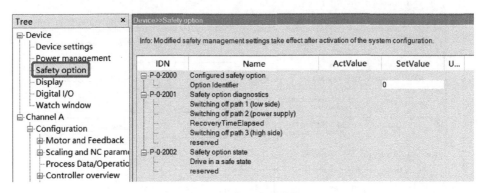

图 7.25　配置安全功能

（4）Display

Display 界面如图 7.26 所示。

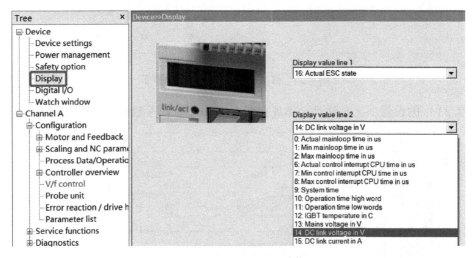

图 7.26　配置 Display 功能

AX5000 的两行文本显示 LED 屏，默认分别显示 EtherCAT 状态和直流母线电压。单击下拉菜单可以显示其他内容。

（5）Digital I/O

目录树中选择 Digital I/O，可以在可视化界面配置驱动器上 8 个硬件 I/O 端子的功能，如图 7.27 所示。

在这个页面可以监视所有 I/O 端子的状态并配置其功能。

AX5000 的前面板上有 8 个 I/O 端子，前面 7 个是 Input，第 8 个是 Output。但它们的用途是可以自定义的，从图 7.27 右下的 IDN 列表可见，这些 I/O 端子的用途如下。

1）探针功能：在 P-0-0251 中配置。

由于 AX5000 的探针功能也需要 PLC 程序配合，所以本书中将 AX5000 和其他伺服、编码器的探针功能合并一起来讲。详见第 12 章的相关内容。

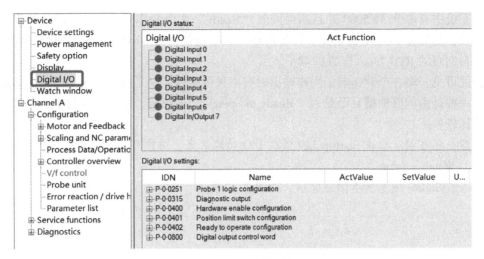

图 7.27 配置 I/O 端子的功能

2）硬件使能：在 P-0-0400 中配置，如图 7.28 所示。

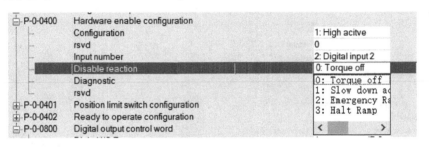

图 7.28 配置硬件使能

除了配置硬件使能信号从哪个 I/O 端子接入，是否高电平有效（High active）之外，还可以设置断使能时伺服的停车特性（Disable Reaction）。

3）限位开关：在 P-0-0401 中配置。

4）硬件输出：在 P-0-0800 和 P-0-0315 中配置。

P-0-0800 决定是否启用，如果启用就可以在 Process Data 中加上 P-0-0802，然后链接到 PLC 变量，用于控制 I/O 端子 8 的输出状态。P-0-0315 决定用哪个 I/O 端子输出（只能选 0~7 中的 7 号端子），以及是否同时触发驱动的 C1D 或者 C2D 报警。实际应用中，如果不是要触发 C1D 或者 C2D 报警，那就只是把第 8 个 I/O 端子用作普通 DO。

5）RTO 状态的输出和输入：在 P-0-0402 中设置。

RTO 指 Ready to operate，在 P-0-0402 中既有 RTO Output 的控制，也有 RTO Input 的状态，如图 7.29 所示。

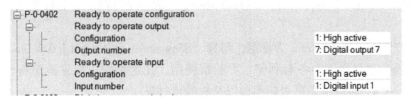

图 7.29 配置 RTO 的 Input 和 Output

当系统中有多个AX5000并且需要同时"Ready"才能动作时，Output用于报告本台伺服已就位，然后在PLC中安装多台伺服的Output就位信号用AND运算，运算结果用硬件输出到每台伺服的RTO Input配置的端子。

由此可见，第8个I/O端子用作输出时有两种可能性：一是由PLC控制P-0-0802来决定，另一种是由伺服根据自己是否"Ready to operate"来决定。在实际项目中，这两种功能都用得比较少。

注意：也可以直接在Startup List修改I/O功能配置，用户可以选择自己习惯的方式。

（6）Watch window

Watch window用于基本信息显示，如图7.30所示。

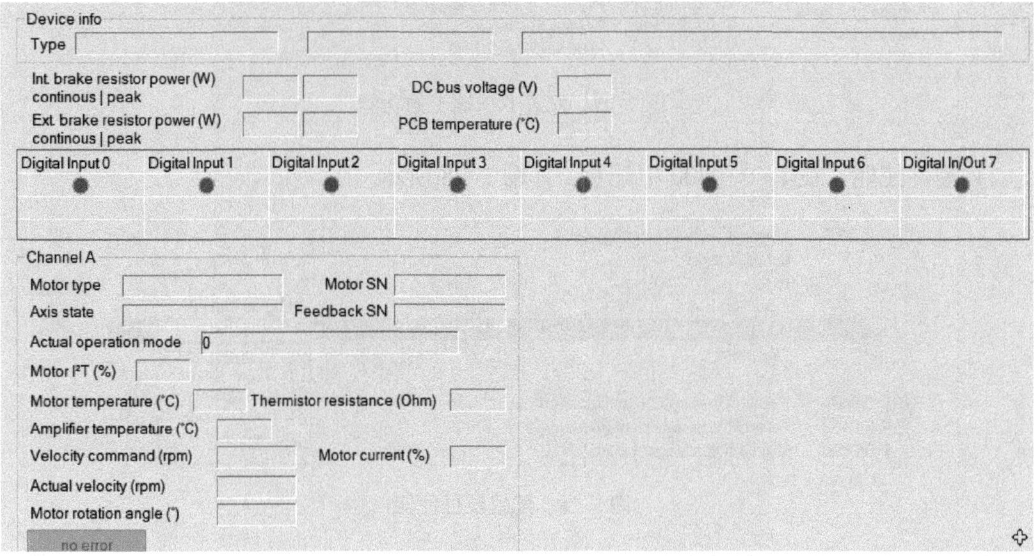

图7.30　基本信息显示

（7）Error reaction/drive halt

不同原因可以触发伺服驱动器停车，如故障、掉使能、碰到限位等。每种原因触发停车时通常都可以配置它的停车特性。

0：Torque off，失力矩惯性自由停车，这是默认选项。

1：Slow down according to P-x-0356，按参数P-x-0356自定义停车。

2：Emergency Ramp，按急停的减速度停车

3：Halt Ramp，按暂停的减速度停车

P-x-0356中定义的内容如图7.31所示。

而"2：Emergency Ramp"和"3：Halt Ramp"的减速特性在下面配置，如图7.32所示。

默认是按照电机转速r/min为量纲，勾选"Show acceleration and jerk in configured NC unit"可以切换为项目量纲，各有利弊，可酌情使用。在这里除了配置减速特性，还可以配置故障时EtherCAT通信状态是否切换，以及故障延时等。

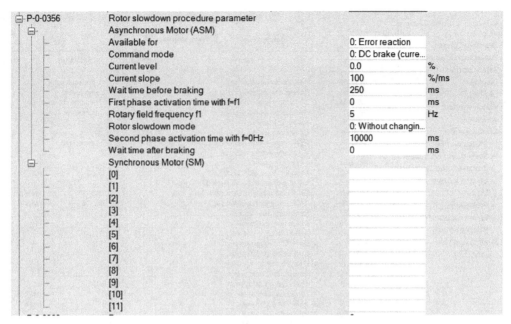

图 7.31 P-x-0356 自定义的停车参数

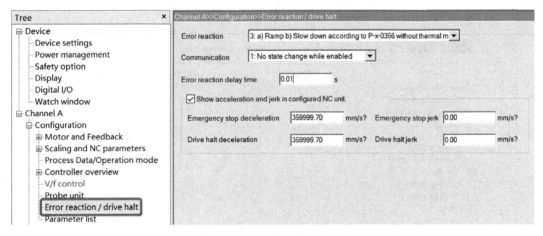

图 7.32 急停和暂停的减速特性

（8）Parameter list

选择 Channel A 下的 Parameter list，可以按参数号或者分组显示参数列表，如图 7.33 所示。

系统启动时，列表中的参数都会被写入到伺服驱动器，而网线拔插时 AX5000 的 EtherCAT 状态机从 Init 切换到 OP，只有 Startup List 中的数据会再次写入。对比 Parameter list 和 Startup List 会发现，后者中的数据要少得多。

图 7.33 中，取消或选中"Show in group"，可以切换是否分组显示参数。而在 Parameter Set 的下拉菜单中则可以选择要显示哪套参数，因为 AX5000 中最多可以保存 8 套参数，如图 7.34 所示。

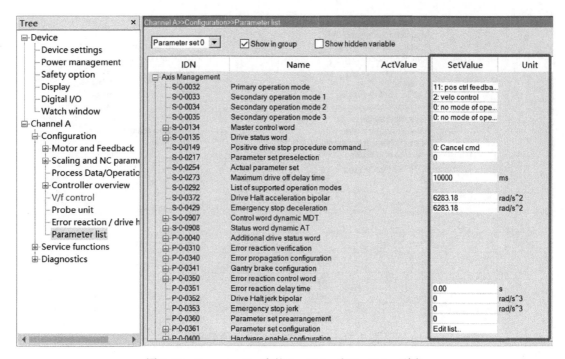

图 7.33 Parameter list 中的 Act Value 和 Set Value 列表

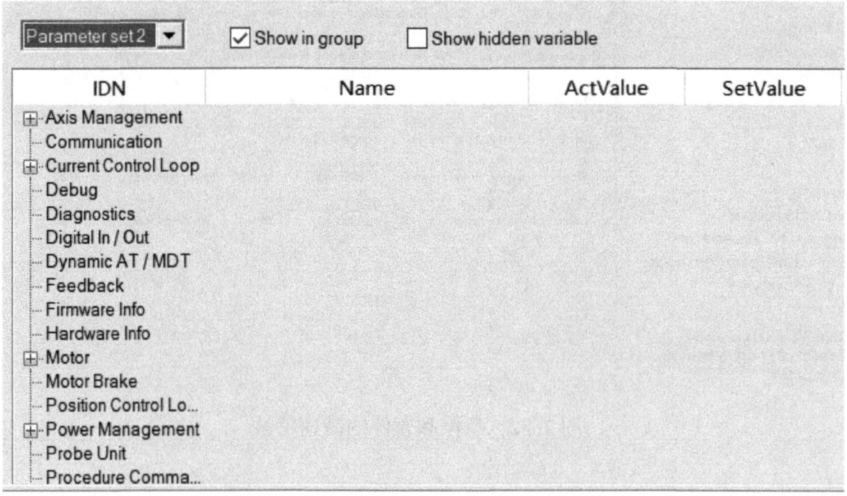

图 7.34 选择要显示的 Parameter Set

　　这 8 套参数中 Parameter Set 0 中是默认使用的参数，也是最多最完整的参数。绝大多数项目都只要设置 Parameter Set 0 即可。尝试选择其他 Set，可以看到只有 4 项可以修改：Axis Managment；Current Control Loop；Motor；Power Management。

　　这是为了用不同的 Parameter Set 来控制不同型号的电机。实际应用中，一个 NC 轴对应不同的电机，通过接触器来切换的可能性极少，但同一个配置文件用于不同的机型时，配置不同功率、型号的电机是可能的。通过 PLC 程序，发送 S-0-0216 命令，可以切换 Parameter Set。调试时可以从 Drive Command 界面触发该命令，如图 7.35 所示。

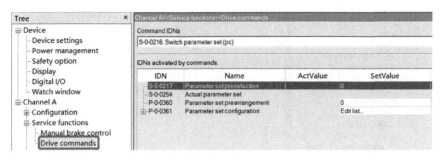

图 7.35 切换 Parameter Set

（9）Service functions

Service functions 中手动控制抱闸的命令如图 7.36 所示。

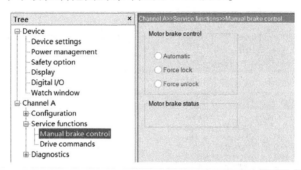

图 7.36 手动控制抱闸

手动发送控制命令如图 7.37 所示。

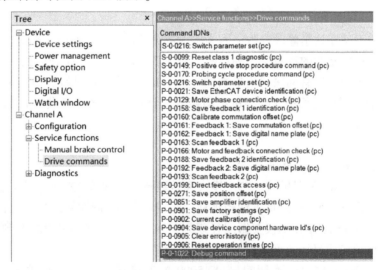

图 7.37 手动发送控制命令

（10）Diagnostics

Diagnostics 是历史报警记录，如图 7.38 所示。

（11）Startup List

初始化参数列表，可以从通用 EtherCAT 从站的 Startup 选项，或者 AX5000 专用的 Drive Manager 的 Startup List 页面查看，两者内容相当，如图 7.39 所示。

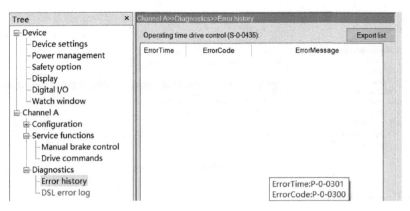

图 7.38　历史报警记录

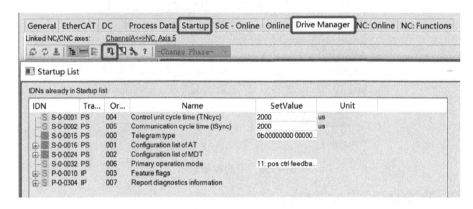

图 7.39　Startup List

通常不需要手动在这里修改参数，因为绝大部分功能 Drive Manger 都提供了更加友好的可视化界面。在这里修改的都只是个别参数。修改后单击 "OK" 按钮，激活配置就生效了。

此外，这个页面上还有伺服通道参数的导入（Import List）、导出（Export List）和比较（Compare）功能。调试过程中，要尝试不同参数（比如三环 PID 参数等）的组合，就可以灵活使用这 3 个按钮了。

5. 扩展应用

（1）Secondary Operation Mode

AX5000 可以工作在位置模式、速度模式和转矩模式，默认 AX5000 工作在位置模式。

位置模式：TwinCAT NC 只负责路径规划，并在每个 NC 周期发送目标位置给 AX5000。

速度模式：TwinCAT NC 不仅要做路径规划，还要完成位置环的 PID 控制。每个 NC 周期把 PID 的输出转换成目标速度发给 AX5000。

转矩模式：TwinCAT NC 不能控制 AX5000 的速度或者位置，此时由 PLC 程序控制 AX5000 的转矩，TwinCAT NC 读取位置反馈信号并换算成位置和速度。

有的项目应用需要在两种模式之间切换，就需要设置的第二操作模式。与之相对的是第一操作模式，默认设置为 "11：Pos ctrl feedback 1 lag less"，其参数号为 S-0-0032。第二操作模式就是 S-0-0033。如果要添加第二操作模式，须进入以下画面，如图 7.40 所示。

第二操作模式可以由控制字（S-0-0134，Master control word）的 bit 8、9、11 来选择，其规则如图 7.41 所示。

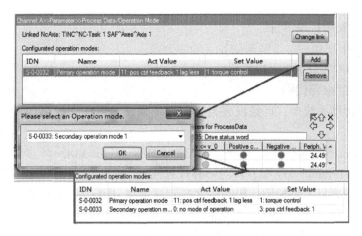

图 7.40　添加第二操作模式

8-9	**Operation mode low**
	Operation mode low
	0 = mode 0 or 4, depending on bit 11
	1 = mode 1 or 5, depending on bit 11
	2 = mode 2 or 6, depending on bit 11
	3 = mode 3 or 7, depending on bit 11
10	**Control unit synchronisation bit**
	Control unit synchronisation bit IPOSYNC toggles with cycle time tNcyc and is used to synchronise the interpolation.
11	**Operation mode high**
	Operation mode high
	0 = mode 0 to 3
	1 = mode 4 to 7

图 7.41　经控制字选择 Operation mode

注意:

1) 通常 AX5000 需要模式切换时, 是在力矩模式和速度模式之间切换。

2) 控制字不再是直接由 NC 轴输出到 AX5000, 而是 NC 输出给 PLC 变量, PLC 变量转换后再输出给 AX5000。

3) 使能状态下从速度模式切换到力矩模式, 目标力矩足以克服静摩擦后电机就会加速度转动。令目标力矩为 0, 电机停止。切回速度模式之前, 应断开使能, 模式切换成功后, 再上使能。否则, 电机会飞车, 以最大速度返回到上次模式切换时的位置。

示例程序请参考配套文档 7-3。

(2) AX5000 第二反馈及全闭环

详见配套文档 7-4。

配套文档 7-3
例程: AX5000
OPMode 切换

配套文档 7-4
AX5000 第二
反馈的用法

（3）AX5000 安全扩展卡件

详见配套文档 7-1。

配套文档 7-1　AX5000 用户手册

（4）AX5000 的报警代码

最新的离线帮助系统中，已经没有报警代码的描述。但在在线帮助系统还可以找到：

https://infosys. beckhoff. com/content/1033/ax5000_diagmessages/36028798946017291. html? id=6471168395617187718

为了方便实际项目上将报警代码和中文提示显示在 HMI 上，倍福中国的工程师还制作了一个 AX5000 常见故障代码的中英文对照 XML 文件。PLC 程序读取 XML 文件，就可以显示代码在 HMI 上。

配套文档 7-5
文档：AX5000 伺服
报警查询

7.3　PLC 程序访问 AX5000

1. 读写 SoE 参数

PLC 访问 AX5000 参数，配置到 Process Data 中是最直接的，刷新及时，也不需要编程。但是 Process Data 的数据量越大，总线负载越重。所以，对于不是频繁读写的参数，通常都会通过 SoE（SERCOS over EtherCAT）通道访问。参数访问需要调用 Tc2_MC2_Drive，其中读写 SoE 参数的功能块都使用 AXIS_REF 作为确定目标驱动器的唯一依据，使用非常方便。

FB_SoERead 和 FB_SoEWrite 分别用于读 SoE 参数和写 SoE 参数，如图 7.42 所示。

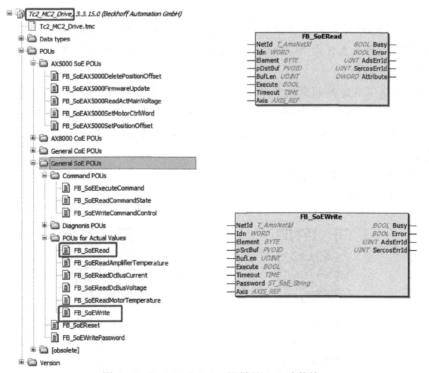

图 7.42　Tc2_Mc2_Drive 提供的 SoE 功能块

在图 7.42 中可以看到，除了 SoERead 和 SoEWrite 之外，还有好多其他的功能块，有兴趣的读者可以试试其功能，这里就不一一介绍了。

输入变量如下。

NetId：控制器的 NetID，通常 PLC 程序都是操作本机控制的驱动器参数，留空，用默认值。

Idn：参数号；"S_0_IDN + 33" 表示 S-0-0033，"P_0_IDN + 150" 表示 P-0-0150。S_0_IDN 和 P_0_IDN 都是库文件 Tc2_MC2_Drive 中定义的常数。

Element：读取该参数的哪个属性，通常是读取参数值，此处输入 16#40。

pDstBuf：读回的值放到哪个地址，填 ADR（DataIn），读回的值就赋给变量"DataIn"。

pSrcBuf：用哪个地址的值来写，填 ADR（DataOut），把变量"DataOut"的值写入驱动器。

BufLen：变量长度。填写 SIZEOF（变量名）。

Execute：上升沿触发读写操作。

Axis：AXIS_REF，要操作的驱动器所链接的 PLC 轴变量。

输出变量如下。

AdsErrId：如果执行功能块时发生错误，在此查看 ADS 错误代码。

SercosErrId：如果执行功能块时发生错误，在此查看 SERCOS 错误代码。

Tc2_MC2_Drive 还提供一些读取常用参数的功能块，它们都可以用 FB_SoERead 代替，方便之处在于不用查参数号。比如：

FB_SoEReadAmplifierTemperature，读驱动器温度。

FB_SoEReadMotorTemperature，读电机温度。

FB_SoEReadDcBusCurrent 和 FB_SoEReadDcBusVoltage 分别读取直流母线电流和电压。

配套文档 7-6
例程：SoE 写 IDN 参数

2. 执行 Drive Command

如前所述，伺服命令（Drive Command）在调试时可以从 Drive Manager 的相关页面手动发送这些命令给驱动器。但在设备运行时需要执行这些命令通常都是从 PLC 发出的。有的命令是 PLC 中通过功能块来触发的，比如复位（S-0-0099）、探针（S-0-0170），没有专用 FB 触发的命令，可以用 Tc2_MC2_Drive 中的 3 个 Command POU 来触发：FB_SoEExecuteCommand、FB_SoEReadCommand-State、FB_SoEWriteCommandControl。

FB_SoEExecuteCommand 的接口变量如图 7.43 所示。

FUNCTION_BLOCK **FB_SoEExecuteCommand**

Name	Type	Inherited from	Address	Initial	Comment
NetId	T_AmsNetId			"	netID of PC with NC
Idn	WORD				SoE IDN: e.g. "S_0_IDN + 1" for S-0-0001 or "P_0_IDN + 23" for P-0-0023
Execute	BOOL				Function block execution is triggered by a rising edge at this input.
Timeout	TIME			DEFAULT_ADS_TIMEOUT	States the time before the function is cancelled.
Axis	AXIS_REF				Axis reference
Busy	BOOL				
Error	BOOL				
AdsErrId	UINT				
SercosErrId	UINT				

图 7.43　FB_SoEExecuteCommand 的接口变量

例如执行 S-0-0216，就可以切换 Parameter Set 以选择不同的电机参数，但同时要确认配套的参数已准备好。至于需要哪些参数，可以先在"Channel A"→"Service functions"→"Drive commands"中查看。

在 Drive Manager 中执行的命令，比如驱动器重启、强制打开抱闸、校正磁偏角等动作，都可以通过 PLC 程序中调用特定的功能块实现。

7.4 AX5000 的 PID 参数调整

1. 基本原则

众所周知，伺服驱动器中有 3 个 PID 控制环：位置环、速度环、电流环。电流环的参数通常不动，因为电流环只与电机的绕组电阻、电感等相关，而与负载无关。所以选定了倍福的电机型号，系统就已经推荐了一套电流环的 PID 参数。

实际应用中，先关闭位置环，调试速度环。速度环参数确定后，再打开位置环，即 K_v 值从 0 开始增加。

速度环可以在低速下进行调试，比如额定速度的 $10\% \sim 20\%$ 都可以。

位置环需要在工艺要求的最大速度下调试，以使高速下位置环的跟随误差还能满足要求。

2. 准备工作

1）设置 AX5000 的操作模式。

确认 Operation Mode 为 11：Position 1 without Lag。

2）在 Process Data 中增加 Torque feedback Value 和 Following Distance。

最新的 AX5000 硬件版本，默认 Operation Mode 就是位置模式，并且 Process Data 中已经包含 Following Distance。链接到 NC 轴后跟随误差的计算来源也已选择为 Extern。如果不是这样才需要手动设置。如图 7.44 所示。

-	Other Settings:	
	Drive Mode	'STANDARD'
	Drift Compensation (DAC-Offset)	0.0
	Following Error Calculation	'Extern'

图 7.44　设置跟随误差的信号源

设置 Position Lag Monitoring，如图 7.45 所示。

-	Monitoring:	
	Position Lag Monitoring	TRUE
	Maximum Position Lag Value	5.0
	Maximum Position Lag Filter Time	0.02

图 7.45　设置 Position Lag Monitoring

根据实际情况，可适当放大 Maximum Position Lag Value。

3）使能 EtherCAT 总线的 ADS 通信。

选择 EtherCAT 的 Image 项，勾选 Enable ADS Server，如图 7.46 所示。

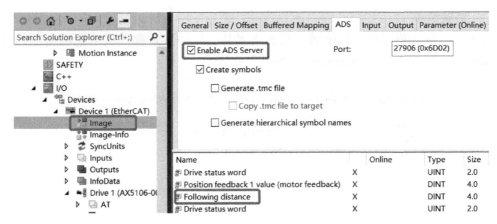

图 7.46　启用 EtherCATImage 的 ADS Server

4）确认目标控制器的 NetId 并且路由正常。

5）完成以上步骤后激活配置。

6）在 Scope View 中设置监视的变量。

设置速度：AXES. Axis 1. SetVelo。

实际速度：AXES. Axis 1. ActVelo。

目标位置：AXES. Axis 1. SetPos。

实际位置：AXES. Axis 1. ActPos。

跟随误差：AXES. Axis 1. PosDiff。

转矩反馈值：Torque Feedback Value。

3. AX5000 速度环调节

（1）准备工作

使能 Axis，K_v-Factor 设置为 0，把速度滤波 T_1 和积分时间 T_n 设为 0，如图 7.47 所示。

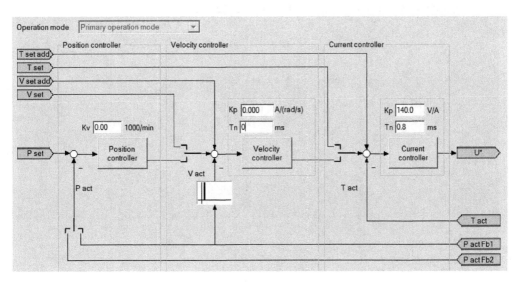

图 7.47　关闭速度环和位置环

（2）阶跃响应

在 Functions 选项卡中，让轴做正反速度动作，以调试速度环在阶跃响应下的性能。Start Mode 选择"Velo Step Sequence"，如图 7.48 所示。

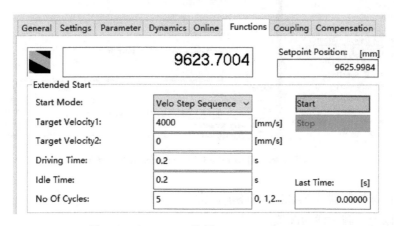

图 7.48　Stant Mode 选择 Velo Step Sequence

速度环调试要带负载进行，有些负载可能不允许做阶跃响应的测试。这时候可以把 Dynamics 选项卡中的加减速度尽量设大，令 NC 轴做往返运动"Reversing Sequence"，就接近阶跃响应的效果了。

（3）调节 K_p 值，观察速度曲线

缓慢增加 K_p 值，使设定值与反馈值尽量一致，但不应该有振荡。

如果增加已经没有明显效果，就可以略减。

例如：$K_p = 0.1$，效果如图 7.49 所示。

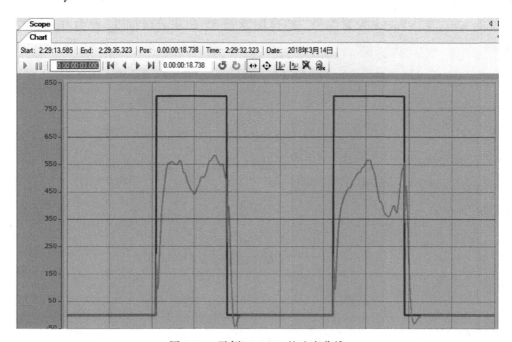

图 7.49　示例 $K_p = 0.1$ 的速度曲线

$K_p = 0.4$ 的效果如图 7.50 所示。

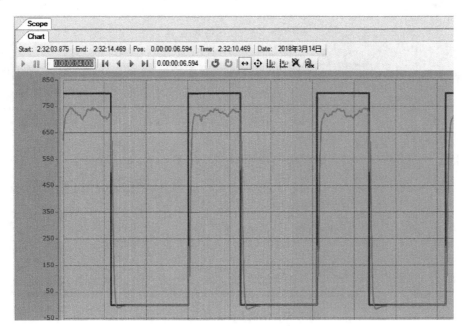

图 7.50　示例 $K_p = 0.4$ 的速度曲线

继续增加，波形改善幅度已经很小，直到 $K_p = 4.0$ 出现啸叫，效果如图 7.51 所示。

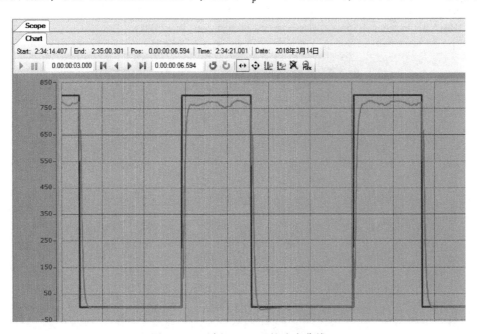

图 7.51　示例 $K_p = 4.0$ 的速度曲线

所以最后 K_p 取值 3.0，速度环效果如图 7.52 所示。

(4) 调节积分时间值 T_n

直到实际速度曲线出现 10%～15% 超调，但不应该有振荡。先加 0.1 s 的积分时间，如

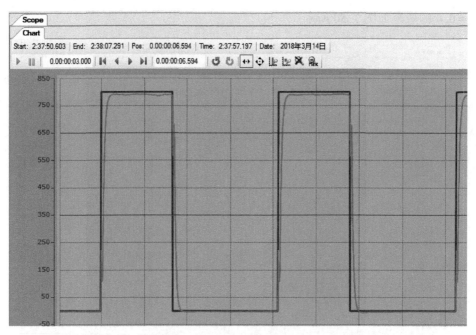

图 7.52　示例 $K_p = 3.0$ 的速度曲线

图 7.53 所示。

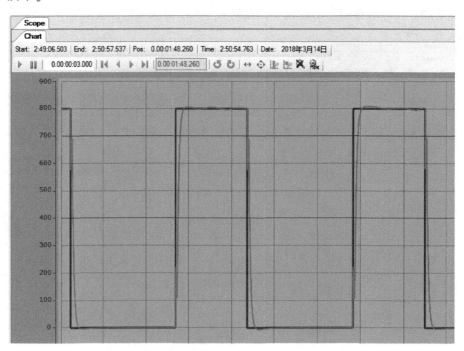

图 7.53　示例 $K_p = 3.0$，$T_n = 0.1\,s$ 的速度曲线

再递减，直到 $T_n = 0.02\,s$ 出现略有超调，如图 7.54 所示。

继续减小到 $0.005\,s$，超调消失。如图 7.55 所示。

这是刚性较强的参数，可根据负载选择。速度环调节时只要求响应快速和稳定，不要求

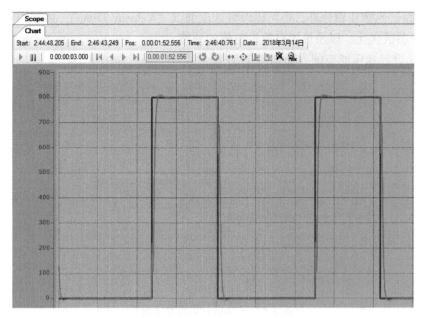

图 7.54 示例 $K_p = 3.0$，$T_n = 0.02\,s$ 的速度曲线

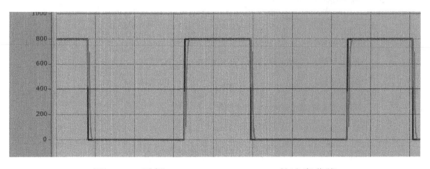

图 7.55 示例 $K_p = 3.0$，$T_n = 0.005\,s$ 的速度曲线

高速度，所以设备只要在较低速度下调试即可。

（5）完整的速度环调整参数

完整的速度环调整参数如图 7.56 所示。

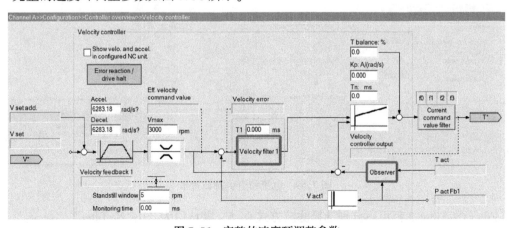

图 7.56 完整的速度环调整参数

速度环除了比例和积分外，还可以设置速度滤波"Velocity Filter"，并利用观测器"Observer"进行参数优化，以及设置电流设定值的滤波。

Observer 设置速度滤波的界面如图 7.57 所示。

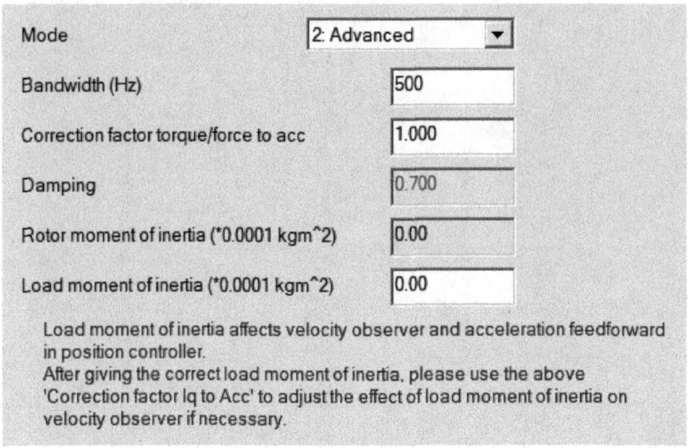

图 7.57　Observer 设置速度滤波

速度滤波参数设置如图 7.58 所示。

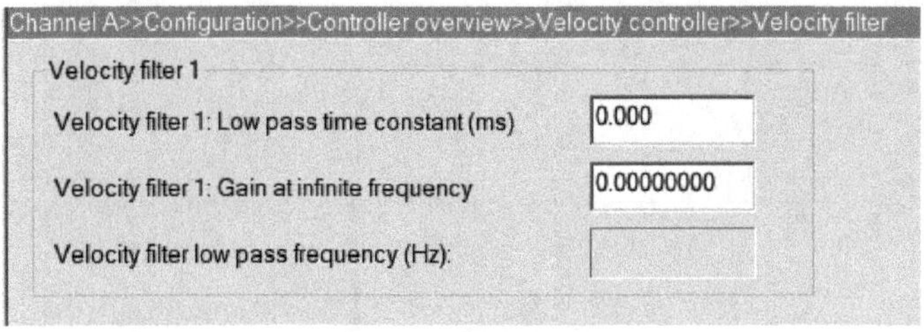

图 7.58　速度滤波参数设置

电流命令值滤波参数如图 7.59 所示。

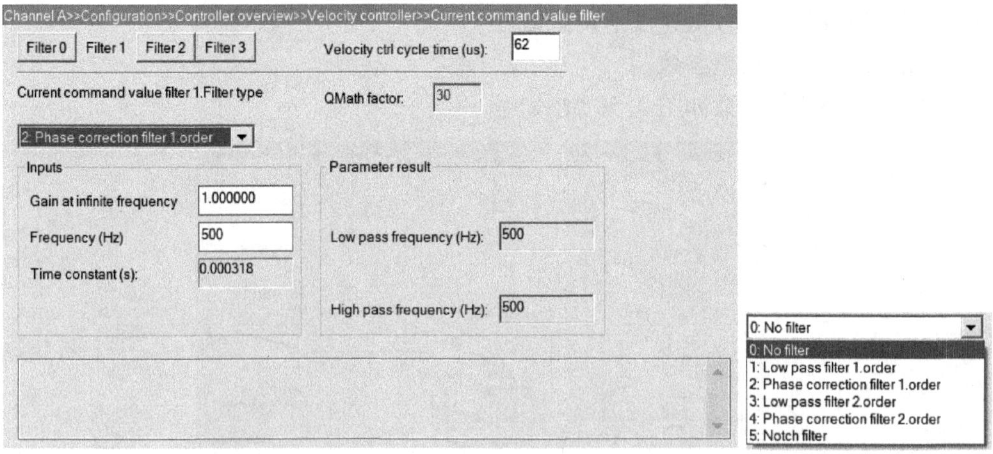

图 7.59　电流命令值滤波参数

Filter 0 ~ Filter 3 都可以分别选择滤波方式 0 ~ 5，默认值为"0：No filter"。

4. AX5000 位置环调节

调节位置环的目标是在要求的最大加速度下，快速准确定位。满足要求的情况下，位置环比例尽量小。如果对运动过程中的跟随误差有要求，比如做插补运行或轨迹加工，就要适当取得刚性、精度、稳定性的平衡，不可一概而论。

在 Functions 选项卡中进行设置，使用 Reversing Sequence 功能，让电机做两点往复运动，如图 7.60 所示。

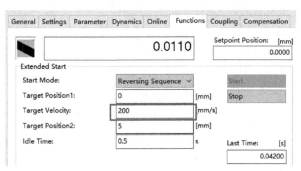

图 7.60　使用 Reversing Sequence 功能

在 Dynamics 选项卡中设置需要的最大加减速度，如图 7.61 所示。

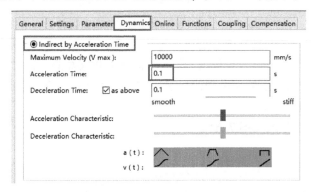

图 7.61　设置 Dynamics 参数

设置 K_v 值，如图 7.62 所示。

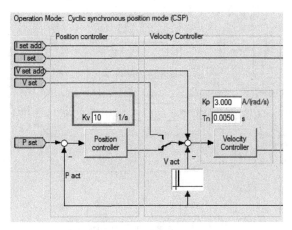

图 7.62　设置 K_v 值

在 Scope 中观察其效果，如图 7.63 所示。

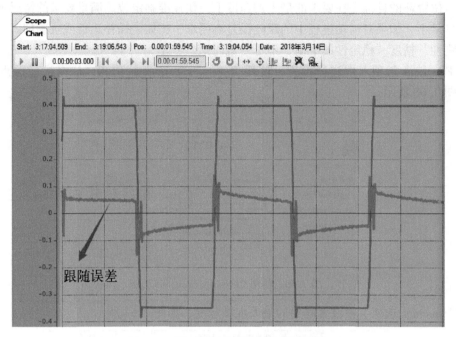

图 7.63　同时显示实际位置和跟随误差

位置环只有 P 调节，所以只要调 K_v 值。注意每次修改都要单击"Download"按钮才生效。缓慢增加 K_v 值，使设定值与反馈值尽量一致，但不应该有振荡。图 7.63 显示位置有过冲，所以应适当减小 K_v 值。

完整的位置环调整参数如图 7.64 所示。

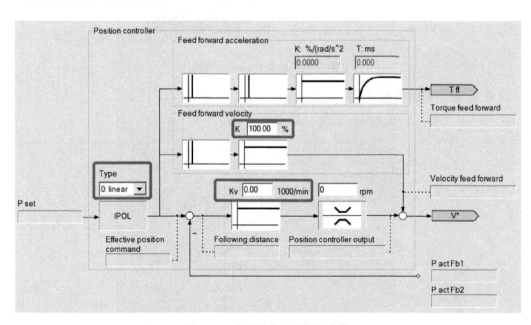

图 7.64　完整的位置环调整参数

对于惯量比较大的应用，可以添加速度前馈 K。设定位置的插值类型默认为 Linear，可以修改为 Cubic。

5. 保存调试结果

最后，确认 PID 参数满足工艺要求后，在 Startup List 中确认。

（1）确认 Startup List

在 AX5000 的 Configuration 界面，单击 Startup List 按钮，再单击 "Accept All" 按钮，并单击 "OK" 按钮；

激活配置，否则 TwinCAT 重启后，仍使用修改前的参数。

单击 Drive Manager，进入 Startup 确认页面，如图 7.65 所示。

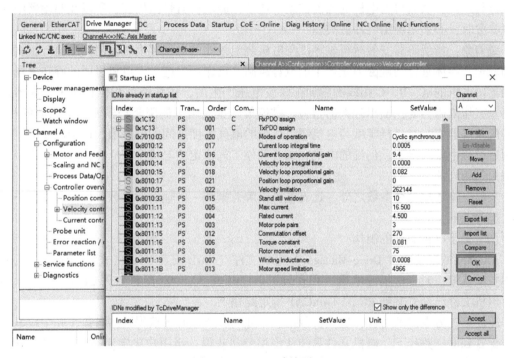

图 7.65　Startup 确认页面

在这个界面设置参数，直接单击 "OK" 按钮，激活配置就生效了。此后每次 TwinCAT 启动时这些参数就会写入驱动器。

（2）保存 TSM 文件，并激活配置

在 TwinCAT 中提供了观测器 Observer、波特图分析等工具，通过参数调整可以实现精确控制。这些工具的详细说明请参考配套文档 7-7。

配套文档 7-7
AX5000 高级调试说明

7.5　AX5000 驱动第三方电机

AX5000 驱动器不仅可以驱动倍福电机，还可以驱动第三方电机。大多数情况下，是驱动第三方同步电机。虽然它也能驱动异步电机，相当于变频器的功能，但是性价比太低，所以很少用户会这样使用。

1. 准备工作

（1）第三方电机的基本参数

任何一个伺服驱动器要驱动同步电机，至少需要确定以下几个参数。

励磁常数：指励磁电压与转速之比，通常用 1000 r/min 的速度对应的励磁电压来表示。根据电磁学的原理，导体在磁场中运动越快，产生的反电势越高。在磁场非饱和的情况下，速度与电势成正比。这个比值就是励磁常数，它取决于电机的绕组线圈、定子转子的磁性，所以不同厂家的不同型号的电机，励磁常数都会不同。

编码器类型：AX5000 驱动器主板上集成了多种编码器接口（X11 和 X12），不同的编码器信号从不同接口的不同引脚接入。编码器类型的设置，就是告诉驱动器使用哪个接口的信号来进行运算，从而得出电机的当前位置。通常伺服电机自带编码器，所以在驱动器中配置电机参数时，必须明确编码器的类型。

磁偏角：指编码器安装时机械零度与电机绕组线圈的电气零度之间的偏差值。根据电磁学的原理，导体垂直切割磁力线产生的电势越高，反作用力越大。电机里面的旋转磁场是由驱动器给电机的 A、B、C 相线圈施加正弦波电压产生的，正弦波的相位直接决定导体是否能够垂直切割磁力线，输出最大的扭力。磁偏角设置就用于伺服驱动器调整正弦波的相位，以匹配编码器安装时机械零度与电机绕组线圈的电气零度之间的偏差值。这个偏差值，在电机制造过程中就决定了。倍福的电机，或者其他工艺稳定的电机生产厂家，同一电机型号的磁偏角是相同的。

实际上除了这三个参数之外，还有电机铭牌数据和一些辅助性参数，比如温度保护、制动之类的选项。

（2）关于电机文件的制作

AX5000 的配置软件 Drive Manager 从电机文件（XML 或者 XSD 格式）中装载电机的若干参数默认值。对于倍福的电机，在安装 TwinCAT 和 AX5000 配置软件 Drive Manager 的时候，电机文件已经复制到 PC 的 TwinCAT 指定路径下。

驱动第三方电机的时候，这些参数都是未知的，所以必须获得这些参数，并生成电机文件，保存到同样路径下。电机文件只能从倍福公司获得，当用户决定用某个厂家的电机后，可到 Drive Manager 的电机选择界面查找，如图 7.66 所示。

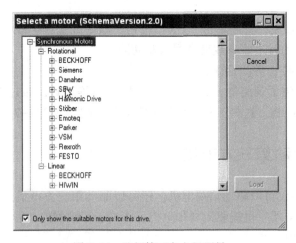

图 7.66　选择第三方电机型号

如果没有现成的电机文件，就需要填写"电机参数表"并提供给倍福的工程师。从倍福的工程师处获得电机文件，并复制到 TwinCAT 安装路径，如下所示。

TC2："\TwinCAT\Io\TcDriveManager\MotorPool"。

TC3："C：\TwinCAT\3.1\Components\Base\Addins\TcDriveManager\MotorPool"。

制作电机文件的工具，倍福开放给了合作伙伴。有经验的倍福用户可以根据说明文档自己制作第三方电机文件，如果是初次使用倍福的运动控制系统，建议联系倍福当地技术支持。

2. AX5000 驱动第三方同步电机

由于电机文件是用公式计算生成的，无论是提供的参数有误，计算时人工输入有误，还是厂家生产工艺不稳定，都将影响电机文件与现场电机的一致性。所以电机文件初次使用时如果不能顺利驱动电机也是正常的，这时候需要与倍福的工程师联系。或者有经验的用户也可以用写字板打开 XML 文件，确认各项参数是否正确，必要时可以自己修改。

（1）电机接线

1）动力线。因为使用倍福电机时，可以使用两端都预装好的电缆，所以不存在 U、V、W 相序接反的问题。而使用自制电缆或者第三方电机的时候，要特别注意严格按相序接线。动力电缆应使用屏蔽线，并且在接近驱动器处剥开屏蔽层，让屏蔽层与驱动器外壳、大地接触良好。

AX5000 驱动器端到电机的动力和制动，以及温度连接器必须单独订购，订货号 ZS4500-2013 是接电机的连接器，ZS4500-2013 是接制动和温度的连接器。

2）反馈线。因为使用倍福电机时，可以使用两端都预装好的电缆，所以在接地、屏蔽方面不需要特别说明。而使用自制电缆或者第三方电机的时候，若需要自己焊线，则应注意反馈接头的外壳要接地良好，因为反馈线是最容易受干扰的。

AX5000 驱动器端到电机的反馈接头必须单独订购，订货号为 ZS4500-2011（Encoder）；ZS4500-2012（Resolver）。

AX5000 的反馈接口如图 7.67 所示。

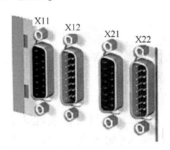

图 7.67　AX5000 的反馈接口

只有接第三方电机或者自行制作反馈电缆时，才需要了解反馈接口的引脚定义。如果使用倍福电机及原装电动力和反馈电源时，或者使用倍福的 OCT 电机时，都不用自己焊线，所以不用管引脚定义。

X11 和 X21 D-形孔接口用于连接高分辨率的反馈系统，出厂时设置为 X11 接 A 通道电机的反馈，X21 接 B 通道电机的反馈。其引脚定义见表 7.2。

表 7.2 **X11 及 X21 的引脚定义**

引脚	EnDAT / BiSS	Hiperface	Sine/Cosine $1V_{pp}$	TTL	输 出 电 流
1	sin	sin	sin	n. c.	
2	GND_5 V	GND_9 V	GND_5 V	GND_5 V	
3	COS	COS	COS	n. c.	
4	Us_5 V	n. c.	Us_5 V	Us_5 V	
5	DX+ (Data)	DX+ (Data)	n. c.	B+	
6	n. c.	Us_9 V	n. c.	n. c.	
7	n. c.	n. c.	REF Z	REF Z	
8	CLK+ (Clock)	n. c.	n. c.	A+	每通道最大 250 mA
9	REFSIN	REFSIN	REFSIN	n. c.	
10	GND_Sense	n. c.	GND_Sense	GND_Sense	
11	REFCOS	REFCOS	REFCOS	n. c.	
12	Us_5 V_Sense	n. c.	Us_5 V_Sense	Us_5 V_Sense	
13	DX− (Data)	DX− (Data)	n. c.	B−	
14	n. c.	n. c.	Z	Z	
15	CLK− (Clock)	n. c.	n. c.	A−	

截止频率：$1V_{pp}$ = 270 kHz，TTL = 10 MHz，MES = 300 Hz。

Resolver（旋变）接口的参数见表 7.3。

表 7.3 **Resolver（旋变）接口的参数**

类 型	极 数	频 率	变 压 比	相 位 移
1	2	8 kHz	0. 5 phi	0 °
2	6	8 kHz	0. 5 phi	0 °
3	8	8 kHz	0. 5 phi	0 °

截止频率：Resolver = 300 Hz。

（2）扫描 AX5000 和配置电机

确认控制电源 DC 24 V 和动力电源 230V 或者 380V 已上电。

确认反馈和动力线都已经连接到电机。

确认 EtherCAT 网线已经正确连接。

确认已经正确执行了 Choose Target，并且目标系统处于 Config Mode。

然后扫描 I/O 设备和从站，找到 AX5000 驱动器后，系统会提示是否扫描电机。通常第三方电机不能自动找到型号，需要进入 Motor 选择页面，在 Synchronous Motor 下找到需要的旋转电机厂商和电机型号，并单击"OK"按钮。

接下来会自动提示供电电源配置，通常会自动检测到供电电压，不需要另选，直接单击"OK"按钮。然后可以看到，Feedback 1 和 Motor 均显示出所选择的类型，如图 7.68 所示。

（3）配置 NC 轴和伺服驱动器

方法与 AX5000 带倍福原厂电机时相同，不再赘述。

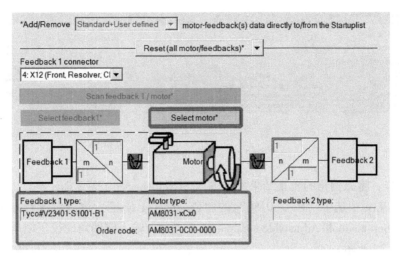

图 7.68　选择成功的反馈和电机信息

（4）校正磁偏角

AX5000 带第三方电机最重要的步骤就是校正磁偏角。磁偏角如果校得不准，励磁与绕组电流的相位不能最佳匹配，运动时就不能保证绕组垂直切割磁力线。建议在电机空载时校准磁偏角，如果是带抱闸的电机，要先松开抱闸，方法是选择"Service Function"→"Manual brake control"。校正磁偏角的步骤如下。

1）第 1 步：执行命令 P-0-0160。

在 Drive Manager 的"Service Function"→"Drive Commands"界面，选择执行"P-0-0160 Calibrate commutation offset（pc）"，单击"Start"按钮，如图 7.69 所示。

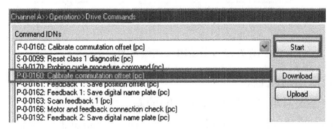

图 7.69　Drive Command P-0-0160

系统提示输入密码，如图 7.70 所示。

图 7.70　提示输入密码

默认密码：AX5000，单击"OK"按钮。出现如图 7.71 所示的界面，单击"Start"按钮，校正成功即在"P-0-0058 Mechanical offset"中显示磁偏角的校正结果。

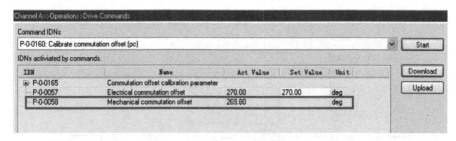

图 7.71　磁偏角校正结果

2）第 2 步：将磁偏角的校正结果手动输入 Startup List。

在 Startup List 中选中"P-0-0150"的"Feedback 1 type"，展开参数 Parameter channel，找到 Commutation mode 和 Adjustable commutation offset，输入磁偏角的校正结果，单击"OK"按钮。如图 7.72 所示。

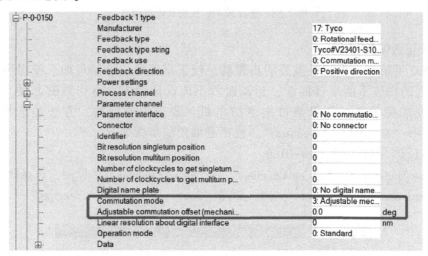

图 7.72　手动输入磁偏角的校正结果

3）第 3 步：重新激活配置。

4）第 4 步：检查磁偏角设置值与实际值的偏差。

在 Drive Manager 的"Service Function"→"Drive Commands"界面，选择执行"P-0-0166 Motor and feedback connection check"，单击"Start"按钮。

选择"P-0-0167"→"Results"→"Commutation position difference"。这里的 Act Value 是 359.86 deg，如图 7.73 所示。

此值在±5 deg 内都是可以接受的。如果超出允许值，则需要重复以上步骤。

实际应用中，校准磁偏角也会出现不成功的情况，有多种原因。因为第三方电机接入 AX5000 的动力和反馈电缆通常都是自制的，比如动力电相序不对、反馈线 cos 与 sin 刚好相反等原因，都会导致磁偏角校正失败。

另外，对于反馈类型为 TTL 或者增量编码器的第三方电机，也不能用 P-0-160 来校正磁偏角，而要用"Wake & Shake"的方式，具体请参考配套文档 7-8。

配套文档 7-8
AX5000 Wake &
Shake 功能的
使用和配置方法

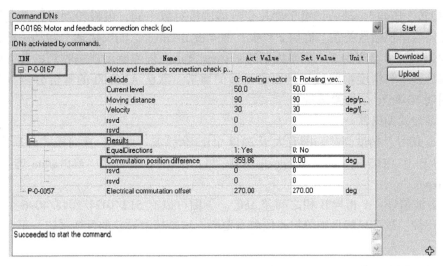

图 7.73 磁偏角验证结果

3. 第三方直线电机

AX5000 也可以驱动非倍福的第三方直线电机。由于这种应用极少，本书正文不做详细介绍。具体操作请参考配套文档 7-9。

7.6 常见问题

1. 位置反馈的类型

位置反馈的类型如图 7.74 所示。

配套文档 7-9
AX5000 带直线电机
的调试方法

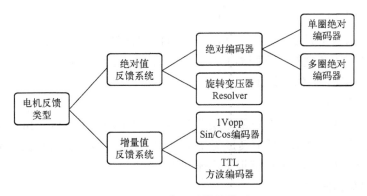

图 7.74 位置反馈的类型

（1）绝对值反馈

1）绝对编码器：Endat 和 Biss。有单圈与多圈之分。这种编码器传输两组信号：数字通信通道和 sin/cos 通道。

数字通信通道能够定位编码器处于哪一个 sin/cos 波形区，sin/cos 通道能够定位编码器处于这个波形区的精确位置，在机械上转一周，能够产生 512~4096 个波。

编码器里有芯片，存储电机信息，即电子铭牌，但不同厂家格式不同，所以 AX5000 仅能扫描倍福电机。

2）旋转变压器 Resolver。由于旋转变压器的极对数不同，电机转动时，产生的电气角度与机械角度呈现倍数关系。比如 2 对极，即 4 极 Resolver，电机物理上转动一圈，转动的电气角度为 720°，会产生 2 个完整周期的 sin/cos 波形。伺服驱动器接收到的旋变信号是模拟量，其分辨率和精度都取决于伺服驱动器的解析。默认 AX5000 的解析分辨率为 20 位，即一个周期 1048576 个位置增量。

（2）增量式编码器

sin/cos 信号：精度高，一圈有大于 2048 个正/余弦波。此时，换向模式必须用 Wake & Shake，即 P-0-0165 的 Command mode 选择"1：Wake & shake"，Activation 选择"1：On Enable Request"。

TTL 方波信号：A 相与 B 相之间差 180°。一圈可以有 512/1024/2048/4096 个方波。两个方波相比较，最多只能再细分出 4 段位置范围。这是精度最差的反馈系统，很少用于伺服电机。

2. "Commutation" 的原理

（1）为什么要校正磁偏角

磁偏角是指电机转子的 N/S 永磁场方向与旋转编码器的极轴之间的角度。根据这个角度，驱动器才能找到励磁的最佳位置，即定子励磁磁场与电机转子的永磁场垂直，这是根据楞次定律的垂直切割磁力线的道理。一定要对磁偏角进行验证，否则可能使电缆发热，从而导致电机不够动力。

（2）编码器类型对校正磁偏角的影响

1）Resolver：同型号电机只要测一次磁偏角。

因为一圈只产生一个 sin/cos 波形，所以同一厂家的同一系列的电机，其磁偏角由厂家安装编码器时的工艺决定，所以一定是相同的，所以如果项目中有 10 台相同型号的电机，也只要用 P-0-0160 测一次磁偏角即可。

2）其他反馈类型：每台都必须分别测磁偏角。

这些电机的磁偏角是随机的，这是由于它们一圈产生几千个 sin/cos 波形，即使得到 sin/cos 值，也确定不了它在一个圆周上的位置。如果项目上有 10 台相同型号的电机，也要分别用 P-0-0160 测它们的磁偏角。

（3）允许误差：±5°

cos(5/180×3.14)=1，如果磁偏角误差为 40°，则 cos(45/180×3.14)=0.717，所以磁偏角调得不对，输出的电流大部分转成无功功率，电缆发热厉害，而电机却不够动力。误差为 90°时，cos90° 为 0，那么电机就根本不能动作。

（4）校正磁偏角的方法

Drive Command：P-0-0160，即使是倍福自己的电机，根据反馈类型，有的也需要校正磁偏角。

3. 直流母线电压和电压常数

在 Power management 下，可以看到当前接单相 230 V 电源时，直流母线电压 288 V。电机电压常数是 1000 转产生的反电动势，比如 65 V。当为 2500 转时，就有 160 V 的反电动势。剩下 128 V 还要压降在线圈和其他损耗上。

根据伺服驱动器中整流和逆变的原理，采用 3 相 230 V 的供电和单相 230 供电的直流母线电压相同，都是 288 V，但是整流效果更为平稳。同理，用变压器升压得到的单相 400 V

的电源与 3 相 400 V 电源，产生的直流母线电压也相同，而 3 相供电更为平稳。

AX5000 自动适应 AC 110 V～480 V 的单相或者三相供电，条件允许的情况下尽量使用 3 相供电。

4. 接线注意事项

通常情况下，品牌的电机厂家提供的参数都是正确的。但不排除定制电机、小批量生产的电机的厂家提供参数有误的情况。这就意味着从电机文件开始，参数就是错的。排查这种参数错误，可以考虑以下方面。

（1）反馈接线

顺时针转动电机轴，看反馈值是否增加，否则需要将 sin 与 cos 的线调换，方法如下。

Resolver 接 X12，其他编码器都接 X11。

注意屏蔽线要接 D 形头的外壳。

（2）动力接线

到电机的动力线 U、V、W 是否正确接线，直接影响编码器与电机的方向一致性。用 P0-0-0166 验证磁偏角命令，并在 P-0-0167 的 Moving Distance 中给定一个正的距离，比如 360。单击"Start"按钮后电机顺时针转动，如果 P-0-0167 中的"Result"→"EqualDirection"为"Yes"，意思是编码器方向与轴伸方向的顺时针旋转同向，否则就要调换 U、V、W 中的两相。

（3）如何确定编码器极数

在 NC 轴里，先将 Scaling Factor 设为 360/1048576，再手动转轴一圈。如果看到 Online 位置增加 360，则 Resolver 是 2 极，如果增加 720，则为 4 极，以此类推。

对于带抱闸的电机，无法手动使其转动，必须先将其抱闸强制松开。

（4）如何确定电机极对数

如果电机的极对数为 4，则机械角度 360° 对应的电气角度为：4×360°＝1440°。使用命令 P-0-0166 可以验证电机极对数是否正确。在 Command 界面设置 moving distance 为 1440，velocity 为 60，然后单击 Start 按钮。此时如果电机轴确实转动了一圈，则极对数设置正确，如果轴转动了 n 圈，说明极对数是 4/n，如图 7.75 所示。

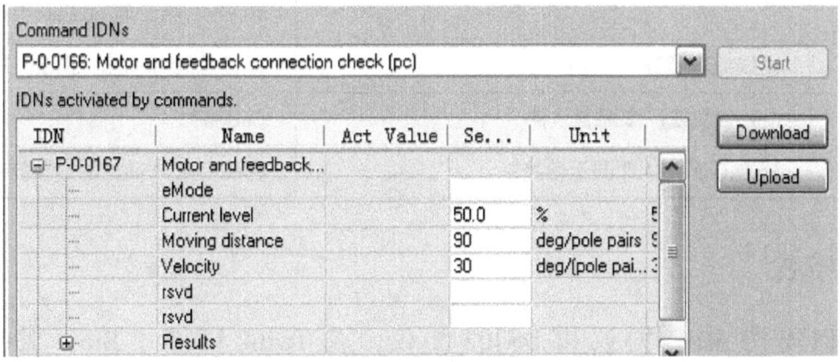

图 7.75 验证电机极对数

5. 关于 OCT 技术

从 2017 年开始，倍福原厂已经主推单电缆电机，即 OCT 技术。OCT 技术需要驱动器侧和电机侧同时支持才可以匹配工作。

第 8 章 TwinCAT NC 控制伺服驱动模块 EL72x1

8.1 功能介绍

伺服电机驱动模块，是封装成标准的倍福 I/O 模块的伺服驱动器。它经过 I/O 模块的背板总线与控制器相连，直接输出动力电流，驱动伺服电机。

倍福的伺服电机驱动模块，型号为 EL72xx-xxxx。需要外接 DC 50 V 作为动力电源，最大输出电流从 2.8 A 到 8 A 不等，标配自带 Resolver 反馈接口，选配可支持 OCT 的绝对编码器载波反馈接口。扩展型号 EL72xx-9014 还集成了安全功能 STO。通过加装风扇组件 ZB8610，负载能力会有一定的提升幅度。

EL72xx 目前只能驱动倍福原厂小功率电机 AM31 系列和 AM81 系列，其中 AM81 系列支持 OCT 即单电缆技术，具备 5 倍过载能力和 3 万 h 的轴承寿命，大大优于 AM31 系列。所以新建项目默认选择 AM81 系列电机。

倍福为紧凑驱动模块设计的制动模块 EL9576 也适用于 EL72xx，通过内置的 155 μF 的电容，在电机制动时可以储能抑制直流母线电压的升高。如果回馈的能量超出电容的容量，还可以通过外接电阻将其释放。外置电阻典型值为 10 Ω、100 W，可以根据项目选择，例如外置电阻 ZB8110。EL72xx 伺服模块与普通的 EtherCAT 伺服驱动器的特性对比见表 8.1。

表 8.1　EL72xx 伺服模块与普通的 EtherCAT 伺服驱动器的特性对比

	项　　目	传统的伺服电机驱动器	倍福的伺服驱动模块
1	安装空间	独立安装，需要开孔，螺丝固定等	安装在 I/O 站任意位置 50 V/2.8 A，宽 10 mm 50 V/4.5 A，宽 20 mm
2	接线方式	总线或者脉冲	背板总线 E-Bus（同 EtherCAT）
3	参数设置	CoE 参数或厂家配置软件	CoE 参数
4	控制方式	标准 CoE DS402 的运动控制	标准 CoE DS402 的运动控制

8.1.1 工作模式

EL72xx 可以支持 MDP 协议和 DS402 协议，在 TwinCAT 2.1 Build 2301 中手动添加 EL72xx 模块时，后缀为 -0001、-0011、-9015 的都是 DS402 协议，而后缀为 -0000、-0010、-9014 的都是 MDP 协议，如图 8.1 所示。

EL72xx 有 4 种工作模式，其功能对比见表 8.2。

使用 NC 控制时，通常工作在 CSP 或者 CSV 模式。

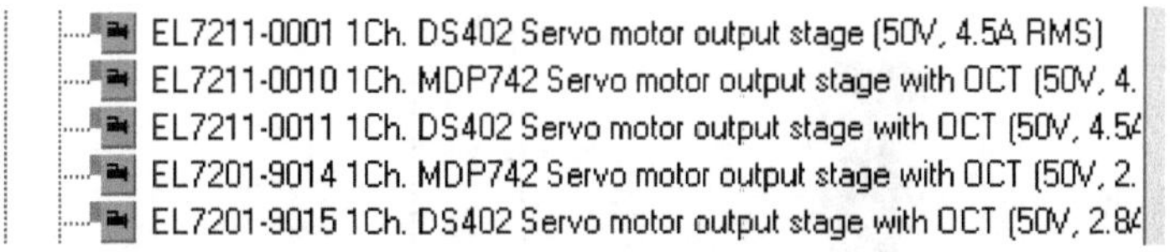

EL7211-0001 1Ch. DS402 Servo motor output stage (50V, 4.5A RMS)
EL7211-0010 1Ch. MDP742 Servo motor output stage with OCT (50V, 4.
EL7211-0011 1Ch. DS402 Servo motor output stage with OCT (50V, 4.5ʌ
EL7201-9014 1Ch. MDP742 Servo motor output stage with OCT (50V, 2.
EL7201-9015 1Ch. DS402 Servo motor output stage with OCT (50V, 2.8ʌ

图 8.1　手动添加 EL7201 时的选项

表 8.2　EL72x1 的 4 种工作模式

工作模式	功　能	说　明
CSP	位置控制	—
CSV	速度控制	—
CST	力矩控制	—
CSTCA	力矩控制及磁偏角给定	模块除了可以周期性给定目标力矩，还有一个变量控制磁偏角

8.1.2　产品型号

EL72xx 系列按功率（电流）等级分为 EL7201（2.8A）、EL7211（4.5A）、EL7221（8A），按功能扩展分为 −0000（旋变）、−0010（OCT）、−9014（OCT+STO）。如果配上风扇 ZB8610，额定电流还可以增加。

EL72xx 系列端子的具体型号见表 8.3。

表 8.3　EL72xx 系列端子的具体型号

反馈及安全功能代号	协　议	容 量 代 号		
		01 $I_{max} = 2.8\,A$	11 $I_{max} = 4.5\,A$	21 $I_{max} = 8\,A$
−000x 旋变接口	MDP742	EL7201-0000	EL7211-0000	—
	DS402	EL7201-0001	EL7211-0001	—
−001x OCT+2 个开关量输入	MDP742	EL7201-0010	EL7211-0010	—
	DS402	EL7201-0011	EL7211-0011	—
−901x OCT + STO 输入	MDP742	EL7201-9014	EL7211-9014	EL7221-9014
	DS402	EL7201-9015	EL7211-9015	EL7221-9015

提示：EL72xx-000x 和 EL72xx-001x 的价格相同，而后者支持 OCT 并且带 2 路探针，不做探针也可以用作两个普通 DI，所以新项目推荐使用 EL72xx-001x 和 OCT 电机。

8.1.3　电气接线和指示灯

EL7201 的接线如图 8.2 所示。

EL7211 的接线如图 8.3 所示。

EL9576 的接线如图 8.4 所示。

多个 EL7201 同时工作时，推荐供电回路使用电容模块 EL9576，以减小母线电压波动。EL9570 左右 4 个接线孔分别已经在内部短接，所以可以从 4 横排中的任意一排供入电源，

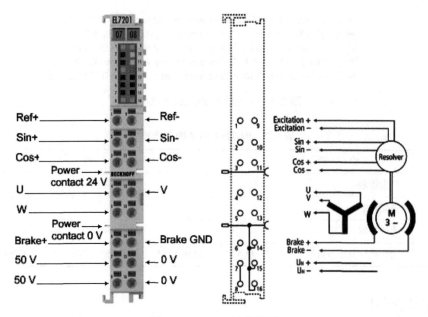

图 8.2　EL7201 的接线图

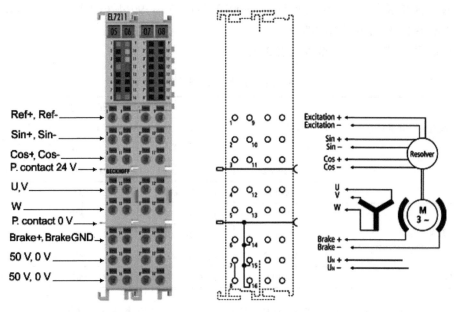

图 8.3　EL7211 的接线图

同理，制动电阻也可以接入 4 横排中任一排的两个端子。EL7201 可以分别从 EL9576 取电，也可以级联。

EL72xx-0010 和 EL72xx-9014 支持单电缆（OCT）技术，只需接动力线和制动线。电机也可以直接扫描，设置更加简单，这里不再单独说明。

EL9576 - LEDs and pin assignment

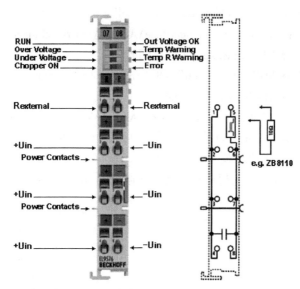

LEDs and pin assignment, EL9576

图 8.4　EL9576 的接线图

8.2　EL72xx 的基本控制

1. 准备工作

（1）下载电机文件（可选）

电机文件的下载网址为

https：//www. beckhoff. de/default. asp? downloadfinder/default. htm? cat1 = 27833244&cat2 = 27833276

如图 8.5 所示。

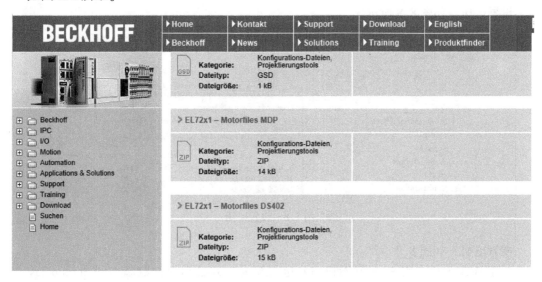

图 8.5　从官网下载电机文件

下载之后，把解压后的电机文件复制到以下位置。

TC2："\TwinCAT \Io\TcDriveManager\MotorPool"。

TC3："C:\TwinCAT \3.1\Components\Base\Addins\TcDriveManager\MotorPool"。

（2）确认 EL72xx MDP Status.xml 文件（可选）

确认存在 "EL72xx MDP Status.xml" 和 "EL72xx DS402 Status.xml"。

TC2："C:\TwinCAT \Io\TcDriveManager"。

TC3："C:\TwinCAT \3.1\Components\Base\Addins\TcDriveManager"。

通常安装最新版本的 TwinCAT 都会自动复制这两个文件。

（3）扫描或者添加 EL72xx 模块及 NC 轴

经过接线安装、添加路由、选择目标系统、扫描 I/O 等步骤，结果如图 8.6 或图 8.7 所示。

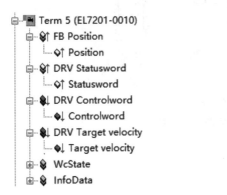
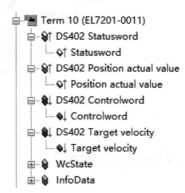

图 8.6　EL7201-0010，MDP 742 协议　　　图 8.7　EL7201-0011，DS402 协议

系统提示自动添加一个 NC 轴并链接，单击 "Yes" 按钮。

2. 用 Drive Manager 配置 EL72xx

EL72xx 的配置界面与 AX5000 相同，所以其参数设置和电机选择都可以延用 AX5000 的操作方法。具体参考 7.2 节的相关内容。

设置电压，如图 8.8 所示。

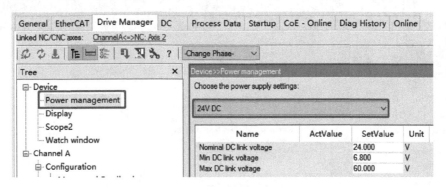

图 8.8　设置电压

配置电机，如图 8.9 所示。

对于 OCT 电机，用 Scan 就能扫描到电机型号，并自动把参数添加到 Startup List，如图 8.10 所示。

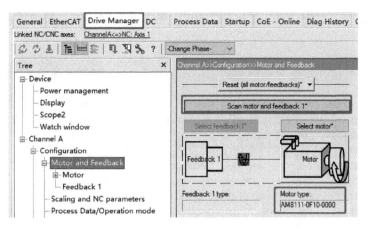

图 8.9　配置电机

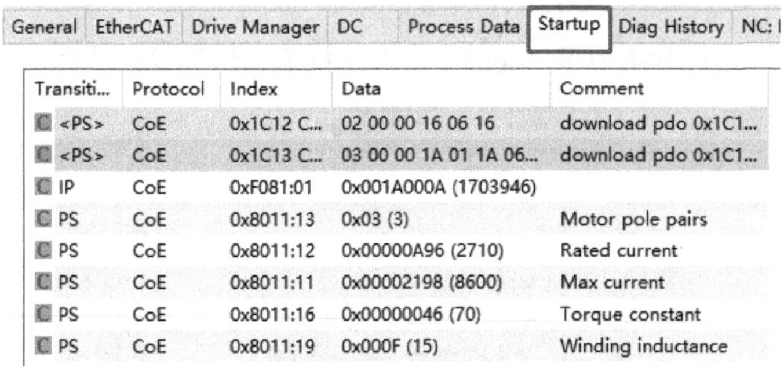

Transiti...	Protocol	Index	Data	Comment
<PS>	CoE	0x1C12 C...	02 00 00 16 06 16	download pdo 0x1C1...
<PS>	CoE	0x1C13 C...	03 00 00 1A 01 1A 06...	download pdo 0x1C1...
IP	CoE	0xF081:01	0x001A000A (1703946)	
PS	CoE	0x8011:13	0x03 (3)	Motor pole pairs
PS	CoE	0x8011:12	0x00000A96 (2710)	Rated current
PS	CoE	0x8011:11	0x00002198 (8600)	Max current
PS	CoE	0x8011:16	0x00000046 (70)	Torque constant
PS	CoE	0x8011:19	0x000F (15)	Winding inductance

图 8.10　Startup List

如果不是 OCT 电机，TC3 中也可以像 AX5000 一样选择电机型号，如图 8.11 所示。

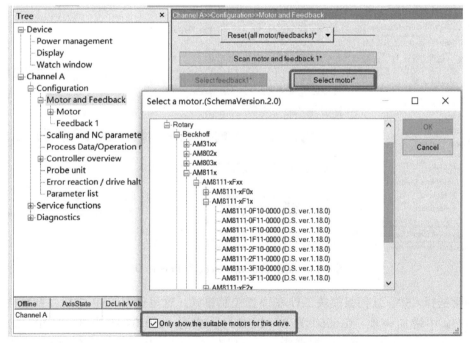

图 8.11　选择 EL72x1 的电机型号

但是在 TC2 中，目前（TC2.1 Build 2301）还不能这样操作，必须手动导入电机文件，如图 8.12 所示。

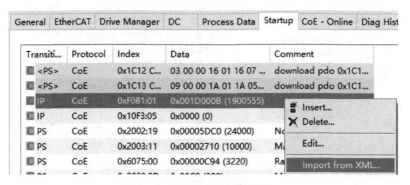

图 8.12　手动导入电机文件

然后在 TwinCAT\Io\TcDriveManager\ 中选择正确的电机型号，如图 8.13 所示。

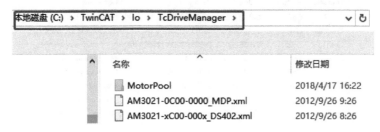

图 8.13　在文件夹中选择电机型号

配置 Operation Mode 和 Process Data，如图 8.14 所示。

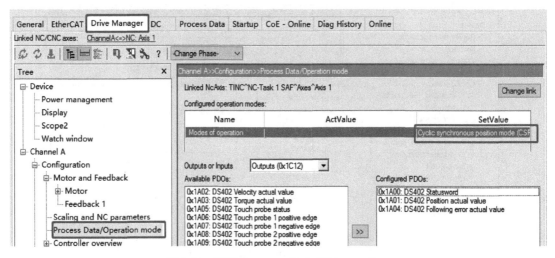

图 8.14　配置 Operation Mode 和 Process Data

通常选择 CSP，让伺服模块工作在位置控制模式。这里选择 CSP 之后，系统会自动在 Startup List 中增加一项：0x6060 为 8（DS402），或者 0x7010:03 为 8（MDP742）。并且 Process Data 也会自动配套。根据需要，还可以在 Available PDOs 中选择需要输入到 PLC 的参数，比如实际扭矩（Torque actual value）。方法也和 AX5000 一样，在图 8.14 中选中参数，然后按 >> 按钮即可。

设置 NC 轴的脉冲当量及其他运动参数，如图 8.15 所示。

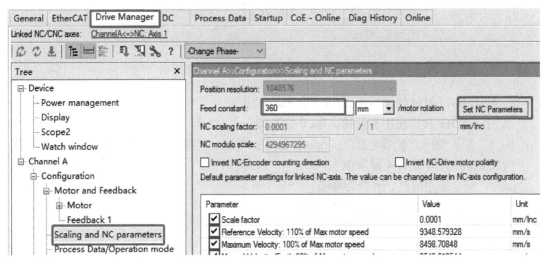

图 8.15 设置 NC 轴的脉冲当量及其他运动参数

经过以上设置后激活配置，NC 轴就可以使能和点动了。对于普通的 PTP 应用，EL72xx 的特殊设置如上所述，其后就可以按普通 CoE DS402 轴的控制方式操作。

3. EL72xx 的进一步调试

（1）关于加装风扇扩容

大部分紧凑驱动模块可以加装风扇组件使之得以扩容，这是由于驱动模块的功率一方面受限于模块整体的温升，另一方面受限于关键芯片的容量。倍福大部分紧凑驱动模块，都可以通过加装风扇盒来扩大负载能力，如图 8.16 所示。

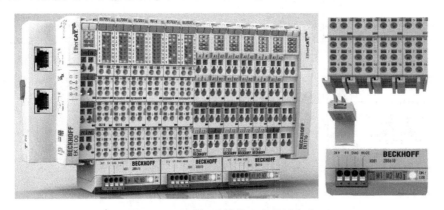

图 8.16 紧凑驱动模块配套的风扇盒

测试结果表明，加装 ZB8610 风扇盒后测试驱动模块的允许输出电流增加，如图 8.17 所示。

加装风扇后功率增加，需要在参数中配置额定电流，否则会按旧的报警限值。所以需要修改 CoE 参数 0x8010:54，类型 Uint 32。

Bit 0：电机电流是峰值还是有效值。False 使用峰值，True 使用有效值。

Terminal	Without ZB8610	With ZB8610	
EL7201-xxxx	2.8 A_{eff} (171 W)	4.5 A_{eff} (276 W)	160%
EL7211-xxxx	4.5 A_{eff} (276 W)	不能增加输出	
EL7221-9014	-	8.0 A_{eff} (490 W)	177%

图 8.17　加装风扇盒对允许输出电流的影响

EL7201-001x 默认使用峰值，Bit 0 为 False。

EL7211-001x 默认使用有效值，Bit 0 为 True。

Bit 1：是否使用"扩容电流"。False：正常；True：扩容。只有对 EL7201-001x 有效。

所以 0x8010:54 就有 4 种取值：

0dec：额定输出电流，解释为峰值；

1dec：额定输出电流，解释为有效值；

2dec：扩容输出电流，解释为峰值；

3dec：扩容输出电流，解释为有效值。

（2）调试 EL7201 的 PID 参数

EL7201 的调试界面与 AX5000 相同，都使用集成 TwinCAT 中的 Drive Manager，其 PID 调试界面如图 8.18 所示。

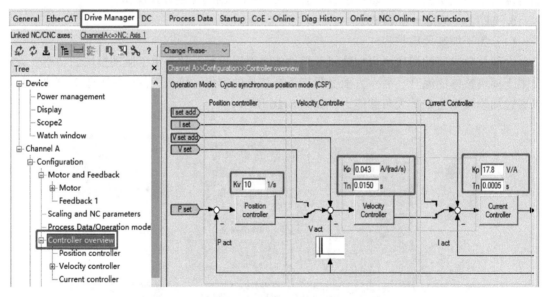

图 8.18　EL7201 的调试界面

EL72x1 调试方法与 AX5000 几乎完全相同，这里不再赘述。

（3）EL72xx 的 Input 点和探针功能

EL72xx-x01x 的端子上有 Input 1 和 Input 2 点，可以连接 PNP 的接近开关，其状态可以从 TouchProbe Status（0x6001:08 和 0x6001:10）中查看。可以作为普通 DI 用途，也可以作为探针开关。

如果要使用 Input 1 和 Input 2，应在 Process Data 选择时勾选 0x1A07。如果要作为探针使用，还要勾选 0x1A08-1A0B 和 0x1607，如图 8.19 所示。

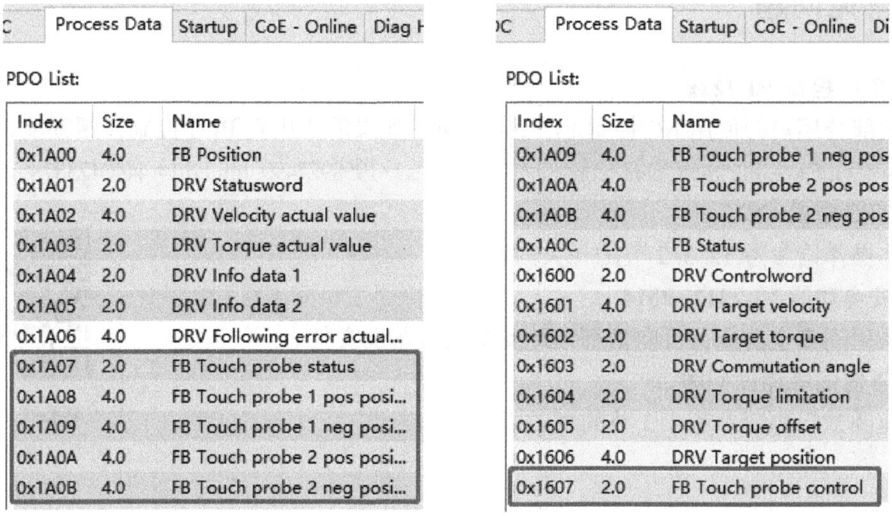

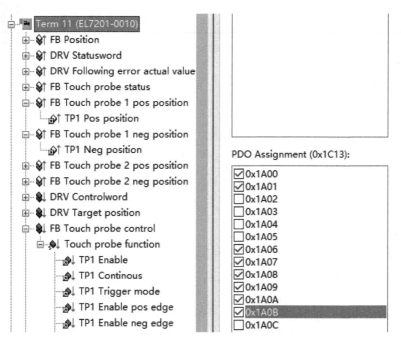

图 8.19 启用探针功能的 Process Data 设置

上述 PDO 中的变量会添加到 Process Data 并且自动映射到 NC 轴，如图 8.20 所示。

图 8.20 EL7201 的 Input 1 和 Input2 自动链接到 NC 轴

（4）其他参数设置

基本的参数设置可以从 Drive Manager 中设置，也可以在 CoE Online 中设置。当使用后者时，其方法与普通 EL 模块一致。具体可以参考《TwinCAT 3.1 从入门到精通》第 10 章的相关内容。

8.3 常见问题

1. PLC 控制 EL72xx

绝大部分用户会使用 NC 控制 EL72xx 模块，如果需要用到 PLC 控制，帮助文档如下：
https://infosys.beckhoff.com/content/1033/el72x1/1958927499.html?id=4440423878518843781

2. 速度模式 CSV

具体操作请参考 12.3.2 节的相关内容。

3. 安全功能 EL7211-9014

如果用到安全功能，可向倍福当地支持索取帮助文件。

4. 其他伺服调试问题

其他调试问题请参考 4.3 节的相关内容。

配套文档 8-1
例程：用 PLC 控制
EL72xx

配套文档 8-2
EL7201 的安全
功能测试

第9章 TwinCAT NC 控制倍福步进电机驱动模块

9.1 功能介绍

步进电机驱动模块，是封装成标准的倍福 I/O 模块的步进电机驱动器。它经过 I/O 模块的背板总线与控制器相连，直接输出动力电流，驱动两相步进电机。

倍福的步进电机驱动模块，既可以驱动倍福原厂电机，也可以驱动第三方的两相电机，只要电机的电压和电流在驱动模块的额定值范围内即可。

1. 产品特点

倍福步进电机驱动模块与普通步进电机驱动器的特性对比见表 9.1。

表 9.1 倍福步进电机驱动模块与普通步进电机驱动器的特性对比

项目	传统的步进电机驱动器	倍福的步进电机驱动模块
安装空间	独立安装，需要开孔，螺丝固定等	插在倍福的 I/O 站任意位置 24 V/1.5 A 的驱动模块，宽 10 mm 50 V/5.0 A 的驱动模块，宽 20 mm
接线方式	输入触点：高速脉冲输入，供电电源，使能信号 输出触点：A+，A-，B+，B-	输入触点：无 输出触点：A+，A-，B+，B-
参数设置	拨码开关，只能人工拨码	纯软件设置，存于内部注册字 可用程序设置参数
位置反馈	无	24 V/1.5 A 的驱动模块，无反馈 50 V/5.0 A 的驱动模块，有反馈
诊断功能	DO 触点输出 Error 或者 Ready 没有故障代码或者其他参数	可读取状态字或者模块任意参数，诊断温度、电流及其他故障

2. 产品型号

倍福提供两种接口的步进电机驱动模块：KL2531、KL2541 和 EL7031、EL7041。如果一个控制系统的其他 IO 模块是 KL 系列，用户就可以选择 KL2531/2541，如果其他 I/O 是 EL 系列，则选择 EL7031/EL7041。

KL2531 和 EL7031 不带编码器接口，最大可以驱动 DC 24 V、峰值电流为 1.5 A 的步进电机。KL2541 和 EL7041 带增量式编码器接口，最大可以驱动 DC 50 V、峰值电流为 5 A 的步进电机。

3. 操作模式

步进电机驱动模块有 3 种操作模式（Operation Mode），其功能对比见表 9.2。

本章仅讨论用 TwinCAT NC PTP 控制的情况，即直接速度模式（Velocity，direct）。

4. 速度/转矩特性曲线

实际上步进电机的工作速度跟负载有关，速度越低，负载能力越强。详见电机的速度-转矩曲线（speed-torque curves）。如果负载大而速度快就可能丢步。以 AS1020 电机为例，如图 9.1 所示。

表 9.2 操作模式对比

操 作 模 式	适 用 场 合	DataOUT 取值范围
Velocity, direct 直接速度模式	NC 控制, 周期刷新目标速度	−7FFFhex ~ +7FFFhex
Velocity, with ramps 速度模式,内置加减速度	PLC	−7FFFhex ~ −0010hex +0010hex ~ +7FFFhex
Travel Command 定位指令	PLC	0000hex

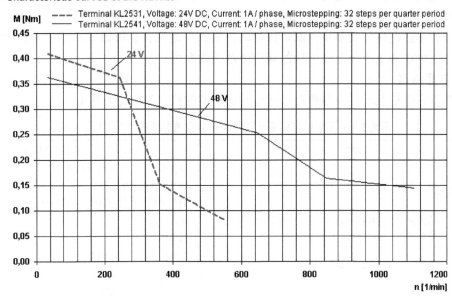

图 9.1　步进电机的转速力矩曲线

由图 9.1 可见,供给 AS1020 步进电机 24 V 电压时,速度超过 240 r/min 后负载能力急剧下降。而供给 48 V 电压时,速度超过 640 r/min,即每秒 10 转后,负载能力明显下降。实际应用中要注意步进电机的这个特点。

9.2　EL7031/EL7041 及步进电机的控制

本章仅涉及使用 EL7031/7041 的位置反馈值"Position"作为 NC 轴位置计算的情况,由于这个值实际上是发出脉冲数,所以只能算"开环控制"。关于 EL7031/7041 的闭环控制,请参考第 12 章。

本章仅涉及电机基本动作的实现,对于控制效果的优化,请参考 3.2.4 节"Ctrl 控制参数设置"。

9.2.1　参数配置

1. 需要设置的参数

当用 NC 控制 EL7031、7041 时,必须初始化的参数见表 9.3。

表 9.3　NC 控制 EL7031 必须初始化的参数

项　目	CoE Object	赋　值		默　认　值
操作模式 Operation Mode	8012:01	0	Automatic	1 Direct velocity
		1	Direct velocity	
		2	Velocity controller	
		3	Position controller	
速度范围 Speed range	8012:05	0	1000 full steps/second	1 2000 full steps/second
		1	2000 full steps/second	
		2	4000 full steps/second	
		3	8000 full steps/second	
反馈类型 Feedback type	8012:08	0	External encoder	1 Internal counter
		1	Internal counter	
最大电流 Maximal current	8010:01	单位：mA，最大值为 5000		5000（即 5 A）
供电电压 Norminal Voltage	8010:03	单位：mV，最大值为 50000		50000（即 50 V）
匀速电流 Coil current（a<a, th）	8014:04	单位：1%，最大值为 100		50（即 50%）
零速电流（自动） Coil current（v=0, auto）	8014:05	单位：1%，最大值为 100		50（即 50%）
零速电流（手动） Coil current（v=0, manual）	8014:06	单位：1%，最大值为 100		50（即 50%）
细分倍数 （EL70x1-1000 才有此项参数）	8012:45	细分倍数为 2^n		6（即 64 倍细分）
恢复出厂设置	1011:01	0x64616F6C		0

说明：速度范围（Speed range），是指 DataOut 为 32367 时，对应的最大电机步数。比如，200 步的电机，如果速度范围是 2000 full steps/second，那么电机的理论最高速度就是：（2000/200）×60 r/min = 600 r/min。

假如客户拿到的模块不确定里面的参数是否修改过，就可以先将其恢复出厂设置，再修改上述需要修改的 CoE 参数。

2. EL7031/7041 参数设置的方法

EL7031/7041 模块的参数是保存在 CoE 对象字典里的。和其他复杂型 EL 模块一样，模块的 User manual 中都有专门的章节描述每个 Object 的 Index、SubIndex 和功能。其设置方法也完全与其他 EL 模块相同，请参考《TwinCAT 3.1 从入门到精通》第 10 章的相关内容。

如果要永久性地修改参数，就需要把它添加到 Startup 页面的列表中。

常用的参数可参考配套文档 9-1。

实际使用时根据硬件型号，将适当的 XML 文件导入 Startup List 后，再修改个别参数的目标值即可。

配套文档 9-1
EL7041 的典型
StartupList

3. 从 PLC 程序访问 EL7031/EL7041 的参数

PLC 访问 EL7031/EL7041 的参数的方法也完全与其他 EL 模块相同，
请参考《TwinCAT 3.1 从入门到精通》第 10 章的相关内容。

相比于 KL2531 和 KL2541，EL70x1 模块提供的状态参数更为丰富，包括电机电压、电流、模块温度、控制电压、动力供电电压以及各种报警状态，比如超温、过载、欠电压、过电压、开路及短路等。在 CoE Online 页面可见，如图 9.2 所示。

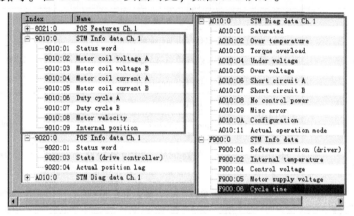

图 9.2　EL7041 的状态诊断信息

这些状态可以通过 CoE 页面查看，也可以读入 PLC 程序。

Process Data 的配置如图 9.3 所示。

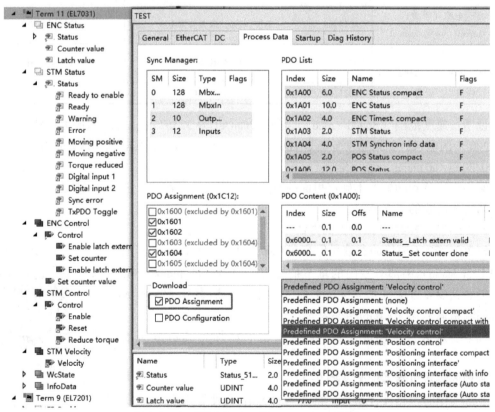

图 9.3　NC 控制 EL7041 的 Process Data 配置

9.2.2 TwinCAT NC PTP 控制 EL7031、EL7041

1. 准备工作

1）接线。

2）扫描硬件，进入 Config Mode，启用 Free Run 模式。

3）配置参数。

2. 手动测试电机速度

先给 Velocity 写入一个值。

对于 EL7031-0000、EL7041-0000，如果是 200 步的电机，假设最大速度（Speed Range）8012:05 为默认值 1，即每秒钟 2000 Full Step，所以要使电机每秒转 1 转，即每秒 200 Full Step。Velocity 应设置为 200×32767/2000≈3276。

EL70x1-0000 不用考虑细分倍数，固定为 64 倍细分，下一步在编码器的 Scaling Factor 中才需要考虑该系数。

对于 EL7031-1000、EL7041-1000，其内部工作机制与 KL2531、KL2541 相同。

如果是 200 步的电机，假设 8012：45 为默认值 6，即 64 倍细分，要使电机每秒转 1 转，脉冲频率应为 12800 Hz。Velocity 应设置为 12800/3.8148≈3355。

其中，3.8148 是频率常数。Velocity 为最大值 32767 时，最高频率为 125 kHz，即 Velocity 每增加 1，输出频率就增加 125000/32767≈3.8148 Hz。

把 EL70x1 的 Process Data 中 STM Control 下变量 Control 的 Enable 位置为 True，把 Velocity 写为 3276（EL7041-0000）或者 3255（EL7041-1000），电机就会按 1 r/s 的速度转动。如果不动或者速度不对，请检查接线及参数设置是否正确。

3. TwinCAT NC Axis 设置

TwinCAT NC Axis 计算步骤如下。

1）添加一个轴。

2）链接到硬件，选择上一步配置的模块 KL2531/KL2541。

3）编码器 Scaling Factor 设置。

Scaling Factor 指每个反馈脉冲对应的距离（单位 mm），使用脉冲编码器和使用发送脉冲作为位置反馈的 Scaling Factor 计算方法对比见表 9.4。

表 9.4 使用脉冲编码器和使用发送脉冲作为位置反馈的 Scaling Factor 计算方法对比

	使用脉冲编码器	使用发送脉冲
适用范围	EL7031，接了编码器，且 CoE Object 0x8012:08 为 False，表示使用编码器值作为位置反馈	EL7031，无编码器 EL7041，未接编码器或者接了编码器，但 CoE Object 0x8012:08 为 True，表示使用发送脉冲作为位置反馈
Axis_Enc 的 Scaling Factor 计算公式	每转距离/编码器每圈脉冲数 编码器线数与每转位置增量之间，通常有 4 倍频关系	每转距离/（电机步数×细分倍数） 电机步数 8010:06，默认值 200 细分倍数： 对 EL70x1-1000，8012:45，默认值 6，即 64 倍细分。 对 EL70x1-0000，固定 64 倍细分。
计算示例 假设：一转 360 mm	假设编码器 1024 线 Scaling Factor = 360/1024 mm/Inc = 0.3515625 mm/Inc	Scaling Factor = 360/200×64 = 0.028125 mm/Inc

4）禁用误差检测，或者把 Lag Value 设置为足够大。

5）设置参考速度 Reference Speed，单位为 mm/s。

EL70x1-0000 和 EL70x1-1000 参考速度（Reference Speed）计算对比见表 9.5。

表 9.5　EL70x1-0000 和 EL70x1-1000 参考速度（Reference Speed）计算对比

	EL70x1-0000	EL70x1-1000
Reference Velocity 计算公式	电机每转距离 ×Speed Range/Full Steps。	Max Frequency×电机每转距离 /（Micro steps×Full steps）
计算示例 　假设：一转 360 mm，Speed Range 2000 步，64 倍细分	Reference Velocity =360×2000/200 mm/s=3600 mm/s	Reference Velocity =125000×360/（200×64）mm/s =3515 mm/s

表 9.5 中，电机每转距离由传动系统决定，此处假定为 360 mm。

EL70x1-0000 的 Speed Range 由 CoE 参数 8012:05 决定，假定使用默认值 1，即 2000 Full Steps/s。

EL70x1-1000 的 Max Frequency 为恒量：125000 Hz。

6）设置死区补偿时间，为 NC SAF 周期的 3.5 或者 4 倍。

假定 NC Task SAF 周期为 2 ms，死区补偿时间应为 0.007 s 或者 0.008 s。

7）设置死区范围。

对于 EL7041 带编码器，并且 8012:08 为 0（启用外部编码器）时，还需要设置 Dead Band（死区范围）。死区范围应大于 Axis_Enc 的 Scaling Factor，可以设置为它的 2 倍。

激活配置，就可以在 NC 轴界面控制步进电机了。

4. 调试 NC 轴

测试电机的使能、点动、正反转等动作；设置好点动速度，寻参速度，最大速度限值；设置好加速度，减速度，加加速度 Jerk；调节 PID 参数。

9.2.3　其他功能实现

1. 关于 EL70x1 的限位信号

默认限位功能是禁用的，如果想用模块的 Input1 和 Input2 作为正负限位触发急停，那么就要把 8012:32 和 8012:36 设置为 1，且这两个 DI 点应接常闭触点。

2. 诊断功能

在 PDO List 中看到 EL7041 可提供多种状态字组合，如图 9.4 所示。

PDO List:

Index	Size	Name	Flags	SM	SU
0x1A00	6.0	ENC Status compact	F	3	0
0x1A01	10.0	ENC Status	F		0
0x1A02	4.0	ENC Timest. compact	F		0
0x1A03	2.0	STM Status	F	3	0
0x1A04	4.0	STM Synchron info data	F	3	0
0x1A05	2.0	POS Status compact	F		0
0x1A06	12.0	POS Status	F		0
0x1A07	4.0	STM Internal position	F		0
0x1A08	4.0	STM External position	F		0
0x1A09	4.0	POS Actual position lag	F		0

图 9.4　EL7041 可提供的多种状态字组合

在 Info Data 中还可以通过配置提供其他参数的当前值，如图 9.5 所示。

PDO Content (0x1A04):

Index	Size	Offs	Name	Type	Default ...
0x6010:11	2.0	0.0	Info data 1	UINT	
0x6010:12	2.0	2.0	Info data 2	UINT	
		4.0			

图 9.5　Info Data 的内容

在 0x6010:11 和 0x6010:12 中分别可以设置 Info data 1 和 Info data 2 中显示的变量，默认为显示 A、B 相实际电流。

可以读取 CoE 获取的诊断信息，如图 9.6 所示。

Index	Name	Flags	Value	Unit
⊟ 9010:0	STM Info data Ch.1	RO	> 19 <	
├ 9010:01	Status word	RO	0x0000 (0)	
├ 9010:02	Motor coil voltage A	RO	0x0000 (0)	
├ 9010:03	Motor coil voltage B	RO	0x0000 (0)	
├ 9010:04	Motor coil current A	RO	0	
├ 9010:05	Motor coil current B	RO	0	
├ 9010:06	Duty cycle A	RO	0	
├ 9010:07	Duty cycle B	RO	0	
├ 9010:08	Motor velocity	RO	0	
├ 9010:09	Internal position	RO	0x00000000 (0)	
├ 9010:13	External position	RO	0x00000000 (0)	
⊟ 9020:0	POS Info data Ch.1	RO	> 4 <	
⊟ A010:0	STM Diag data Ch.1	RO	> 17 <	
├ A010:01	Saturated	RO	FALSE	
├ A010:02	Over temperature	RO	FALSE	
├ A010:03	Torque overload	RO	FALSE	
├ A010:04	Under voltage	RO	FALSE	
├ A010:05	Over voltage	RO	FALSE	
├ A010:06	Short circuit A	RO	FALSE	
├ A010:07	Short circuit B	RO	FALSE	
├ A010:08	No control power	RO	FALSE	
├ A010:09	Misc error	RO	FALSE	

图 9.6　EL7041 的诊断信息

配套文档 9-2
例程：用 PLC 控制
EL7031/7041

3. 用 PLC 控制 EL7031/7041

用 PLC 控制 EL7031/7041 的例程请参考配套文档 9-2。

9.3　KL2531/2541 及步进电机的控制

本章仅涉及使用模块反馈值"Position"作为 NC 轴位置计算的情况，如下所示。

KL2531：无编码器。

KL2541：未接编码器。

KL2541：接了编码器，但未使用编码器作为 NC 控制的位置反馈。

KL2541：接了编码器，且使用该编码器作为 NC 控制的位置反馈。

前 3 种情况，位置反馈值"Position"实际上就是模块发出的脉冲数，当电机发生堵转或者丢步时，控制器无法判断也无从处理，所以只是"开环控制"。对于第 4 种情况，位置反馈值"Position"是外接编码器的脉冲数。属于半闭环控制。本章仅涉及电机基本动作的实现，对于控制效果的优化，请参考 3.2.4 节关于 Ctrl 控制参数设置的内容。

9.3.1 电气接线

图 9.7 为 KL2531 的接线图，KL2531 和 EL7031 的接线方式是相同的该模块不带编码器接口，只需连接步进电机 A 相 B 相线圈的两端。电机驱动电流从 KL2531 的"Power Contact"获得，电机动力由 KL2531所在电源组的开关电源供给。

KL2541 和 EL7041 的接线方式是相同的，以连接倍福步进电机为例，如图 9.8 所示。

图 9.8 为 KL2541 的接线示例，除了连接电机线圈外，还要连接编码器反馈。编码器电源由 KL2541 所在电源组的开关电源供给，而电机耗电则由 KL2541 右边模组的最下面两个触点所连接的 DC 50 V 电源供给。如果此处输入 24 V 电源，KL2541 也能驱动 24 V 的步进电机。

A1、A2 连接 A 相线圈。B1、B2 连接 B 相线圈。为了判断两线是否为同相线圈，只需要短接两线，然后试着转动电机轴，如果转动困难，则为同相线圈。

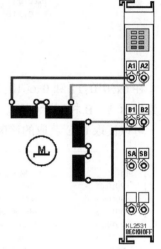

图 9.7 KL2531 接线图

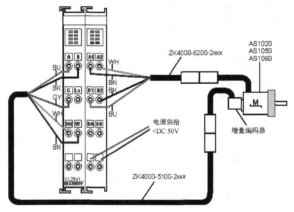

图 9.8 KL2541 接线图

9.3.2 参数配置

1. 需要设置的参数

使用 TwinCAT NC 来控制 KL2531/2541，必须设置的参数见表 9.6。

表 9.6 KL25x1 步进模块的配置参数

参 数 项	注 册 字	默 认 值
运行模式 Operation Mode	R32 的 Bit 4、Bit 3 组合 00："Speed, direct"，NC 控制 11："Path control"，PLC 控制，且给定目位置 01："Velocity, with ramps"，用 PLC 控制且给定速度	00："Speed, direct"，NC 控制
是否使用外接编码器	R32 的 Bit 11	0：使用外部编码器
电机步数	R33	200：即步距角 1.8
细分倍数	R46 假定为 n，则细分倍数为 2^n	6：表示 64 倍细分

208

参 数 项	注 册 字	默 认 值
A、B 相最大电流	R35、R36 模块最大电流的百分比，比如最大电流 5 A 的 KL2541， 如果 R35 为 60，则模块单相最大输出电流为 3 A	100：表示 100%模块最大电流输出
外接编码器线数	R34 电机转一圈，编码器增加的脉冲数	4000：1000 线的编码器经过 4 倍频
保持电流及阈值	R44 电机零速时，不需要输出维持电机动作时一样大的 电流。为避免发热，模块会自动降低输出电流到 R44 所设置的值，这就叫保持电流	50：指 50%模块最大电流

模块默认值为 64 细分，由于模块的最大输出频率是恒定的，所以细分越大，电机最大
转速越小。在该速度满足工艺要求的前提下，不必修改细分倍数。

2. 用 PLC 程序读写参数

对于 KL 模块，需要在初始化程序中编程实现模块的参数化，以免更换备件时人工配置
参数。如果只是想测试模块功能，而不是编写完整的项目程序，可以跳过这部分内容。

TwinCAT NC 控制 KL2531/2541 时，Process Data 的各变量已经链接到了 NC 轴，PLC 程
序不能直接控制 Process Data。为此 TwinCAT 提供了 Tc2_NC 库，其中包括专门处理 KL25xx
注册字通信的功能块 FB_RegisterComKL25xx，如图 9.9 所示。

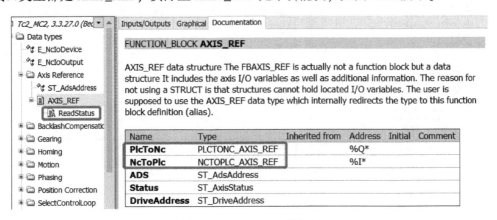

图 9.9 功能块 FB_RegisterComKL25xx

该功能块的接口变量除了读写信号、参数号、参数值之外，它对目标模块的接口类型为
NCTOPLC_AXIS_REF 和 PLCTONC_AXIS_REF。在 TC3 中，Tc2_MC2 库中所有对轴的操作，
其接口类型都是 AXIS_REF，实际上 AXIS_REF 是个功能块，如图 9.10 所示。

图 9.10 AXIS_REF 的内容

AXIS_REF 不仅包含两个结构体 NcToPlc 和 PlcToNc，类型刚好是 NCTOPLC_AXIS_REF 和 PLCTONC_AXIS_REF，而且还包括一个 Action：ReadStatus。所以引用 FB_Register-ComKL25xx 时，应做如下赋值：

```
Axis1            :Axis_REF;
fbWriteReg       :FB_RegisterComKL25xx;

fbWriteReg(
    Read:= ,
    Write:= ,
    RegNumber:= ,
    RegValue:= ,
    AxisRefIn:=Axis1.NcToPlc ,
    AxisRefOut:=Axis1.PlcToNc );
```

3. 通用的 KL 模块参数配置方法

作为 KL 模块，适用所有常规的 KL 模块参数配置方法。详见《TwinCAT 3.1 从入门到精通》的第 10 章。

9.3.3 TwinCAT NC PTP 控制 KL2531、KL2541

1. 准备工作

1）接线。

2）扫描硬件，进入 Config Mode，启用 Free Run 模式。

3）配置参数。

2. 手动测试电机速度

对于 KL2531、KL2541，先给 Velocity 写入一个值。

如果是 200 步的电机，假设 R46 为默认值 6，即 64 倍细分，要使电机每秒转 1 转，脉冲频率应为 12800 Hz。Velocity 应设置为 $12800/3.8148 \approx 3355$。

其中，3.8148 是频率常数。Velocity 为最大值 32767 时，最高频率为 125 kHz，即 Velocity 每增加 1，输出频率就增加 $125000/32767 \approx 3.8148 \text{ Hz}$，如图 9.11 所示.

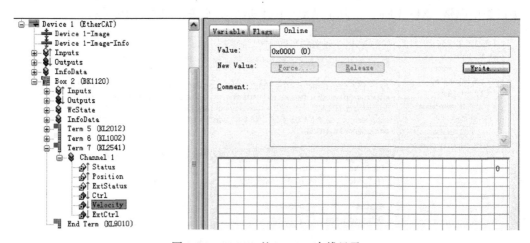

图 9.11 KL2541 的 Velocity 在线显示

把 Velocity 写为 3355，把控制字 Ctrl 写为 1，电机就会按每秒 1 转速度转动。如果不动或者速度不对，请检查接线及参数设置是否正确。

3. 用 TwinCAT NC 控制 KL2541/2531

1）添加一个轴。

2）链接到硬件，选择上一步配置的模块 KL2531/KL2541。

3）编码器 Scaling Factor 设置，如图 9.12 所示。

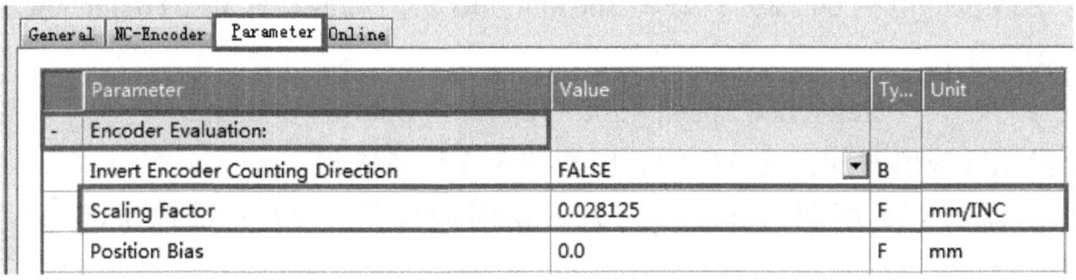

图 9.12　设置 Axis_Enc 的 Scaling Factor

针对不同的反馈类型，Scaling Factor 有不同的计算依据，具体见表 9.7。

表 9.7　Scaling Factor 的计算

	使用发送脉冲作为当前位置	使用编码器作为位置反馈
适用范围	KL2531，无编码器 KL2541，未接编码器或者接了编码器，但 R32.11 为 True，表示使用发送脉冲作为位置反馈	KL2541，接了编码器，且 R32.11 为 False，表示使用编码器值作为位置反馈
Axis_Enc 的 Scaling Factor 计算公式	每转距离/（电机步数×细分倍数） 电机步数 R33，默认值 200 细分倍数 R46，默认值 6，即 64 倍细分	每转距离/编码器每圈脉冲数 编码器线数与每转位置增量之间，默认会有 4 倍频关系
示例：假设 360 mm/转	Scaling Factor=360/200×64 = 0.028125 mm/Inc	假设编码器 1024 线 Scaling Factor=360/1024 mm/Inc = 0.3515625 mm/Inc

4）禁用误差检测，或者把 Lag Value 设置为足够大，如图 9.13 所示。

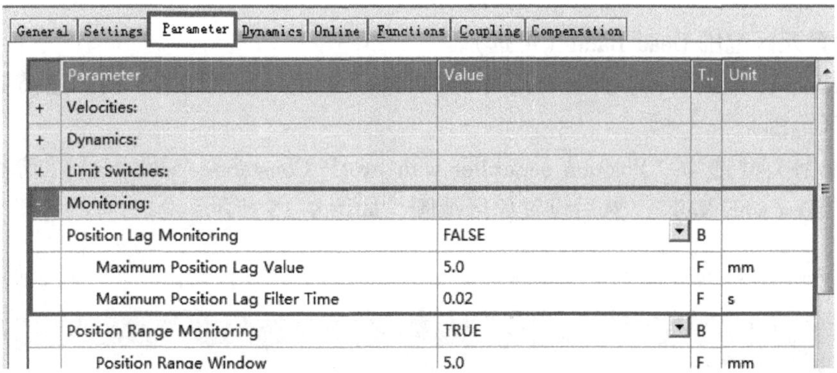

图 9.13　设置 Position Lag Monitoring

这是为了避免单位设置错误引起 NC 轴报警，最后用 PLC 程序控制步机电机之前，还是应该启用跟随误差检测，尤其是使用外部编码器时。否则，真正的机械故障发生时，不能即时报警，可能导致设备损坏。

5）设置参考速度 Reference Speed，单位为 mm/s。

参考速度，就是模块按最大频率输出，在当前细分设置时电机对应的速度，计算公式为

$$\text{Reference Speed} = \text{Scaling Factor} \times \text{Max Frequency}$$

或者

$$\text{Reference Speed} = \text{电机转动 1 转的距离} \times \text{Max Frequency}/(\text{细分} \times \text{步数})$$

例如：200 步的电机 64 细分，每转 360 mm，KL2531/2541 的 Max Frequency 恒为 125000 Hz 时参考速度为

$$\text{Reference Speed} = 360 \times 125000/(200 \times 64) = 3515$$

6）设置死区补偿时间，为 NC SAF 周期的 3.5 或者 4 倍。

假定 NC Task SAF 周期为 2 ms，死区补偿时间应为 0.007 s 或者 0.008 s，如图 9.14 所示。

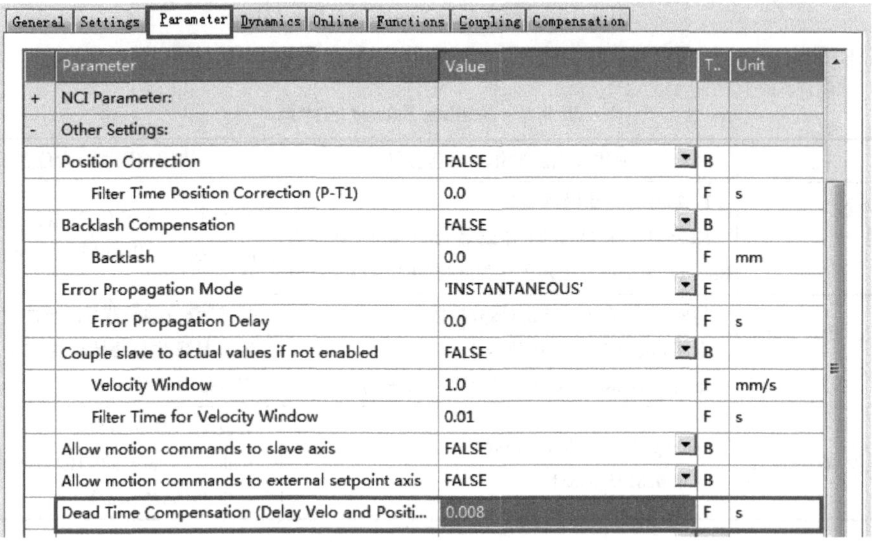

General | Settings | Parameter | Dynamics | Online | Functions | Coupling | Compensation

	Parameter	Value	T..	Unit
+	NCI Parameter:			
-	Other Settings:			
	Position Correction	FALSE	B	
	Filter Time Position Correction (P-T1)	0.0	F	s
	Backlash Compensation	FALSE	B	
	Backlash	0.0	F	mm
	Error Propagation Mode	'INSTANTANEOUS'	E	
	Error Propagation Delay	0.0	F	s
	Couple slave to actual values if not enabled	FALSE	B	
	Velocity Window	1.0	F	mm/s
	Filter Time for Velocity Window	0.01	F	s
	Allow motion commands to slave axis	FALSE	B	
	Allow motion commands to external setpoint axis	FALSE	B	
	Dead Time Compensation (Delay Velo and Positi...	0.008	F	s

图 9.14　设置死区补偿时间

7）设置死区范围 Dead Band（可选）。

对于 KL2541 带编码器，并且 R32.11 为 False（启用外部编码器）时，还需要设置 Dead Band（死区范围）。

先将控制类型选为“Position controller with two P Constants（with Ka）”或者“Position Controller PID（with Ka）”，然后设置死区范围，如图 9.15 所示。

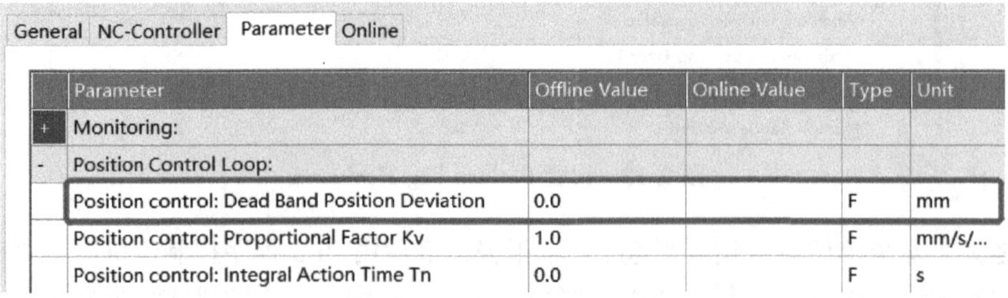

General | NC-Controller | Parameter | Online

	Parameter	Offline Value	Online Value	Type	Unit
+	Monitoring:				
-	Position Control Loop:				
	Position control: Dead Band Position Deviation	0.0		F	mm
	Position control: Proportional Factor Kv	1.0		F	mm/s/...
	Position control: Integral Action Time Tn	0.0		F	s

图 9.15　设置死区范围

死区范围应大于 Axis_Enc 的 Scaling Factor，可以设置为它的 2 倍。这是由于如果编码器一个脉冲走过的距离大于模块发送一个脉冲走过的距离，就意味着模块发送多个脉冲，位置反馈可能根本不变。经过 NC 反复调节，电机总是在目标位置附近摆动而停不下来，因为无法精确达到目标位置。

然后就可以激活配置，并在 NC 轴界面控制步进电机了。

4. 调试 NC 轴

参考第 3 章的方法，测试电机的使能、点动、正反转等动作；设置好点动速度，寻参速度，最大速度限值；设置好加速度，减速度，加加速度 Jerk；调节 PID 参数。

9.3.4 其他功能实现

1. 限位信号

注册字 R32 的 Bit 1 用于开启限位功能。默认值 False 表示禁用限位。

如果想用模块的 Input1 和 Input2 作为正/负限位触发急停，那么就要把 R32.1 设置为 True。

2. 恢复出厂设置

Command 0x7000：Restore Factory Settings，把 R7 写为 0x7000 可以将参数恢复为出厂设置。

假如客户拿到的模块不确定里面的参数是否修改过，就可以先将其恢复出厂设置，再修改上述需要修改的 R 参数。

配套文档 9-3
例程：用 PLC 控制
KL2531/2541

3. 用 PLC 控制 KL2531/2541

用 PLC 控制 KL2531/2541 的例程请参考配套文档 9-3。

9.4 附加资料

1. NC 控制 EJ7031/EJ7041

EJ 模块相对于同型号的 EL 系列，区别在子硬件和电气层面，软件和主要芯片基本一致，因此从程序和配置上来讲，并无明显差别。注意，需要使用 EJ 模块的 XML 文件，如果没有请联系倍福官方。

2. NC 控制 EL7037/7047

EL7037 在 EL7031 的基础上又做了升级，具有矢量控制功能，带动倍福带编码器的电机时运行平稳，不会堵转，不丢步不共振，发热大大减少。即使带动第三方步进电机，在高速性能上也有优化。新项目推荐使用 EL7037/EL7047 系列。

在控制软件上，NC 控制 EL7037/7047 的方式与控制 EL7031/7041 相同。

3. NC 控制 EL7041-0052

NC 控制 EL7041-0052 的方法与 EL7041 相同，XML 文件不需要更新，仅仅是电气元件上取消了编码器接口，控制时像 EL7031 一样以 Internal 方式，使用发送脉冲计数作为位置反馈即可。

4. 对比 EL7031-1000、EL7031、EL7037

EL7031-1000 的主要电子元件继承了 KL2531 的特征，固定最高输出脉冲频率，调节细分倍数可以改变步进电机的最大速度。只是对外接口从 K-Bus 改成了 E-Bus。

EL7031 采用了新一代的电子元件，固定细分倍数，调节最高每秒输出步数 Full Range，单位是细分前的步数，比如步距角 1.8°的电机即为 200 步。

EL7037 在 EL7031 的基础上又做了升级。新项目推荐使用 EL7037/EL7047 系列。

5. 制动端子 EL9576 和 KL9570

EL9576 是专为紧凑驱动模块设计的制动模块，内置一个 155 μF 的电容。电机制动时可以储能抑制直流母线电压的升高，如果回馈的能量超出电容的容量，还可以通过外接电阻释放掉。外置电阻典型值是 10 Ω、100 W，可以根据项目选择。倍福提供外置电阻 ZB81110。

EL9570 和 KL9570 的作用与 EL9576 类似，KL9570 用于 KL2531、KL2541，EL9570 是 EL9576 的前身，新项目不推荐使用。

第 10 章　TwinCAT NC 控制高速脉冲接口的伺服

10.1　功能介绍

1. 产品特点

倍福公司的高速脉冲输出模块型号是 KL2521 及 EL2521，最高输出频率都为 500 kHz，默认为 50 kHz，通常用来输出脉冲给步进驱动或者伺服驱动。TwinCAT NC 把接收 KL2521 和 EL2521 输出脉冲的驱动器视作同一类型的 NC 轴，与模块实际连接驱动器品牌、型号无关。

高速脉冲控制和总线方式比起来，灵活性大大下降，对驱动器的诊断功能也很弱。PLC 无法获取脉冲型驱动器的温度、力矩等诊断信息，也不能修改位置环、速度环的 PID 参数。如果不使用编码器模块 EL5×××，TwinCAT NC 就无法知道电机的实际位置，而只能使用 KL/EL2521 发出脉冲的数量作为位置反馈。所以发生丢脉冲或者紧急加减速时，TwinCAT NC 中显示的位置可能与电机的实际位置有较大偏差。

这种方式的优点是简单、可靠，抗干扰性能优于模拟量接口的驱动器，并且价格便宜。

2. 产品型号

KL2521 用于背板总线为 K-bus 的系统，只能和其他 KL 模块并排使用。EL2521 用于背板总线为 E-bus 的系统，只能和其他 EL 模块并排使用。根据输出信号的电气特性不同，KL/EL2521 模块有标准型（KL/EL2521-0000）和扩展型（KL/EL2521-0024）之分。

高速脉冲输出模块的具体型号见表 10.1。

表 10.1　高速脉冲输出模块的具体型号

技术参数	KL2521 EL2521	KL2521-0024 EL2521-0024
输出点数	1 通道（2 点差分输出 A、B）	
输入点数	2（+T，+Z）	
信号电压	RS422 电平	DC 24 V（外部供电）
最大输出电流	根据 RS422 规范	0.5 A
基频	1~500 kHz，默认为 50 kHz	

订货时需要根据驱动器端的接口类型确定适当的 EL、KL 模块型号。

10.2　EL/KL2521 及驱动控制

10.2.1　电气接线

1. 标准型（EL/KL2521-0000）

输出信号的电气标准为 RS422，所控制的设备可以是步进电机驱动器，也可以是伺服驱动器。具体接线应参考通信双方的接口定义。下面以 AX2000 伺服驱动器为例，如图 10.1 所示。

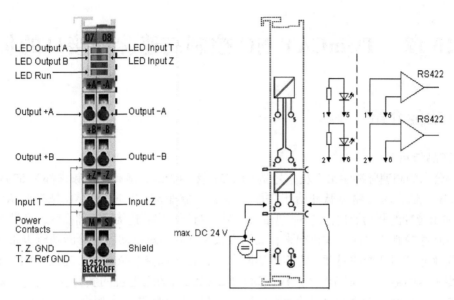

图 10.1　EL/KL2521 的接线图

T 和 Z 信号，是两个 PNP 输入点。当使用 TwinCAT NC 控制 EL、KL2521 时，这两个点可以不接。用户也可以把它们用作两个普通的 24 V 数字输入点，可以从 Process Data 中的 Status 字节 Bit4 和 Bit5 读取这两个 DI 点的值。

2. 扩展型（EL/KL2521-0024）

这种模块输出信号为 DC 24 V，需要外接电源，如图 10.2 所示。

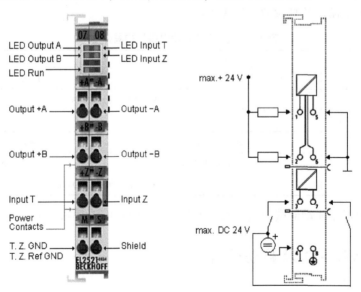

图 10.2　EL/KL2521-0024 的接线图

扩展型（EL/KL2521-0025）就是在 EL/EK2521-0024 版本的基础上，将 A+ 和 A- 对调，B+ 和 B- 对调。

216

10.2.2　参数设置

1. 模式设定

对高速脉冲输出模块而言，无论是 EL2521 还是 KL2521，原理是相同的，都有三种模式需要设置：输出模式、工作模式和频率设置模式。在正式配置一个 NC 轴来控制 EL \ KL2521 之前，必须确保输出模式设置正确。

工作模式和频率设置模式可以使用出厂值。如果用户拿到的是不是崭新的模块，则建议先恢复出厂值。

（1）输出模式

模块的输出模式也有多种，可以在参数中设置。输出模式的选择必须与驱动器端的脉冲输入接口一致，EL/KL2521 支持的输出模式见表 10.2。

表 10.2　EL/KL2521 支持的输出模式

EL/KL2521 输出模式	功　能		适用的驱动器接口
	正转/反转		
频率控制 正逻辑（BA0）	A ⎍⎍⎍⎍	B ⎍⎍⎍⎍	频率控制，PNP
脉冲方向控制 正逻辑（BA1）	A ⎍⎍⎍⎍⎍⎍⎍⎍	B ‾‾‾‾	脉冲方向，PNP
增量编码器（虚拟） 正逻辑（BA2）	A ⎍⎍⎍⎍	B ⎍⎍⎍⎍	特殊用途
频率控制 负逻辑（BA4）	A ⎍⎍⎍⎍	B ⎍⎍⎍⎍	频率控制，NPN
脉冲方向控制 负逻辑（BA5）	A ⎍⎍⎍⎍⎍⎍⎍⎍	B ‾‾‾‾	脉冲方向，NPN
增量编码器（虚拟） 负逻辑（BA6）	A ⎍⎍⎍⎍	B ⎍⎍⎍⎍	—

KL/EL2521 控制驱动器和电机时，使用 BA1 模式（脉冲–方向）或者 BA0（频率控制）模式。如果驱动器的脉冲输入端子是 PNP 电路，则用正逻辑，如果是 NPN 电路，则用负逻辑。

（2）工作模式

高速脉冲输出模块有两种工作模式。

第一种是 Travel Distance Control，就是模块按给定的速度、加速度，运动到指定的目标位置。PLC 只要在模块的内部参数中，设置好速度、加速度、目标位置，然后把控制字里的 GO_COUNTER 位设为 TRUE，模块就会按要求发出指定的脉冲数，对应电机走过指定的距离。这种模式下，模块由 PLC 控制，与 TwinCAT NC 无关，所以不在本书中讨论。

第二种是 Direct Speed，就是模块按控制器给定的频率输出脉冲。控制器可以每个周期修改这个频率，以实现对电机的速度控制。TwinCAT NC 控制脉冲模块就是用这种方式，本章将详细介绍。

（3）频率设置模式

控制器对 EL/KL2521 的频率控制，是通过一个 16 位整数的 Process Data 实现的。在 KL2521 的接口变量中，即 Data Out，在 EL2521 中，就是 Frequency Value，如图 10.3、图 10.4 所示。

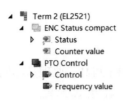

图 10.3　EL2521 的频率输出

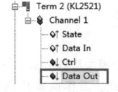

图 10.4　KL2521 的频率输出

整数型变量的值最大为 32767，那么当 EL/KL2521 模块收到的 Frequency Value 为 32767 时输出多大频率，就取决于频率设置模式和相关参数。根据驱动器的设置，这个频率对应的电机速度，就是 NC 轴中的 Reference Velocity。

频率设置模式有直接模式和相对模式两种。

1）直接模式（Direct Mode）。

$$Output\ Frequency = Frequency\ Factor \times Process\ Data \times 0.01\ Hz$$

Frequency Factor 的默认值是 100，那么，KL2521 的 Data Out 或者 EL2521 的 Frequency Value 为 32767 时，对应的频率就是 32767×100×0.01 Hz，即 32767 Hz。

2）相对模式（Relative Mode）。

$$Output\ Frequency = Base\ Frequency \times Process\ Data / 32767$$

所以相对模式下，KL2521 的 Data Out 或者 EL2521 的 Frequency Value 为 32767 时，对应的频率就等于 Base Frequency 1。Base Frequency 1 的默认值为 50 kHz，最大可以设置为 500 kHz。

Base Frequency 2 的默认值为 100 kHz，使用 NC 控制时，这个参数不起作用。因为模块默认使用 Base Frequency 1 作为基频，需要 PLC 写控制字的 Bit 0 为 True 才能切换到 Base Frequency 2。在 NC 控制 EL/EL2521 时，通常可以忽略 Base Frequency 2。

2. EL2521 的参数设置

（1）需要设置的参数

使用 NC 控制 EL2521 时，必须初始化的参数见表 10.3。

表 10.3　EL2521 需要设置的参数

项　　目	CoE Object	赋　　值		默认值	推　荐　设　置
工作模式	8000:0A	0	直接速度模式	0	NC 控制时应为 0
		1	路径控制模式		
输出模式	8000:0E	0	频率控制	0	必须与伺服驱动侧一致，最常用的是脉冲方向控制：1
		1	脉冲方向		
		2	虚拟增量编码器		
输出模式正负逻辑	8000:0F	0	正逻辑	0	如果驱动器脉冲输入是 NPN 则选 1
		1	负逻辑		
频率设置模式	8000:08	0	相对模式	0	推荐相对模式：0
		1	直接模式		
频率设置（相对）基频 1	8001:02	基频 1		50 kHz	500 kHz
频率设置（直接）频率因子	8001:06	Frequency Factor		100	—
恢复出厂设置	1011:01	0x64616F6C		0	—

（2）关于基频 1（0x8001:02）的推荐设置

推荐 8000:08（频率模式）设置为 0，即相对模式，这样 Data Out 为 32767 时，模块就会输出基频 1 的脉冲。

推荐 0x8001:02（基频 1）设置为取最大值 500 kHz。

推荐在驱动器内部设置为基频 1 的 500 kHz 对应电机额定速度。例如：电机额定转速 3000 r/min，要对应 500 kHz，驱动器应设置电机转 1 转的脉冲数量为

$$500000\,\text{Hz}/[(3000\,\text{r/min})/(60\,\text{s/min})]=(500000\,\text{Inc/s})/(50\,\text{r/s})=10000\,\text{Inc/r}$$

按照推荐设置，理论脉冲精度可以达到最高。

（3）EL2521 的参数设置方法

EL2521 模块的参数是保存在 CoE 对象字典里的。和其他复杂型 EL 模块一样，模块的 User Manual 中都有专门的章节描述每个 Object 的 Index、SubIndex 和功能。其设置方法也完全与其他 EL 模块相同，请参考《TwinCAT 3.1 从入门到精通》第 10 章。

如果要永久性地修改参数，就需要把它添加到 Startup 页面的列表中。

3. KL2521 的参数设置

KL2521 和其他复杂型的 KL 模块一样，其参数都保存在 R0-R63 的注册字中，其 User Manual 上会有每个注册字的详细说明，本节只介绍必须设置的参数。

（1）需要设置的参数

当用 NC 控制 KL2521 时，必须初始化的参数见表 10.4。

表 10.4　KL2521 需要设置的参数

项　　目	R 参　数	赋　　　值		默认值	推　荐　值
输出模式	R32:Bit15-13	000	频率控制 正逻辑（BA0）	0	必须与伺服驱动侧一致，最常用的是脉冲方向控制，此值取 001 如果驱动器脉冲输入是 NPN，仍然用脉冲方向控制，此值取 101
		001	脉冲方向控制 正逻辑（BA1）		
		010	增量编码器（虚拟） 正逻辑（BA2）		
		100	频率控制 负逻辑（BA4）		
		101	脉冲方向控制 负逻辑（BA5）		
		110	增量编码器（虚拟） 负逻辑（BA6）		
工作模式	R32.9	0	Direct Speed	0	0
		1	Path Control		
频率设置模式	R32.7	0	相对模式	0	—
		1	直接模式		
基频 1	R36	基频 1		50 kHz	—
恢复出厂设置	R7	0x7000		—	—

（2）基频 1（R36）的推荐设置

推荐 R32.7（频率模式）设置为 0，即相对模式，这样 Data Out 为 32767 时，模块就会输出基频 1 的脉冲。

推荐 R36（基频 1）设置为取最大值 500 kHz。

推荐在驱动器内部设置为基频 1 的 500 kHz 对应电机额定速度。

按照推荐设置，理论脉冲精度可以达到最高。

（3）用 PLC 程序读写 KL2521 的参数

对于 KL 模块，需要在初始化程序中编程实现模块的参数化，以免更换备件时人工配置参数。如果只是想测试模块功能，而不是编写完整的项目程序，可以跳过此部分内容。

TwinCAT NC 控制 KL2521 时，Process Data 的各变量已经链接到了 NC 轴，PLC 程序不能直接控制 Process Data。为此 TwinCAT 提供了 Tc2_NC 库，其中包括专门处理 KL25xx 注册字通信的功能块 FB_RegisterComKL25xx。

（4）通用的 KL 模块参数配置方法

作为 KL 模块，KL2521 适用所有常规的 KL 模块参数配置方法。详见《TwinCAT 3.1 从入门到精通》的第 10 章。

4. 过程数据的配置

对于 KL2521，过程数据 Process Data 是固定的。

对于 EL2521，直接扫描到的默认 Process Data 并不一定适合项目需求。因为用 NC 控制 EL2521 时，模块的"工作模式"为 Direct Speed，所以 Process Data 的设置如图 10.5 所示。

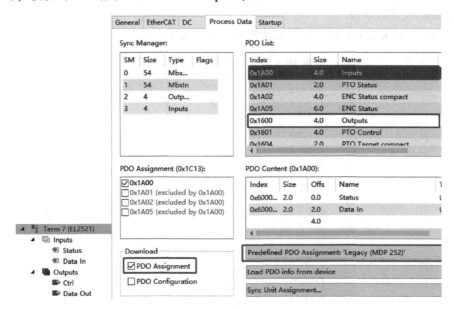

图 10.5　EL2521 的 Process Data 设置

10.2.3　NC 控制 KL/EL2521 的调试步骤

本章仅涉及使用 KL2521 的位置反馈值"Data In"作为 NC 轴位置计算的情况，由于这个值实际上是发出脉冲数，所以只能算"开环控制"。关于 KL2521 的闭环控制，请参考第 12 章。

1. 准备工作

1）接线。

2）扫描硬件，进入 Config Mode，启用 Free Run 模式。

3）配置 EL/KL2521 的参数。

2. 驱动器参数设置

驱动器端的参数设置应与 KL2521 或者 EL2521 的参数设置相匹配，包括以下内容。

1）脉冲输入模式：推荐使用默认模式"脉冲+方向"。

2）脉冲距离系数：通常是设置电机转动一转需要接收到的脉冲数。计算参考速度（Reference Velocity）和反馈当量（Scaling Factor）时，必须考虑到驱动器端的脉冲距离系数。

3）根据驱动器说明书的其他设置，比如使能信号如何给等等。

3. 手动测试电机速度

最好先在空载状态下测试，先给 Frequency Value 写入一个值。

例如：目标速度 60 r/min，即 1 r/s，假设按前面的推荐，基频 500 kHz 对应电机的额定速度 3000 r/min，相对模式，驱动器已设置每转 10000 脉冲。

目标速度 60 r/min，占额定速度的百分比为 60/3000＝20%，所以：

$$Frequency\ Value = 32767 \times 20\% = 655$$

在 Frequency Value 的 Online 选项卡中写入值，如图 10.6 所示。

图 10.6　写入值

把控制字 Ctrl 写为 1，电机就会按 1 r/s 的速度转动。如果不动或者速度不对，请检查接线及参数设置是否正确。

通常伺服驱动器的厂家会提供调试工具软件，或者使用驱动器面板按钮操作。

调节速度环，以使速度波动最小，且速度值与目标值相当。

4. TwinCAT NC Axis 设置

TwinCAT NC Axis 的设置步骤如下。

1）添加一个轴。

2）链接到硬件，选择上一步配置的模块 EL/KL2521。

3）编码器 Scaling Factor 设置。

使用 NC 控制 EL/KL2521 时，NC 直接把发出的脉冲数作为位置反馈，但是一个脉冲对应机构会前进多少距离，取决于驱动器的设置，以及传动机构的机械参数。对于步进驱动器和伺服驱动器，计算编码器 Scaling Factor 的依据不同，具体见表 10.5。

表 10.5　编码器 Scaling Factor 计算示例

适用范围	对于步进驱动器	对于伺服驱动器
Axis_Enc 的 Scaling Factor 计算公式	每转距离/（电机步数×细分倍数）	每转距离/每转脉冲数
计算示例	电机步数：假设为 200 步 细分倍数：假设为 64 倍细分 每转距离：假设为 360 mm	每转脉冲数：10000 每转距离：假设为 360 mm
计算步骤	Scaling Factor＝360/200×64 mm/Inc ＝0.028125 mm/Inc	Scaling Factor＝360/10000 mm/Inc ＝0.036 mm/Inc

4）禁用误差检测，或者把 Lag Value 设置为足够大。

5）设置参考速度 Reference Velocity，单位为 mm/s。

对于步进驱动器和伺服驱动器，计算编码器 Scaling Factor 的依据不同，具体见表 10.6。

表 10.6 NC 轴 Reference Velocity 计算示例

适 用 范 围	对于步进驱动器	对于伺服驱动器
Reference Velocity 计算公式	Scaling Factor×Base Frequency 1	
计算示例	电机步数：假设为 200 步 细分倍数：假设为 64 倍细分 每转距离：假设为 360 mm	每转脉冲数：10000 每转距离：假设为 360 mm 3000 r/min 电机
	Base Frequency 1 设置为 500 kHz，频率设置为相对模式	
计算步骤 Scaling Factor	= 360/(200×64) = 0.028125 mm/Inc	= 360/10000 mm/Inc = 0.036 mm/Inc
计算步骤 Reference Velocity	Reference Velocity = 0.028125×500 m/s = 14062.5 mm/s	Reference Velocity = 0.036×500 m/s = 18000 mm/s

表 10.6 中，电机每转距离由传动系统决定，此处假定为 360 mm。

6）设置死区补偿时间，为 NC SAF 周期的 3.5 或者 4 倍。

假定 NC Task SAF 周期为 2 ms，死区补偿时间应为 0.007 s 或者 0.008 s。

7）激活配置，就可以在 NC 轴界面控制步进电机了。

5. 调试 NC 轴

参考第 3 章的方法，测试电机的使能、点动、正反转等动作；设置好点动速度，寻参速度，最大速度限值；设置好加速度，减速度，加加速度 Jerk；调节 PID 参数。

10.2.4 其他功能的实现

1. 用 PLC 控制 EL2521 的例程

用 PLC 控制 EL2521 的例程见配套文档 10-1。

2. 用 PLC 控制 KL2521 的例程

用 PLC 控制 KL2521 的例程见配套文档 10-2。

配套文档 10-1
例程：用 PLC 控制
EL2521

配套文档 10-2
例程：用 PLC 控制
KL2521

10.3 常见问题

1. 是否应该带反馈？

如果高速脉冲模块用于控制步进驱动器，通常不带反馈。因为使用步进的场合通信位置精度的要求不高。对于不带反馈的系统，累积误差无法检测也无法消除，除非再次寻参。

如果高速脉冲模块用于控制伺服驱动器，是否带反馈就视精度要求和成本预算而定。有的伺服驱动器，本身接收物理编码器的信号用于定位，还能向外输出一路编码器信号，向控制器报告自己的位置。如果控制器侧配有接收该信号模块（比如 EL5101），就可以知道实际的电机位置。

还有情况是现场另外加装了编码器，接到控制系统，形成全闭环控制。

2. 如何判断是否丢脉冲？

NC 控制高速脉冲输出模块时，如果没有编码器信号接入 NC，是无法判断是否丢脉冲的。用户可以采取其他措施来定期修正或者补偿，比如机械上加装光电开关，类似编码器的 Z 信号，再配合 XFC 探针测量该信号发生时 NC 轴的实际位置与理论位置的差值。

第11章　TwinCAT NC 控制模拟量接口的伺服

模拟量接口的"轴"包括以下两种类型。

一种是伺服驱动器接收模拟量信号，而驱动器上有个编码器输出接口接到 TwinCAT I/O 系统的编码器模块。

另一种实际上是变频器接收模拟量来控制频率，在机构上加装编码器接入 I/O 系统作为轴的位置反馈。通常用于功率较大，不需要定位或者定位精度和动态性能都要求不高的场合。

在 TwinCAT NC 中，这两种"轴"的配置方法完全相同。

11.1　硬件模块和接线

1. 接口模块

使用 TwinCAT NC 通过模拟量控制伺服驱动器或者变频器，需要配备的端子模块包括以下内容。

1) 模拟量输出：比如±10 V 电压输出模块，用于控制电机速度。
2) 编码器输入：比如 5 V 增量式编码器输入模块，用于反馈电机位置。
3) 数字量输入：用于采集状态信号，比如 Ready、Error、正负限位等。
4) 数字量输出：用于控制信号，比如 Enable、Reset 等。

2. 接线注意事项

编码器模块的接线如下。

1) 数字量输入：选型和接线都要注意伺服侧的输出是 PNP 还是 NPN。
2) 数字量输出：同上。
3) 编码器输入：根据 EL/KL5xxx 的接线图，确认信号线和电源线都连接正确。

11.2　在 System Manager 中配置和调试

本章仅涉及电机基本动作的实现，对于控制效果的优化，请参考 3.2.4 节的相关内容。

1. 准备工作

1) 接线。
2) 扫描硬件，进入 Config Mode，启用 Free Run 模式。

2. 驱动器参数设置

由于是模拟量控制，所以不涉及任何通信测试。根据伺服驱动器的说明书接好线以后，首先设置好两个重要的伺服参数。

（1）电压速度比

即输入电压每增加1V，增加多少转速。单位是 $r \cdot min^{-1}/V$。

（2）编码器输出的每转脉冲数

指电机转动一转，编码器接口输出的脉冲个数，单位是 Inc/Rev。

使用驱动器厂家的调试软件，调试电机动作，直到速度和精度都大致满足工艺要求。然后再换成从 TwinCAT NC 控制。

3. 手动测试电机速度

通常伺服需要硬件使能或者启动信号，先用 DO 通道给伺服上使能和启动。然后给 AO 通道写入值"3276"，对于+/-10 V 的 AO 模块，这个值刚好对应1 V，根据伺服侧的设置，刚好对应电压速度比，如图 11.1 所示。

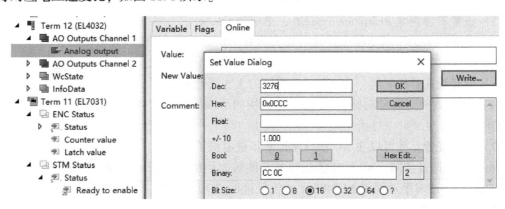

图 11.1　手动设置 AO 通道的输出值

例如：对于3000 r/min 的电机，如果设置电压速度比为 $300 r \cdot min^{-1}/V$，那么 EL4032 输出 1 V，在伺服驱动器的调试软件中，或者伺服的显示面板上就应该可以看到实际速度为 300 r/min。

调节驱动器的速度环的步骤如下。

1）通常伺服驱动器的厂家会提供调试工具软件，或者使用驱动器面板按钮操作。

2）调节速度环，以使速度波动最小，且速度值与目标值相当。

4. 用 NC 轴控制模拟量伺服

用 NC 轴控制模拟量伺服的操作步骤如下。

1）添加一个 NC 轴。

2）将 Axis_Enc 和 Axis_Drive 分别链接到 EL 模块。

单独链接 Enc 到编码器模块，如图 11.2 所示：

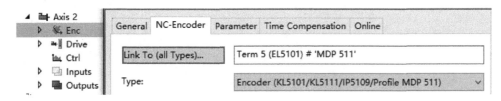

图 11.2　单独链接 Enc 到编码器模块

单独链接 Drive 到 AO 模块，如图 11.3 所示。

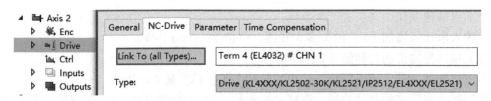

图 11.3　单独链接 Drive 到 AO 模块

3）编码器 Scaling Factor 设置。

Scaling Factor 根据伺服侧的设置，电机转动一转，会发出多少个脉冲给 EL5101，以及机械传动参数决定的电机转动一转前进多少距离。

4）禁用误差检测，或者把 Lag Value 设置为足够大。

5）设置参考速度 Reference Velocity，单位为 mm/s。

Reference Velocity 就是模拟量输出最大值时，比如 EL4032 的最大值 10 V，对应的运动速度。

6）设置死区补偿时间，为 NC SAF 周期的 3.5 或者 4 倍。

如果不设置死区补偿时间，NC 输出给模块的 Data Out 值就会频繁波动，导致电机的振动和噪声大。

7）激活配置，就可以在 NC 轴界面控制步进电机了。

由于是模拟量控制，NC 的使能信号并不能输出到伺服上的"Enable"端子，所以需要配合 PLC 程序或者手动强制 KL2408 上控制使能的 DO 点输出。

5. 调试 NC 轴

参考第 3 章的方法，测试电机的使能、点动、正反转等动作；设置好点动速度，寻参速度，最大速度限值；设置好加速度，减速度，加加速度 Jerk；调节 PID 参数。

第 12 章　探针、凸轮输出、全闭环及其他

12.1　探针 TouchProbe

12.1.1　什么是探针

在运动控制范畴说到的探针（Touch Probe）功能，就是在一个开关信号的上升沿或者下降沿发生的瞬间，获取某个运动轴的位置。所以探针功能实现的硬件基础，一是开关信号，二是位置反馈。这个触发位置获取的开关信号，又称为探针信号。

倍福提供两种探针功能：传统探针和 XFC 探针。

1. 传统探针

传统的探针功能，是把开关信号接入位置反馈系统，去触发位置反馈硬件的锁存功能，其精度只与硬件电路相关，不受 PLC 周期和运动轴的速度影响。这种探针的实现，还有赖于位置反馈本身的锁存功能，比如编码器模块上的 Latch 点，或者伺服驱动器上的 Touch Probe 输入点。不仅硬件上要有探针信号的接入点，软件上还要经过参数配置，启用位置锁存功能，并将锁存结果配置到通信接口的 Process Data 中。

传统探针要求探针信号直接接入位置反馈系统，所以一个探针信号只能用于锁存一个运动轴的位置。并且模拟量或者脉冲接口的伺服驱动器锁存得到的位置，无法参与 PLC 或者 NC 控制。

2. XFC 探针

XFC 探针的实现，基于 EtherCAT 和 XFC 技术。更直接地说，是依赖于特定的 XFC 数字量输入模块。由于 XFC 模块都具有分布时钟功能，探针信号接入这种 XFC 模块，控制器就可以精确知道探针信号上升沿或者下降沿发生的确切时间点，精度$<<1~\mu s$。由于 XFC 模块和位置反馈系统自动由 EtherCAT 主站实现时钟同步，所以根据探针信号上升沿或者下降沿发生的确切时间点，可以计算出在那个瞬间位置反馈系统的精确值。

有两种 XFC 模块可以接入探针信号：超采样模块 EL1262 和时间戳模块 EL1252/1258/1259。而 DC 同步、时间戳的获取及位置计算，都可以使用 TwinCAT 提供的功能块实现。XFC 探针不再依赖于编码器模块或者伺服驱动器本身的位置锁存功能，所以使用更加灵活：步进电机、模拟量或者脉冲控制的伺服驱动器、总线伺服驱动器都可以使用 XFC 探针；虚轴位置也可以使用 XFC 探针来测量；一个探针信号，可以用于探测多个运动轴的位置。

12.1.2　传统探针的实现

1. 接线和参数设置

（1）对于编码器模块

1）接线。以 EL5101 为例，探针信号接线如图 12.1 所示。

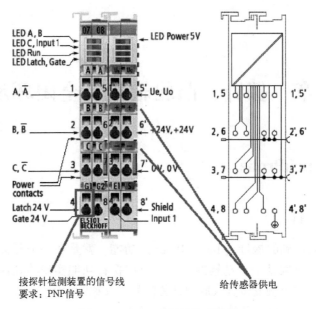

图 12.1　EL5101 探针信号接线

图 12.1 中 Latch 点是高电平有效，接入 PNP 传感器。

2）参数设置。按默认配置，Latch 变量就在 Process Data 中，如图 12.2 所示。

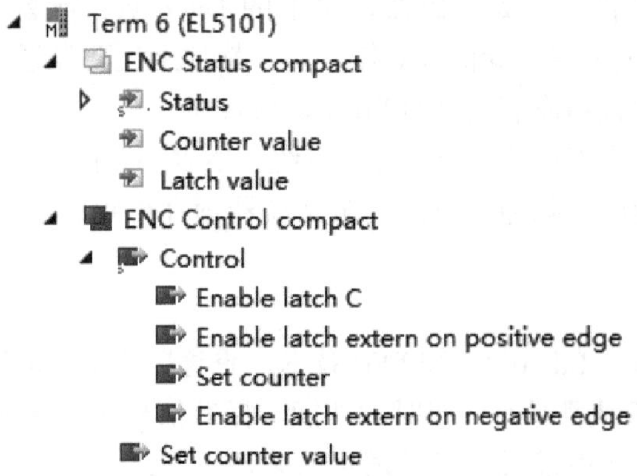

图 12.2　Process Data 中的 Latch 信号

测试硬件的 Latch 功能的步骤如下。

先在 Free Run 模式下，手动给定控制字 Ctrl 的值，根据以下规则观察锁存值 Latch 和状态字 Status 是否正常。

先将控制字的 Bit 1：Enable Latch extern on positive edge 置位，令编码器所属的轴转动。目测经过探针位置后，观察状态字的 Bit 1：Latch extern valid 是否为 True，以及 Latch 变量中是否有值，或者该值是否刷新。

提示：这个模块的特点是，第一次触发锁存后，必须先将控制字 Bit 1：Enable Latch extern on positive edge 复位再置位，才能第二次锁存。

3）阶段小结。硬件 Latch 功能正常之后，就可以用 NC 和 PLC 功能块来自动控制 Ctrl 变量，读取 Latch 变量的值，并最终计算出锁存的位置了。反之，如果硬件 Latch 不到目标值，软件是不可能得到探针位置值的。

（2）对于伺服驱动器 AX5000

1）接线。AX5000 的 I/O 端子如图 12.3 所示。

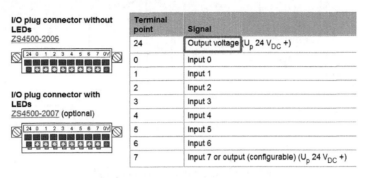

Terminal point	Signal
24	Output voltage (U_p 24 V_DC +)
0	Input 0
1	Input 1
2	Input 2
3	Input 3
4	Input 4
5	Input 5
6	Input 6
7	Input 7 or output (configurable) (U_p 24 V_DC +)

图 12.3　AX5000 的 I/O 端子

由于 AX5000 的接线端子 Input 0~Input 7 的功能是自定义的，所以探针信号可以接入任何一个 DI 点，比如将 Input 0 作为探针点，高电平有效，接 PNP 传感器，并且图 12.3 中0 V 和 24 V 是给传感器供电的电源。

2）参数设置。在 P-0-0251 中设置探针点的信号源为 Digital input 0，如图 12.4 所示。

IDN	Name	ActValue	SetValue
⊟ P-0-0251	Probe 1 logic configuration		
⊟	Mux 1		
	Signal selection		0: Digital input 0
	Output negation		0: off
⊟	Mux 2		
	Signal selection		1: Digital input 1
	Output negation		0: off
⊟	Logic		
	Logic operation		5: Mux 1 OR Mux 2
	Output negation		0: off
	Latch ctrl		0: Single

图 12.4　探针信号设置

默认是捕捉探针信号的上升沿，如果需要下降沿，将 Output negation 选择为"1：on"。

AX5000 允许有两个探针信号，如果实际上有第二探针，同样方法设置 Mux 2，并且设置两个探针信号的逻辑关系，如果两者都可以触发位置锁存，应选择"5：Mux 1 OR Mux 2"。

Probe unit 的设置如图 12.5 所示。

图 12.5 框中"Probe 1 logic configuration"的设置等效于上一步中 P-0-0251 的设置，在两个界面中任何一个界面设置都可以。在右侧的界面中，依次确认图 12.6 中 1、2、3 处的选项。

选项 1：Probe 1 value source。

可以选择锁存第一反馈或者第二反馈的值，通常伺服都只接了一个反馈，所以用默认值"0：Position feedback 1 value（S-0-0051）"即可。

选项 2：Mode probe 1。

"0：Single measuring"，单次探针表示锁存到一个位置后，要等 Probe Enable 为 False 再为 True 后，才能接收下一次探针信号。

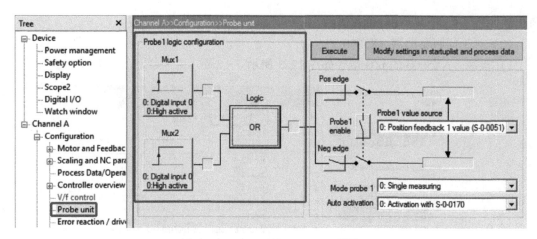

图 12.5　AX5000 的 Probe unit 设置

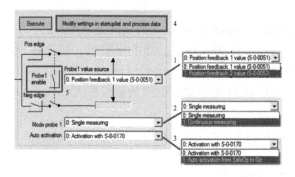

图 12.6　Probe Unit 的选项

"1：Continuous measuring"，连续探针表示后一次探针信号会自动刷新上次探针的结果。如果使用 MC_TouchProbe_V200 中的 Continuous 模式，硬件 AX5000 上这个选项就应设置为"1：Continuous Measuring"。

选项 3：Auto activation。

"0：Activation with S-0-0170"，表示要用 S-0-0170 命令来激活探针功能。

"1：Auto activation from SafeOp to Op"，表示每次 EtherCAT 状态机从 SafeOp 到 Op 切换时都自动激活探针功能。实际上每次 EtherCAT 建立通信，都会有 SafeOp 到 Op 的过程，比如控制器重启、伺服重启、网线拔插等。

推荐选项为

0：Position feedback 1 value（S-0-0051）

1：Continuous measuring

1：Auto activation from SafeOp to Op

如果不能正常工作，再酌情修改。

3）修改 Process Data 和 Startup List。单击图 12.6 4 处的按钮"Modify settings in startuplist and process data"，让 Drive Mangaer 自动添加 Process Data 和 Startup List。在弹出窗体中选择激活正转或者反转时的探针功能，如图 12.7 所示。

有两种探针参数组合可选，Restricted 和 Extended 型的探针单元，如图 12.8、图 12.9 所示。

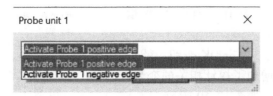

图 12.7 激活正转或者反转时的探针功能

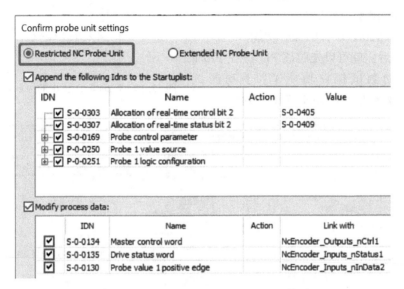

图 12.8 "Restricted NC Probe-Unit" 界面

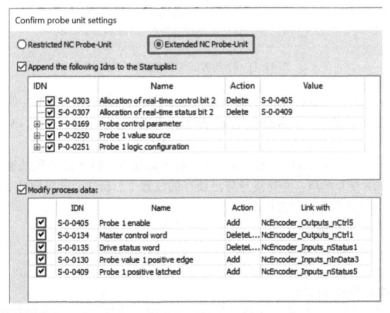

图 12.9 "Extended NC Probe-Unit" 界面

对比这两种模式的 Process Data 可以发现，Extended 模式中多了控制变量 "Probe 1 enable" 和状态变量 "Probe 1 positive latched"。这种模式 PLC 可以根据需要启用或者禁用探针功能。如果上一步的选项 2 中使用了单次探针功能，这里就必须用 Extended 模式。而对于连续探针来说，这个地方有没有控制变量"Probe 1 enable"都可以。

选择 Extended 模式，单击 OK 按钮，就可以看到 Process Data 中增加了探针相关的变量，并自动链接到了 NC 轴，如图 12.10 所示。

这意味着将来 PLC 中的功能块就可以发送命令给 NC 轴并触发探针功能了。

4）测试 AX5000 硬件的探针功能。

激活配置后，就可以先脱离 PLC，在 Probe Unit 页面手动测试探针功能了。手动测试 AX5000 探针功能的界面如图 12.11 所示。

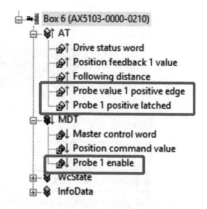

图 12.10 Process Data 中的探针功能相关变量

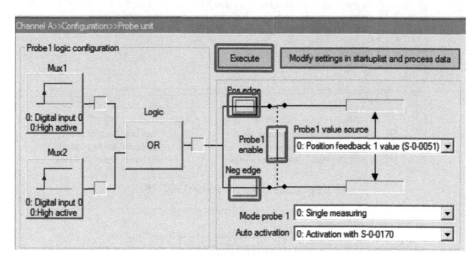

图 12.11 手动测试 AX5000 探针功能

闭合 Pos edge 和 Probe1 enable，再单击 Execute 按钮。然后在 NC Axis 的调试界面控制电机转动并经过探针位置。如果没有安装传感器，可以手动给 Input 一个 24 V 信号，然后观察 Input 变量"Probe value 1 positive edge"中是否有值或者该值是否刷新。

5）阶段小结。硬件 Latch 功能正常之后，就可以用 NC 和 PLC 功能块来自动控制 Ctrl 变量，读取 Latch 变量的值，并最终计算出锁存的位置了。反之，如果硬件 Latch 不到目标值，软件是不可能得到探针位置值的。

（3）对于第三方伺服

对于不同品牌的伺服驱动器，探针设置的方法和配置界面各不相同，通常包含以下步骤。

1）检查探针信号的接线。

确认传感器信号是 PNP 还是 NPN，是否供电正常，是否接入了正确的接线端子。

2）选择第一探针的信号源。

有的伺服驱动器是固定使用一个 DI 点作为探针信号，而有的伺服驱动器的 DI 点是可以配置的。对于可配置的 DI 点，实际接入探针信号的点要与该点配置的功能一致。通常除了配置使用哪个 DI 点之外，还要配置是探针信号的上升沿还是下降沿锁存伺服驱动的当前位置。

3）连续探针还是单次探针。

通常伺服驱动器都支持连续探针和单次探针两种模式。比如旋转机构每次经过传感器探头时都会触发一个探针信号，如果使用连续探针，每次探针信号的上升沿都会重新锁存位置，而单次探针则只锁存第一次经过传感器的位置，需要重新触发才能进行下一次位置锁存。

4）确认在 Process Data 中包含了锁存位置。

有的伺服驱动器默认的 Process Data 中就包含了锁存位置，而有的伺服驱动器则不然。用户需要确认在 Process Data 中是否包含了锁存位置，如果发现没有包含就要手动添加。

5）确认在探针功能的激活方式。

阅读伺服驱动器手册或者咨询驱动器供应商，确认探针功能是手动激活还是自动激活，如果是手动激活，应该如何操作。尤其是单次探针，如何实现下一次位置锁存。

6）如果有第二编码器，确认是否捕捉第二编码器的位置。

7）如果有第二探针传感器，除了进行和第一探针同样的必要操作之外，还要设置与第一探针的逻辑关系。

完成接线和参数设置后，先根据伺服手册，在 TwinCAT I/O Device 的伺服驱动器过程数据中手动设置控制字中相应的位，以启用探针锁存功能。然后在 TwinCAT NC 调试界面试着让电机转动一定距离，观察锁存位置是否有值以及是否刷新。如果正常，就可以进行下一步，用 PLC 功能块控制探针功能了。

2. 传统探针 PLC 功能块

（1）功能块介绍

Tc2_MC2 中提供了两个探针功能块：MC_TouchProbe 和 MC_TouchProbe_V2_00，如图 12.12 所示。

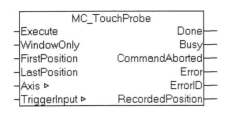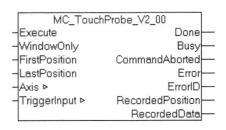

图 12.12　传统探针的 PLC 功能块

MC_TouchProbe 是基本型，每激活一次可以捕捉一个探针信号上升沿的位置。

MC_TouchProbe_V2_00 是它的增强版本，可以连续捕捉，无须重复激活。虽然该功能块支持连续捕捉，但是同时也需要编码器或者伺服驱动侧也支持连续位置锁存。比如 EL5101 就不支持连续捕捉，如果一定要连续捕捉 EL5101 的位置，就要配合 XFC 模块。

（2）接口变量

WindowsOnly、FirstPosition、LastPosition 这 3 个变量组合，用于控制探针信号的采集区间。如果 WindowsOnly 为 True，那么只有轴位置处于 FirstPosition 和 LastPosition 之间时，探针信号才会捕捉进来。如果没有区间限制，这 3 个变量可以忽略。

TriggerInput 是最重要的输入变量，类型为 TRIGGER_REF。该结构包括的元素见表 12.1。

表 12.1　探针功能块的接口变量

元素名称	类型	功能
EncoderID	UDINT	编码器编号 NC 轴第一反馈的 Encoder ID 默认就是轴的 ID 如果想锁存第二反馈，才需要从 Axis_Enc 界面查看
TouchProbe	E_TouchProbe	Probe Unit 定义 1：使用硬件的 Probe Unit 1 作为探针 2/3/4：如果伺服驱动有多个探针，设置为第 2~4 10：PLC 变量触发位置捕捉
SignalSource	E_SignalSource	信号源选择，仅 MC_TouchProbe_V2 支持 SignalSource_Default：默认，使用驱动器的配置 SignalSource_Input1/2/3/4：伺服探针点 1/2/3/4 SignalSource_ZeroPulse：= 128：编码器 C 脉冲 SignalSource_DriveDefined：驱动参数定义
Edge	E_SignalEdge	RisingEdge：上升沿触发 FallingEdge：下降沿触发
Mode	E_TouchProbeMode	TOUCHPROBEMODE_SINGLE_COMPATIBILITYMODE：2013 年及以前的 TwinCAT 使用，兼容单次探针 TOUCHPROBEMODE_SINGLE：多探针接口，单次探针，适用 2014 年后的 TwinCAT 新版 TOUCHPROBEMODE_CONTINOUS：多探针接口，连续探针，适用 2014 年后的 TwinCAT 新版
PlcEvent	BOOL	TouchProbe 为 10 'PlcEvent' 时，触发探针的 DI 变量
ModuloPosition	BOOL	True：捕捉模长位置 False：捕捉绝对位置

（3）示例代码
变量声明：

......

TriggerInput1　　　　　：TRIGGER_REF；

TochProbeType　　　　：E_TouchProbe：=TouchProbe1；

（＊1：硬件 Probe 信号触发位置捕捉,10：PLC 变量触发位置捕捉＊）

程序代码：

（＊以下为初始化代码,正常运行时通常不变＊）

......

```
EcoderID                    :=aAxis[iProbeAxis].NcToPlc.AxisId;
TriggerInput1.EncoderID      :=EcoderID;
TriggerInput1.TouchProbe     :=TochProbeType;
TriggerInput1.PlcEvent       :=FALSE;（＊假如 Type 为 10,用此 PLC 变量＊）
TriggerInput1.Edge           :=RisingEdge;（＊假如 Type 为 10,上升沿生效＊）
TriggerInput1.ProbeState     :=TouchProbeActivated;
TriggerInput1.ModuloPositions :=FALSE;（＊捕捉绝对位置＊）
```

```
（＊调用功能块的代码＊）
MC_TouchProbe1（
    Execute：=bLatch ，
    WindowOnly：= FALSE ，
    FirstPosition：= 0 ，
    LastPosition：= 0 ，
    Axis：= aAxis［iProbeAxis］ ，
    TriggerInput：= TriggerInput1 ，
        RecordedPosition => ）；
    ……
```

配套文档 12-1
例程：TwinCAT 探
针（Touch Probe）

12.1.3 XFC 探针功能的实现

1. 模块接线和参数配置

时间戳模块 EL1252/1258/1259 用于接入探针信号。而 DC 同步、时间戳的获取及位置计算，都可以使用 TwinCAT 提供的功能块实现。XFC 探针不再依赖于编码器模块或者伺服驱动器本身的位置锁存功能。

XFC 探针的使用更为简单，驱动器或者编码器侧没有任何额外设置，只要把探针信号接到 XFC 模块 EL1262 或者 EL1252/1258/1259 的输入点，比如 Input 1。

2. XFC 探针的 PLC 功能块

使用 XFC 的探针功能，需要引用 Tc2_MC2_XFC 和 Tc2_MC2。功能块 XFC_TouchProbe 用于 EL1252 和 EL2262，功能块 XFC_EL1258_TouchProbe 用于 EL1258 和 EL1259。对于 TC2，控制 EL1259 要使用最新的 2017.01.19 版及以上的 TcMC2_XFC.lib，在 TC3 中因为会自动安装最新版本的所有库，所以不存版本太旧的问题。

Tc2_MC2_XFC 库提供的探针功能块如图 12.13 所示。

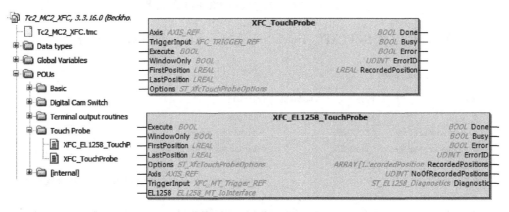

图 12.13　XFC 探针功能块

（1）功能块的接口变量

对于 Axis、Execute、Done、Busy、Error 及 ErrorID 这些常用变量不再解释，此功能块特有的接口变量是输入变量 WindowsOnly、FirstPosition、LastPosition。

这 3 个变量组合用于控制探针信号的采集区间。如果 WindowsOnly 为 True，那么只有轴位置处于 FirstPosition 和 LastPosition 之间时，探针信号才会捕捉进来。如果没有区间限制，这 3 个变量可以忽略。

TriggerInput，类型为 XFC_TRIGGER_REF(XFC_TouchProbe)时包括的元素中有以下 3 个变量要链接到 EL1252 的相应 Process Data。

① Signal：BOOL，探针信号。

② TimestampRisingEdge：T_DCTIME32，探针信号上升沿时间戳。

③ TimestampFallingEdge：T_DCTIME32，探针信号下降沿时间戳。

另外有以下 5 个变量应在初始化时设置好。

① Edge：E_SignalEdge，置为 RisingEdge 即上升沿触发，FallingEdge 即下降沿触发。

② FreeRun：置为 True 时表示 Excute 为真时连续捕捉，置为 False 时 Excute 上升沿才捕捉一次。

③ EncoderIndex：编码器编号，NC 轴的 Encoder ID 默认就是轴的 ID，如果想锁存第二反馈，才需要从 Axis_Enc 界面查看该 Encoder ID 的值。

④ ModuloPositions：为 True 表示定义的模长位置区间，为 False 表示是绝对位置区间。

⑤ ModuloFactor：ModuloPositions 为 True 时，此处输入模长。

TriggerInput，类型为 XFC_MT_TRIGGER_REF(XFC_EL1258_TouchProbe)时包括的元素如图 12.14 所示。

STRUCT XFC_MT_TRIGGER_REF

Name	Type	Address	Comment
Signal	BOOL		input signal
FreeRun	BOOL		continous probing of subsequent signal edges without retriggering the function block
EncoderIndex	UINT		0..9
ModuloPositions	BOOL		interpretation of FirstPosition, LastPosition and RecordedPosition as modulo positions w
ModuloFactor	LREAL		

图 12.14　XFC_MT_TRIGGER_REF 的元素

对比 XFC_TRIGGER_REF(XFC_TouchProbe)的子元素，如图 12.15 所示。

STRUCT XFC_TRIGGER_REF

Name	Type	Address	Comment
Signal	BOOL		input signal
TimestampRisingEdge	T_DCTIME32		distributed time from input
TimestampFallingEdge	T_DCTIME32		distributed time from input
Edge	E_SignalEdge		rising or falling signal edge
FreeRun	BOOL		continous probing of subsequent signal edges without retriggering the fun
EncoderIndex	UINT		0..9
ModuloPositions	BOOL		interpretation of FirstPosition, LastPosition and RecordedPosition as modu
ModuloFactor	LREAL		

图 12.15　XFC_TRIGGER_REF 的元素

可见，XFC_MT_TRIGGER_REF 是 XFC_TRIGGER_REF 的子集，因为后者要直接与 I/O 变量对接，而前者通过专门的硬件接口 EL1258_MT_IoInterface 与模块的 I/O 变量对接。

EL1258，类型为 EL1258_MT_IoInterface，这个接口适用于 EL1258 和 EL1259，包含元素

如图 12.16 所示。

STRUCT **EL1258_MT_IoInterface**

Name	Type	Inherited from	Address	Initial	Comment
Status	_EL1258_Status		%I*		
InputEventState	_EL1258_InputEvents		%I*		MTI Inputs
InputEventTime	ARRAY [1..10] OF T_DCTIME32		%I*		MTI Input event time 1..10
Ctrl	_EL1258_Ctrl		%Q*		

图 12.16　EL1258_MT_IoInterface 的元素

Options，类型为 ST_XFCTouchProbeOptions，只包含一个元素：UseAcceleration，为 TRUE 时表示计算探针位置的时候把速度变化考虑在内。

输出变量有 Recoded Positions，NoOfRecordedPositions，Diagnostic。

对于 XFC_TouchProbe，探针结果就是一个位置，对于 XFC_EL1258_TouchProbe，探针结果却是一个数组，因为这个功能块和硬件可以实现一个 PLC 周期内多次探针。而 Recoded Positions 的元素也不仅报告位置，还报告该位置是上升沿还是下降沿的位置。所以在 XFC_MT_TRIGGER_REF 中也没 Edge 元素，因为它总是上升沿和下降沿都采集位置。

由于每个周期最多能采集到 10 个位置，NoOfRecordedPositions 用于标记最新这次采集到的点数。可以认为当前 Recoded Positions 数组中的元素，只有前面几个是有效的。而 Diagnostics 类型为 ST_EL1258_Diagnostics，提供以下诊断信息，如图 12.17 所示。

STRUCT **ST_EL1258_Diagnostics**

Name	Type	Comment
◈ EventsInInputBuffer	UDINT	counts the events, if not ErrorBufferOverflow
◈ NoOfReceiveEvents	UDINT	number of Input-Events from EL1259
◈ NoOfReceiveEventsRising	UDINT	number of Rising-Edges from EL1259
◈ NoOfReceiveEventsFalling	UDINT	number of Falling-Edges from EL1259
◈ NoOfRecordedEventsRising	UDINT	number of Rising-Edges in Recorded Events, if WindowOnly := FALSE NoOfReceiveEver
◈ NoOfRecordedEventsFalling	UDINT	number of Falling-Edges in Recorded Events, if WindowOnly := FALSE NoOfReceiveEver
◈ ErrorBufferOverflow	BOOL	will be TRUE if an intput buffer overflow of EL1259 occurs
◈ ErrorModuloInput	BOOL	NoOfRecordedEventsRising + NoOfRecordedEventsFalling = NoOfRecordedEvents

图 12.17　ST_EL1258_Diagnostics 的元素

(2) I/O 结构体与 XFC 模块的 Process Data 映射

在最新版的 TcMC2_XFC.lib（用于 TC2）和 Tc2_MC2_XFC（用于 TC3）中，针对每个型号的 XFC 输出模块都做了一个结构体，但是库中并不显示它的 Input 和 Output 变量。只有编译成功，需要与硬件映射的时候才能看见它的 Input 和 Output 变量。

不同的模块有不同的映射规则，通常 PLC 中的变量看名称就可以和 I/O 模块的通道变量一一对应。下面以 EL1259 用作 XFC 探针为例，演示完整的使用过程。该例程也适用于 EL1258。

EL1258_MT_IoInterface 类型的接口变量映射规则如图 12.18 所示。

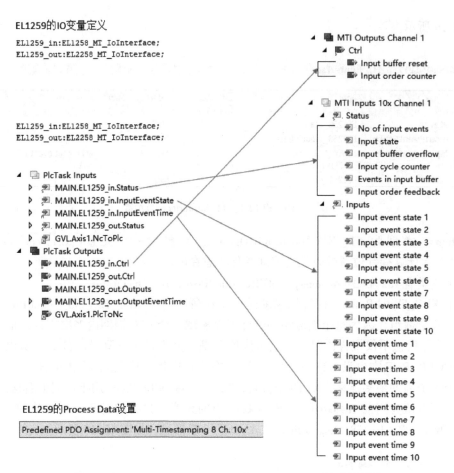

EL1259的IO变量定义

```
EL1259_in:EL1258_MT_IoInterface;
EL1259_out:EL2258_MT_IoInterface;
```

```
EL1259_in:EL1258_MT_IoInterface;
EL1259_out:EL2258_MT_IoInterface;
```

EL1259的Process Data设置

图 12.18   EL1258_MT_IoInterface 与 EL1258/1259 的映射规则

（3）示例代码（XFC_TouchProbe）
变量声明：

XFC_TouchProbe1	: XFC_TouchProbe;
TriggerInput1_XFC	:XFC_TRIGGER_REF;
EL1252_1	:EL1252_IoInterface;

程序代码：

（∗初始化 XFC Probe 参数∗）
TriggerInput1_XFC. Edge：=RisingEdge；
TriggerInput1_XFC. FreeRun ：=TRUE；
TriggerInput1_XFC. ModuloPositions ：=FALSE；
TriggerInput1_XFC. ModuloFactor：=360. 0；

（∗采集探针信号∗）
TriggerInput1_XFC. EncoderIndex：=DWORD_TO_UINT（EcoderID）；
TriggerInput1_XFC. Signal：=EL1252_1. Input；
TriggerInput1_XFC. TimestampFallingEdge：=EL1252_1. TimeStampNeg. dwLowPart；
TriggerInput1_XFC. TimestampRisingEdge：=EL1252_1. TimeStampPos. dwLowPart；

```
( * XFC 探针功能块 * )
XFC_TouchProbe1(
    Execute: = bLatch    ,
    WindowOnly: = FALSE ,
    FirstPosition: = 0,
    LastPosition: = 0 ,
    Axis: = aAxis[iProbeAxis] ,
    TriggerInput: = TriggerInput1_XFC ,
    Done => ,
    Busy => ,
    Error => ,
    ErrorID => ,
    RecordedPosition => );
```

配套文档 12-2
例程:EL1259 的 XFC
探针功能用于
递进运动

12.2 凸轮输出（CamSwitch）功能

12.2.1 什么是凸轮输出

凸轮输出（CamSwitch），在有的运动控制系统中又称为"比较输出"。是指在运动过程中，位置到达设定的目标值，输出一个或多个开关量，而不需要停止当前运动。通常这种输出只用于控制高速执行元件，如激光器开光、照相机的快门。高速运动的过程中，能够在准确的位置触发高速执行元件，与停到准确位置再触发输出相比，大大提高了生产节拍，因而越来越广泛地应用在高端制造设备中。

凸轮输出功能与驱动器无关，即使是虚轴，也可以测试凸轮输出。当然实际应用中，凸轮输出一定是针对高速运动的"实轴"，在指定位置区间切换输出状态。

倍福提供两种凸轮输出功能：传统凸轮输出和 XFC 凸轮输出。

1. 传统凸轮输出

传统的凸轮输出功能，只能控制普通 DO 通道。这种凸轮输出的精度，取决于 PLC 周期和 NC 轴的运动速度。这种凸轮输出的误差至少包括 NC 轴在一个 PLC 周期内移动的距离。比如 1000 mm/s 运动的机构，PLC 周期为 10 ms，那么想要在指定位置触发 DO 输出，实际触发位置可能相差 10 mm。

2. XFC 凸轮输出

XFC 的凸轮输出功能是基于 EtherCAT 和 XFC 技术。更直接地说，是依赖于特定的 XFC 数字量输出模块。由于 XFC 模块都具有分布时钟功能，控制器就可以精确控制输出通道状态切换的确切时间点。由于 XFC 模块和位置反馈系统自动由 EtherCAT 主站实现时钟同步，所以根据要输出信号的位置值，可以精确计算出应当输出 DO 信号的时间点。

有两种 XFC 模块可以用于凸轮输出信号：超采样（TimeStamp）模块 EL2262 和时间戳（TimeStamp）模块 EL2252/2258/1259。而 DC 同步、时间戳的获取及位置计算，都可以使用 Twin-CAT 提供的功能块实现。这种模块可以设置在精确的时间点切换输出状态，Oversampling 超采样模块的输出时间可以精确到 μs，而 TimeStamp 时间戳模块的输出时间可以精确到小于 0.1 μs。

同样以 1000 mm/s 运动的机构为例，PLC 周期为 10 ms，那么想要在指定位置触发 DO

输出，Oversampling 超采样模块的实际触发位置可能相差 10 μm，而 TimeStamp 时间戳模块的实际触发位置误差不超过 0.1 μm。

XFC 凸轮输出对运动轴的类型没有任何要求，步进电机、总线或者脉冲控制的伺服轴，都可以用于触发 XFC 凸轮输出，编码器轴和虚轴位置也可以触发 XFC 凸轮输出。一个运动轴的反馈位置，可以同时触发多个 XFC 通道，或者一个通道连续多次触发，触发间隔可以短至微秒级。

12.2.2 传统凸轮输出的实现

1. 接线和参数设置

直接将高电平输出到普通 DO 通道。

2. 传统凸轮输出的 PLC 功能块 MC_DigitalCamSwitch

引用 Tc2_MC2_XFC，调用功能块 MC_DigtitalCamSwtich，如图 12.19 所示。

图 12.19　功能块 MC_DigtitalCamSwtich

（1）接口变量

3 个重要的输入变量如下。

1）Switches：类型是 CAMSWITCH_REF，定义脉冲数量、输出角度等参数，最多可以定义 4 个区间。

2）Output：类型是 OUTPUT_REF，输出结构，除高电平信号外，还包括时间。

3）TrackOptions：类型是 TRACK_REF，如果定义模长为 360，可直接使用默认值。

（2）示例代码

变量声明：

```
Switches1            : CAMSWITCH_REF;
Output1              : OUTPUT_REF;
TrackOptions1        : TRACK_REF;
CamSwitchArrayTrack1 : ARRAY [1..4] OF MC_CamSwitch;
CamSwitch1           : MC_DigitalCamSwitch;
```

初始化程序：

```
Switches1. NumberOfSwitches: = 4;
Switches1. pSwitches: = ADR(CamSwitchArrayTrack1);
Switches1. SizeOfSwitches: = SIZEOF(CamSwitchArrayTrack1);
(* 以下程序初始化凸轮输出的角度区间 *)
FOR I: = 1 TO 4 DO
    CamSwitchArrayTrack1[I]. AxisDirection: = CAMSWITCHDIRECTION_POSITIVE;
    CamSwitchArrayTrack1[I]. FirstOnPosition: = (I-1) * 36+5;
    CamSwitchArrayTrack1[I]. LastOnPosition: = (I-1) * 36+23;
END_FOR
```

功能块实例调用如图 12.20 所示。

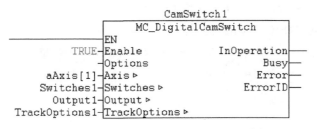

图 12.20　调用 MC_DigtitalCamSwtich 的实例

12.2.3　XFC 凸轮输出的实现

1. 硬件接线和参数设置

有两种 XFC 模块可以用于凸轮输出信号：超采样（TimeStamp）模块 EL2262 和时间戳（TimeStamp）模块 EL2252/2258/1259。接线时只要将该模块的 Output 接到执行元件即可。目前这些模块的输出通道都是 24 V 正逻辑输出，将来可能会开发负逻辑或者其他电压等级的型号。

2. MC_DigitalCamSwitch 和 XFC 输出功能块

使用 XFC 的凸轮输出功能，需要引用 Tc2_MC2_XFC 和 Tc2_MC2。

除了 MC_DigitalCamSwitch 之外，还要调用 XFC 输出功能块，控制最新版本的库。

比如对于 EL1259，在 TC2 中，引用 2017.01.19 版及以上的 TcMC2_XFC.lib 是适用的，在 TC3 中因为会自动安装最新版本的所有库，所以不存版本太旧的问题。

Tc2_MC2_XFC 库提供了单次凸轮输出和连续凸轮输出，支持各种 XFC 输出 DO 模块，如图 12.21 所示。

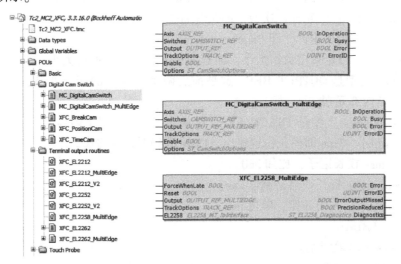

图 12.21　Tc2_MC2_XFC 提供的 XFC 凸轮输出功能块

MultiEdge 的输出可以实现一个 PLC 周期内多次切换输出状态，只有 EL2262、EL2258 和 EL1259 这种硬件模块才支持。EL1259 相当于 1 个 EL1258 和 1 个 EL2258 的组合，所以硬件是 EL1259 用作 XFC 凸轮输出的时候，调用的 Output Routine 功能块仍然是 XFC_EL2258_MultiEdge。

受硬件所限，EL2258 和 EL1259 的每个通道在 1 个 PLC 周期内最多切换 10 次输出状态。而 EL2262 的每个通道最快可以在 1 ms 内切换 1000 次。所以理论上快速运动的 NC 轴要实现 "小线段" 的凸轮输出，应优先选择 EL2262。

一个典型的 XFC 输出链路如图 12.22 所示。

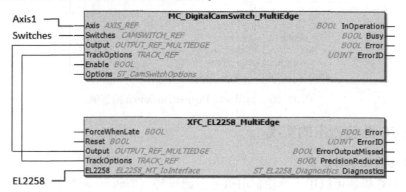

图 12.22　典型的 XFC 输出链路

（1）FB 的接口变量

1）Switches，类型是 CAMSWITCH_REF，用于描述数组 CamSwitchArrayTrack：Array [0..n] OF MC_CamSwitch。

每个 MC_CamSwitch 包括以下元素。

FirstOnPosition：打开输出的位置。

LastOnPosition：关闭输出的位置。

AxisDirection：正向，反向，双向。

CamSwitchMode：位置，时间，中断。

而 CAMSWITCH_REF 的 3 个元素共同描述 CamSwitchArrayTrack 的特征。

NumberOfSwitches：凸轮输出次数，即包含 MC_CamSwitch 的个数。

pSwitches：凸轮输出指针，即 CamSwitchArrayTrack 的地址。

SizeOfSwitches：凸轮输出数组大小，即 CamSwitchArrayTrack 的大小。

2）Output，类型是 OUTPUT_REF，这是前后两个功能块的接口变量，不用人工干预，所以不用了解其内部元素。

3）TrackOptions，类型是 TRACK_REF，结构体元素包括以下内容。

ModuloPositions：True 即模长位置输出，False 即绝对位置输出。

ModuloFactor：模长因子，比如 360。

OnCompensation：打开补偿，单位 mm。

OffCompensation：关闭补偿，单位 mm。

Hysteresis：LREAL。

BreakRelease：释放强制。

Force：强制输出为 True。

Disable：强制输出为 False。

4）Options，类型是 ST_CamSwitchOption，包含以下两个元素。

Encoder Index：默认值为 0，表示主编码器。仅当使用第二编码器时才需要修改。

UseAcceleration：TRUE 表示时间/位置的插值计算时会计入速度和加速度的影响。

EL2258，类型是 EL2258_MT_IoInterface，包含的元素如图 12.23 所示。

STRUCT EL2258_MT_IoInterface			
Name	Type	Address	Comment
◆ Status	_EL2258_Status	%I*	
◆ Ctrl	_EL2258_Ctrl	%Q*	MTO Ctrl
◆ Outputs	DWORD	%Q*	MTO Outputs
◆ OutputEventTime	ARRAY [1..10] OF T_DCTIME32	%Q*	MTO Ouput event time 1..10

图 12.23　EL2258_MT_IoInterface 的元素

（2）I/O 结构体与 XFC 模块的 Process Data 映射

在最新版的 TcMC2_XFC.lib（用于 TC2）和 Tc2_MC2_XFC（用于 TC3）中，针对每个型号的 XFC 输出模块都做了一个结构体，但是库中并不显示它的 Input 和 Output 变量。只有编译成功，需要与硬件映射的时候才能看见它的 Input 和 Output 变量。

不同的模块有不同的映射规则，通常 PLC 中的变量看名称就可以和 I/O 模块的通道变量一一对应。下面以 EL1259 用作 XFC 探针和 XFC 凸轮输出为例，演示完整的使用过程。该例程也适用于 EL1258 和 EL2258。

EL2258_MT_IoInterface 类型的接口变量映射规则如图 12.24 所示。

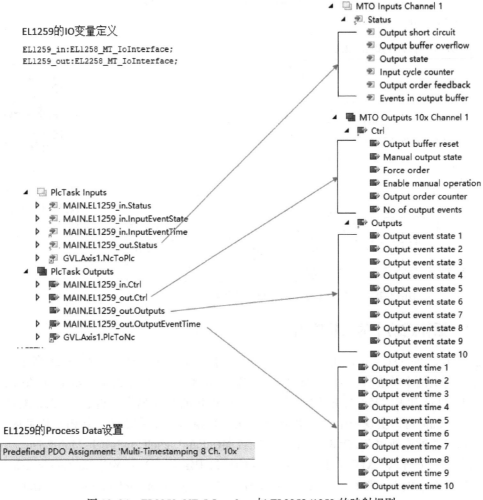

图 12.24　EL2258_MT_IoInterface 与 EL2258/1259 的映射规则

（3）示例代码

变量声明：

```
Switches2            : CAMSWITCH_REF;
Output2             : OUTPUT_REF;
TrackOptions2       : TRACK_REF;
CamSwitchArrayTrack1  : ARRAY [1..4] OF MC_CamSwitch;
CamSwitch2               : MC_DigitalCamSwitch;
```

初始化程序：

```
Switches1. NumberOfSwitches: = 4;
Switches1. pSwitches: = ADR(CamSwitchArrayTrack1);
Switches1. SizeOfSwitches: = SIZEOF(CamSwitchArrayTrack1);
(*以下程序初始化凸轮输出的角度区间*)
FOR I: = 1 TO 4 DO
    CamSwitchArrayTrack1[I]. AxisDirection: = CAMSWITCHDIRECTION_POSITIVE;
    CamSwitchArrayTrack1[I]. FirstOnPosition: = (I-1) * 36+5;
    CamSwitchArrayTrack1[I]. LastOnPosition: = (I-1) * 36+23;
END_FOR
```

功能块实例调用如图 12.25 所示。

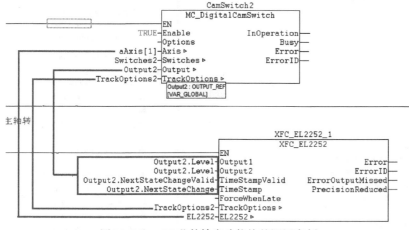

配套文档 12-3
例程：EL1259 的凸
轮输出功能用于飞拍

图 12.25　XFC 凸轮输出功能块的调用实例

12.2.4　插补运动中的凸轮输出

引用 Tc2_NciXFC，可以实现插补路径的指定位置的凸轮输出，如图 12.26 所示。

该库提供两个功能块：XFC_PathPositionCam 和 MC_PathDigitalCamSwitch_MultiEdge，分别用于 EL2252 和 EL2258/1259 的凸轮输出，和 PTP 的凸轮输出一样，EL2252 配合 XFC_PathPositionCam 可以实现一个 PLC 周期内 1 次凸轮输出，如果要在一个 PLC 周期内实现多次凸轮输出，就要使用 EL2258 及 EL1259 配合 MC_PathDigitalCamSwitch_MultiEdge。

如图 12.27 所示，XFC_PathPositionCam 的接口中定义了 1 个 MC_PathCamSwitch 的基本信息，包括 FirstPathId 和 LastPathId；FirstOnPathPosition 和 LastOnPathPosition；OnCompensation 和 OffCompensation。

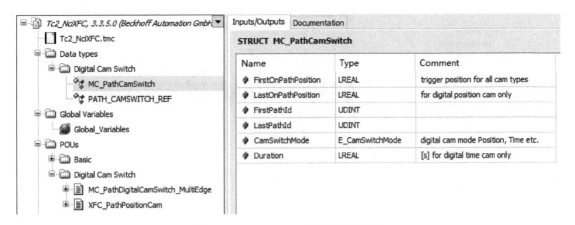

图 12.26　Tc2_NciXFC 提供的功能块

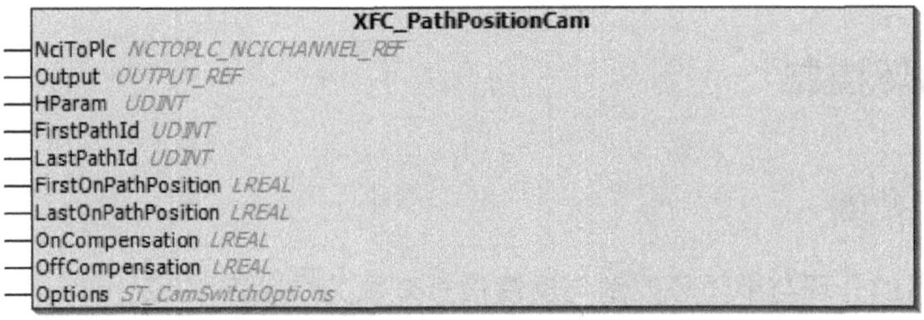

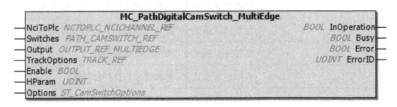

图 12.27　功能块 XFC_PathPositionCam

功能块 MC_PathDigitalCamSwitch_MultiEdge 如图 12.28 所示。

图 12.28　功能块 MC_PathDigitalCamSwitch_MultiEdge

MC_PathDigitalCamSwitch_MultiEdge 中需要定义多个 MC_PathCamSwitch，所以用 Switches 指向一个 MC_PathCamSwitch 型的数组。和 PTP 轴的 XFC 凸轮输出一样，也要配合 Output Routine 功能块 XFC_EL2258_MultiEdge。

XFC_PathPositionCam 和 MC_PathDigitalCamSwitch_MultiEdge 的接口变量都包含 H 函数的值，该值由 G 代码的执行状态决定。NCI 中的 H 指令，只能影响 Channel_ToPlc 中的 1 个变量 HFuncValue，这个变量的功能完全取决于 PLC 逻辑。比如用于触发凸轮输出，如图 12.29 所示。

说明：与 M 函数不一样，H 函数与动作指令写在同一行时，总是按它所在的位置来决定何时改变 nHFuncValue 的值。比如图 12.29 中，正在执行 N30，但是必须等动作完成了，nHFuncValue 才会变成 300，在动作期间，它的值还是维持之前设置的值 200。

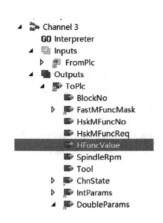

Name	Actual Pos.	Setp. Pos.	Lag Dist.	Setp. Velo	E.
Axis 1 (X)	67.9430	67.9430	0.0000	59.9940	‹0
Axis 2 (Y)	100.0000	100.0000	0.0000	0.0000	‹0
Axis 3 (Z)	0.0000	0.0000	0.0000	0.0000	‹0

Actual Programm Line:

N20 G01 X0 Y100 M3 H200
N30 G01 X100 Y100 S2000 H300

Program Name:	Mdemo2.nc		
Interpreter State:	RUNNING (5)	Buffer Size (Byte):	65536
Channel State:	0 (0x0)		

图 12.29　H 指令的作用

12.3　全闭环控制

12.3.1　适用范围

各种驱动器的开环与半闭环控制与反馈信号来源关系见表 12.2。

表 12.2　各种驱动器的开环与半闭环控制与反馈信号来源关系

产 品 型 号	工 作 模 式	位置反馈信号	控制类型
AX5000 系列	插补位置模式	电机自带编码器，经伺服中转	半闭环
KL2531，EL7031	直接速度模式	步进电机模块发出的脉冲数	开环
KL2541，EL7041	直接速度模式	电机自带的编码器	半闭环
KL2521，EL2521	直接速度模式	脉冲模块发出的脉冲数	开环
EL7201	直接速度模式	电机自带编码器，经模块中转	半闭环
KL/EL40xx，KL/EL5xxx	直接速度模式	电机自带编码器，经伺服中转	半闭环
CANopen，SERCOS，CoE，SoE 第三方伺服	插补位置模式	电机自带编码器，经伺服中转	半闭环

以上应用除模拟量控制之外，其他轴都可以整体链接，以后不需要单个链接变量就可以看到物理轴上的输入/输出变量都自动链接到 NC 轴下相应的变量了。但在实际应用中，为了不同的目的，可能使用安装在最终运动机构上的另一个位置反馈装置，比如光栅尺、电子尺，作为 Position Control Loop 的位置反馈，电机上自带的编码器则作为 Velocity Control Loop 的位置反馈，这种控制就称为全闭环控制。

部分伺服驱动器可以接入第二反馈，在伺服内部完成全闭环控制。本节介绍的是更通用的情况，即第二反馈接入 KL/ELxxx 位置测量模块，并把位置信号送入 TwinCAT NC 控制器，在 NC 中完成位置全闭环的情况。

全闭环控制时，不同的物理轴应设置相应的工作模式，具体见表 12.3。

表 12.3　全闭环控制的工作模式

产 品 型 号	工 作 模 式	位置反馈信号	控 制 类 型
AX5000 系列	插补速度，CSV		
KL2531，EL7031	直接速度模式	第二位置测量装置 接入 EL/KL5xxx 模块 或总线接口的光栅尺 或经 PLC 中转的变量	全闭环
KL2541，EL7041	直接速度模式		
KL2521，EL2521	直接速度模式		
EL7201	直接速度模式		
KL/EL40xx，KL/EL5xxx	直接速度模式		
CAPopen，SERCOS，CoE，SoE 第三方伺服	插补速度，CSV		

12.3.2　全闭环控制的实现

1. 准备工作

先按照第 7~11 章中介绍的相应物理轴类型的调试方法，让电机可以开环或者半闭环运动。并把第二反馈接入系统。

下面以 LS 的 EtherCAT 伺服为例，演示 TwinCAT NC 实现全闭环控制的设置步骤。

2. Ctrl 控制参数设置

默认的控制模型是 Position Controller P，如果伺服驱动器工作在位置模式下，此处设置的比例增益也不起作用。大多数应用场合，即使位置环在 TwinCAT NC 中完成，也只是开环或者半闭环控制，只需要简单设置比例增益即可，用户不需要了解完整的控制模型和控制参数。

NC 控制伺服驱动器的控制模型在 NC Controller 的类型中选择，如图 12.30 所示。

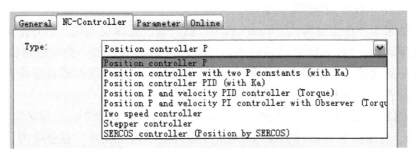

图 12.30　选择 NC Controller 的类型

先选择 NC 控制器的控制模型，针对不同的控制模型，有不同的参数项可供设置，具体见表 12.4。

表 12.4　几种 NC Controller 的类型的对比

驱动器：位置模式	Position Controller P	不用设置 Ctrl 控制参数
驱动器：速度模式	Position Controller P	Ctrl 中只要设置比例 P
	Position Controller with two P constants	Ctrl 中可以设置低速和高速不同的比例 可以设置速度前馈和加速度前馈
	Position Controller with PID（with Ka）	可以设置速度前馈和加速度前馈

（1）Position Controller P

"Position Controller P" 是默认的控制模型，也是最常用的控制模型，即位置环的比例控制，如图 12.31 所示。

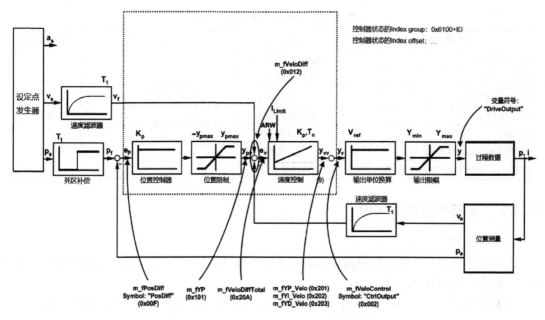

图 12.31　Position Controller P 的控制框图

1）Setpoint Generator 的作用。

由 Setpoint Generator 产生"设定位置 p_s"、"设定速度 v_s"和"设定加速度 a_s"，Setpoint Generator 的这个功能，称为"轨迹规划"。轨迹点的密集程度，决定于 Setpoint Generator 的任务周期，NC SAF 的任务周期默认为 2 ms。

驱动器如果工作在位置模式，TwinCAT NC 就只做位置曲线的规划，每个 NC 周期发送目标位置到驱动器。NC 周期必须是驱动器位置环周期的整数倍，驱动器接收到设定位置后，与当前位置比较，并依据 NC 周期与位置环周期的倍数进行线性或者非线性插值。将插值作为每个位置环周期的"设定位置"。

比如，AX5000 驱动器位置环周期是 125 μs，假设 NC 周期为 2 ms，当前位置为 0，目标位置为 1 mm，那么接下来 16 个周期 AX5000 位置环的"设定位置"就依次为：0.0625 mm，0.125 mm，0.1875 mm，0.25 mm，……之类。

如果没有插值，那么接下来 AX5000 第 1 个周期的设定位置就是 1 mm，驱动器在第 125 μs 时，位置为 1 mm，在 2~16 个周期，设定位置维持不变，相当于电机停止，直到第 2 ms，接收到新的"给定位置"。由于间隔仅为 2 ms，电机并不会真的停止，而是表现为顿挫感，转动不流畅，不连贯。

对于倍福公司的伺服驱动器 AX5000 而言，线性插值功能是默认启用的，但是市面上也有的伺服驱动器，插值功能是默认禁用的，当用 TwinCAT NC 控制这样的驱动器时，就要注意启用插值功能。

2）"位置误差、速度误差和速度前馈"对 DriveOutput（输出速度）的影响。

全闭环控制时，驱动器工作在速度模式，TwinCAT NC 就不仅做位置曲线的规划，还要完成位置环的调节。此时 NC 周期与位置环周期相等，不必插值。伺服驱动器的位置环被忽略，其速度环直接接受 TwinCAT NC 给出的"设定速度"。此时必须考虑"位置误差、速度误差、速度前馈对输出速度的影响"。

位置误差 e_p×位置环增益 k_p

+设定速度 v_s×速度前馈（Velocity Precontrol）−当前速度 v_a

=VeloDiffTotal

考虑到速度前馈（Velocity Precontrol）默认值为 1.0，所以 VeloDiffTotal 实际上就是"位置误差和速度误差引起的输出总和"。

当电机刚刚起动时，实际速度为 0，跟随误差也接近为 0，如果 Velocity Precontrol 为默认值 1.0，则 VeloDiffTotal 约等于设定速度 v_s。

在匀速运动段，设定速度约等于当前速度，VeloDiffTotal 的影响因素就主要是跟位置误差 e_p 了。

Position Controller P 模型对应的参数（Parameter）如图 12.32 所示。

Parameter	Value	T	Unit
- Monitoring:			
Position Lag Monitoring	TRUE	B	
Maximum Position Lag Value	5.0	F	mm
Maximum Position Lag Filter Time	0.02	F	s
- Position Control Loop:			
Position control: Proportional Factor Kv	1.0	F	mm/s/m...
Feedforward Velocity: Pre-Control Weighting [0....	1.0	F	
- Other Settings:			
Controller Mode	'STANDARD'	E	
Auto Offset	FALSE	B	
Offset Timer	1.0	F	s
Offset Limit (of Calibration Velocity)	0.01	F	
Slave coupling control: Proportional Factor Kcp	0.0	F	mm/s/m...
Controller Outputlimit [0.0 ... 1.0]	0.5	F	

图 12.32　Position Controller P 模型对应的参数（Parameter）

调试电机时，通常先空载调试，在各种单位设置匹配之前，可以把跟随误差报警关闭。空载走得准、停得稳之后，再启用跟随误差报警。

然后才能带上负载调试，此时跟随误差可以设得很大，但不要关闭，以避免真正故障时不报警，发生意外。

3）Position Control Loop。Proportional Factor Kv：位置环比例。指 1 mm 的跟随误差产生多大的速度变化。在这里修改和在 Online 选项卡中修改的效果是相同的。该值可以在轴使能并运动的过程中修改，前提是修改参数后要单击下载按钮。

FeedForward Velocity，Pre-Control Weighing[0..1.0]：即速度前馈，指 Setpoint Generator 产生的 SetVelocity 对输出速度的贡献比例。默认值为 1.0，表示跟随误差为 0 时，输出速度就是 SetVelocity。如果改为 0，表示跟随误差为 0 时输出速度也是 0。通常这个值保持为 1。

4）其他设置。Controller Output Limit：跟随误差引起的速度变化量最大限值。默认为 0.5，表示最大限值为额定速度的 50%。假如速度前馈设置为 0，那么启动时跟随误差会越来越大，但自始至终速度值也不会超过额定速度的 50%。

（2）Position Controller PID（with Ka）

如果纯比例控制不能满足要求，则可以使用 PID 控制"Position Controller PID（with Ka）"。PID 控制框图如图 12.33 所示。

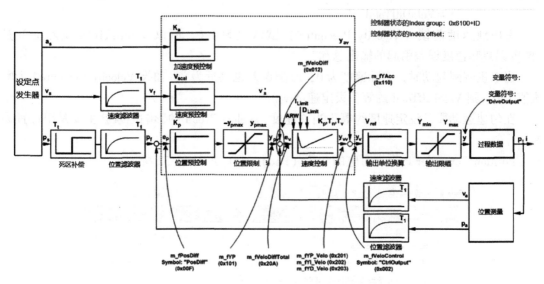

图 12.33　Position Controller PID 的控制框图

相比于纯比例的控制模型，"Position Controller PID（with Ka）"可以设置加速度前馈，即 Setpoint Generator 产生的设定加速度 a_s 经过"acceleration precontrol"中 Ka 比例取值，合成到最终输出速度。而在纯比例控制的时候，设置加速度 a_s 不参与最终输出速度的运算。

1）"加速度前馈"对 DriveOutput（输出速度）的影响。

加速度前馈 acceleration precontrol 中的 Ka 值是以时间为单位的，默认是 0，而加速度的单位为 mm/s^2。所以 acceleration precontrol 的值 Yav＝Ka×a_s，单位是 mm/s。如果 Ka 为 1 的话，相当于在 VeloDiffTotal（位置误差和速度误差引起的输出总和）的基础上直接叠加了一个最大的 a_s。

假如动态特性 Dynamic 参数设置为 1 s 内加到额定速度，加速度前馈就相当于在 VeloDiffTotal 的基础上直接叠加了 1 倍额定速度。假如 Dynamic 参数设置为 0.5 s 内加到额定速度，则在 VeloDiffTotal 的基础上直接叠加了 2 倍额定速度。实际上加速度前馈值 Ka 的微小变化，就可以明显改变加减速段的性能，比如改善大惯量负载停止时的过冲。

速度前馈和加速度前馈在 Axis 参数中的位置，如图 12.34 所示。

2）Vref 的 Output Scaling 的作用

VeloDiffTotal 经过固定的 PID 运算得出 Yvv，加速度前馈产生分量 Yav，二者合成 Yv。Yv 的单位是 mm/s。而输出给伺服驱动器的变量 DriveOutput 将直接映射到伺服驱动器的总线接口变量"Target Velocity"，或者模拟量输出模块的 Value，或者高速脉冲输出模块的 DataOut。所以根据 NC 与伺服的接口不同，以及伺服驱动里面设置的参数不同，当 NC 输出同样的 DriveOutput 值时，电机的转速是完全不同的。

为了让 Yv（mm/s）值准确控制电机运行在相应的速度，不同的硬件有不同的方法。对于总线接口的伺服驱动器，包括 CANopen DS402、ProfiDrive 或者 SERCOS，可以设置速度输出比例（Velocity Output Scaling），如图 12.35 所示。

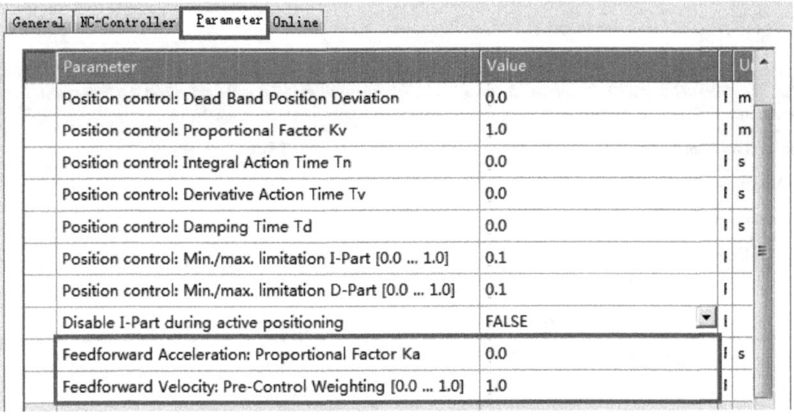

图 12. 34　设置速度前馈和加速度前馈

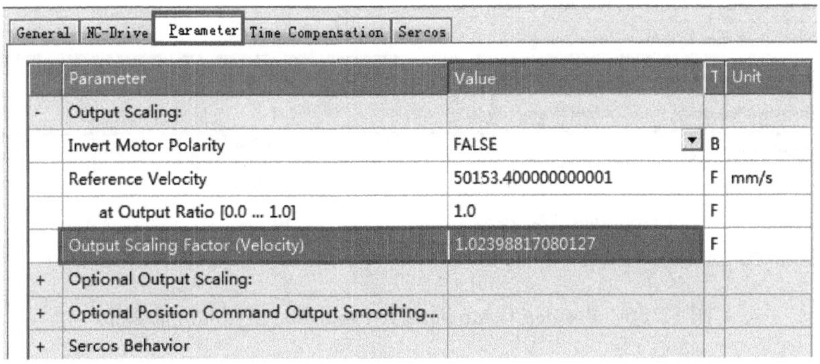

图 12. 35　设置速度输出比例（Output Scaling Factor）

　　而对于模拟量、脉冲控制的伺服电机或者步进电机端子模块控制，为了让 Yv（mm/s）值准确控制电机运行在相应的速度，必须修改参考速度 "Reference Velocity"，即 DriveOutput 为最大值 32767 时对应的电机速度。

　　全闭环控制时，务必使 NC 接收的位置反馈信号刷新周期与 NC 的控制周期匹配，万一位置反馈装置的刷新速度较慢，要么使 NC 周期加长，要么在 PLC 中用程序使位置反馈信号平滑。否则位置误差和速度误差都将是阶跃的，导致输出信号产生连续的尖峰，以至于负载震荡，产生冲击。

　　"Position Controller PID（with Ka）" 模型对应的参数如图 12. 36 所示。

　　与纯比例控制不同的部分是 Position Control Loop。

　　Dead Band Position Deviation：死区范围。实际位置进到目标位置的死区范围，就不再调节输出。

　　FeedForward Acceleration：Proportional Factor，即加速度前馈，指 Setpoint Generator 产生的 SetAcc 对输出速度的贡献比例。加速度前馈 acceleration precontrol 中的 Ka 值是以时间为单位的，默认是 0，而加速度的单位为 mm/s^2。所以 acceleration precontrol 的值 $Yav = Ka \times a_s$，单位是 mm/s。如果 Ka 为 1 的话，相当于在 VeloDiffTotal（位置误差和速度误差引起的输出总和）的基础上直接叠加了一个最大的 a_s。

　　假如动态特性 Dynamic 参数设置为 1 s 内加到额定速度，加速度前馈就相当于在 VeloDiffTotal 的基础上直接叠加了 1 倍额定速度。假如 Dynamic 参数设置为 0. 5 s 内加到额定速度，

| General | NC-Controller | Parameter | Online |

Parameter	Value
- Monitoring:	
Position Lag Monitoring	TRUE
Maximum Position Lag Value	5.0
Maximum Position Lag Filter Time	0.02
- Position Control Loop:	
Position control: Dead Band Position Deviation	0.0
Position control: Proportional Factor Kv	1.0
Position control: Integral Action Time Tn	0.0
Position control: Derivative Action Time Tv	0.0
Position control: Damping Time Td	0.0
Position control: Min./max. limitation I-Part [0.0 ... 1.0]	0.1
Position control: Min./max. limitation D-Part [0.0 ... 1.0]	0.1
Disable I-Part during active positioning	FALSE
Feedforward Acceleration: Proportional Factor Ka	0.0
Feedforward Velocity: Pre-Control Weighting [0.0 ... 1.0]	1.0
- Other Settings:	
Controller Mode	'STANDARD'
Slave coupling control: Proportional Factor Kcp	0.0
Controller Outputlimit [0.0 ... 1.0]	0.5

图 12.36　Position Controller PID(with Ka)模型对应的参数

则在 VeloDiffTotal 的基础上直接叠加了 2 倍额定速度。实际上加速度前馈值 Ka 的微小变化，就可以明显改变加减速段的性能，比如改善大惯量负载停止时的过冲。

FeedForward Velocity, Pre-Control Weighing[0..1.0]: 即速度前馈，指 Setpoint Generator 产生的 SetVelocity 对输出速度的贡献比例。默认值为 1.0，表示跟随误差为 0 时，输出速度就是 SetVelocity。如果改为 0，表示跟随误差为 0 时输出速度也是 0。通常这个值保持为 1。

其他参数包括位置环积分 Tn、微分 Tv、阻尼时间 Td 以及微分和积分分量的限值，通常都很少调整。

(3) Position Controller with two P constants(with Ka)

如果"Position Controller PID(with Ka)"不能满足要求，可以使用 PID 控制"Position Controller with two P constants(with Ka)"，这种控制模型允许在高速和低速时使用不同的比例增益（P 值），并且高低速的阈值可调。

"Position Controller with two P constants(with Ka)"的控制模型与"Position Controller PID(with Ka)"相同，这里不再重复。

Position Controller with two P constants 模型对应的参数如图 12.37 所示。

不同的部分是 Position Control Loop。Proportional Factor Kv(Stand still)、Kv(Stand still)分别指静止和运动时的位置环比例 Kv 值，指 1 mm 的跟随误差产生多大的速度变化。

Velocity threshold V dyn 表示两者之间切换时的速度阈值。默认阈值 0.5 表示额定速度的 50%。

3. 全闭环的 NC 轴 Enc 设置

全闭环的 NC 轴 Enc 设置步骤如下。

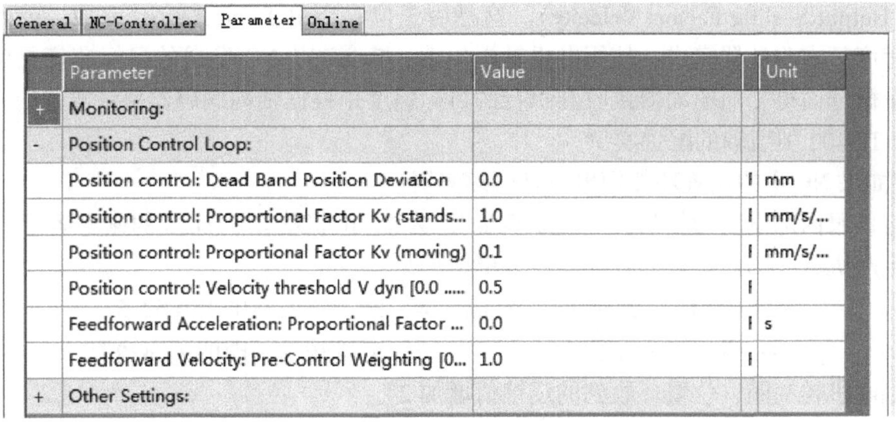

图 12.37 Position Controller with two P constants 模型对应的参数

1）假定半闭环调试已经完成，第二位置反馈已接入 EL5101。

2）修改 Enc 链接。在半闭环的配置文件中，单击 AxisE_Enc 的 NC-Encoder 标签，可以看到已经链接至伺服 LS 驱动器 Drive1（L7N）。单击 "Link To（all Types）"，在弹出的对话框中选择连接第二反馈的 EL5101，确认后回到 NC-Encoder 选项卡，可见编码器链接到了 Term3（EL5101）。

在左边目录树的 I/O Device 中找到 EL5101，可以看到所有 Input 和 Output 变量都已经自动链接了。其中最重要的变量是 Counter Value，通过右键菜单 "Goto Link Variable" 可以看到它链接到了 Axis1_Enc 下的变量 nInData[0]。

注意：查找 Axis1_Enc 下的变量 nInData[0] 可以用于特殊用途，比如不是链接到 EL5101，而是链接到一个 PLC 的 Output 变量。

3）设置 Enc 参数。假定光栅尺的分辨率为 1 μm，即 EL5101 的 Counter Value 加 1，表示位置增加了 0.001 mm。所以：

$$\text{Scaling Factor} = 0.001 \text{ mm/Inc}$$

设置 Enc 的 Scaling Factor，如图 12.38 所示。

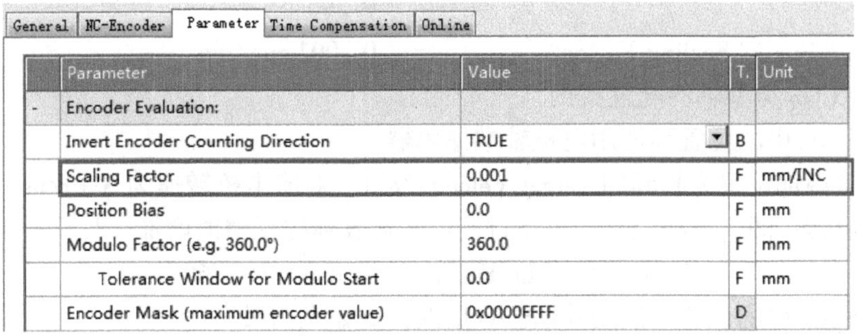

图 12.38 设置 Enc 的 Scaling Factor

Encoder Mask 是选择 EL5101 类型时系统自动设定的，掩码 0x0000FFFF 是因为 Counter Value 是一个 2 字节的无符号整数。

4. 全闭环的 NC 轴 Drive 设置

当驱动器工作在速度模式，位置环和速度环采用不同的位置反馈装置，必须设置 NC 轴

Drive 的 Output Scaling Factor(Velocity)。这是由于位置环由 TwinCAT NC 完成，使用外部反馈，而速度环由驱动器完成，使用电机轴端反馈。TwinCAT NC 发送的目标速度是由外部反馈的位置微分而得，而驱动器接收和执行的目标速度是根据轴端编码器值计算。

（1）DS402 类型轴的配置实例

1）如果 NC 中的位置环使用电机轴端编码器。

假定伺服内部设置为收到的 Target Velocity 为 1，电机就以 1 Inc/s 的速度运行。

假定电机转一圈，位置环收到的反馈值增加 2^{19}。

$$\text{Drive 的 Output Scaling Factor} = 2^{19}/(2^{\wedge}23/1000) = 62.5$$
$$\text{Enc 的 Scaling Factor} = \text{电机转动一圈的距离}/2^{19}$$

假如电机转一圈，位置环收到的反馈值增加 2^{20}。

$$\text{Drive 的 Output Scaling Factor} = 2^{20}/(2^{23}/1000) = 125$$
$$\text{Enc 的 Scaling Factor} = \text{电机转动一圈的距离}/2^{20}$$

其中（$2^{23}/1000$）是 TwinCAT NC 对于 DS402 型轴的一个常数。

2）如果 NC 中的位置环使用外部位置反馈，比如光栅尺。

假定伺服内部设置为收到的 Target Velocity 为 1，电机就以 1 Inc/s 的速度运行。

假定光栅尺的精度为 1 μm，假定电机转一圈，速度环收到的反馈值增加 2^{19}，机构前进 5 mm，位置环收到的反馈值增加 5000，电机转一圈，位置反馈增量与速度反馈增量之比为 $5000/2^{19} \approx 0.00954$。

$$\text{Drive 的 Output Scaling Factor} = 2^{19}/(2^{23}/1000) \times (5000/2^{19})$$
$$= 5000/(2^{23}/1000)$$
$$= 0.596$$
$$\text{Enc 的 Scaling Factor} = 0.001 \text{ mm/Inc}$$

假如电机转一圈，速度环收到的反馈值增加 2^{20}，机构前进 5 mm，位置环收到的反馈值增加 5000，电机转一圈，位置反馈增量与速度反馈增量之比为 $5000/2^{20} \approx 0.00477$。

$$\text{Drive 的 Output Scaling Factor} = 2^{20}/(2^{23}/1000) \times (5000/2^{20})$$
$$= 5000/(2^{23}/1000)$$
$$= 0.596$$
$$\text{Enc 的 Scaling Factor} = 0.001 \text{ mm/inc}$$

（2）SERCOS 类型轴的配置实例

1）如果 NC 中的位置环使用电机轴端编码器。

假定伺服内部设置为收到的 Target Velocity 为 1，对应电机转速为 S（r/min）。

假定电机转一圈，机构位移 L（mm），位置环收到的反馈值增加 2^{20}，

$$\text{OutputScaling Factor(Velocity)} = S \times L/60$$

2）如果 NC 中的位置环使用外部位置反馈，比如光栅尺。

假定伺服内部设置为收到的 Target Velocity 为 1，电机就以 S（r/min）的速度运行。

假定光栅尺的精度为 1 μm，假定电机转一圈，速度环收到的反馈值增加 2^{20}，机构前进 5 mm，位置环收到的反馈值增加 5000，电机转一圈，位置反馈增量与速度反馈增量之比为 $5000/2^{20} \approx 0.00477$。

$$\text{Drive Output Scaling Factor} = S \times 5/60 \times 0.00477$$
$$\text{Enc 的 Scaling Factor} = 0.001 \text{ mm/Inc}$$

（3）验证 Drive Output Scaling Factor

不同的总线接口，计算的规则可能不同，如果上述规则对伺服无效，下面介绍一种万能的 Drive Output Scaling Factor 反推方法。

设置好编码器参数以后，激活配置，然后按下面的步骤进行。

1）将 NC 轴的位置环增益设置 Kv 为 0。

2）Drive output Scaling factor 设为默认值 1.0，如图 12.39 所示。

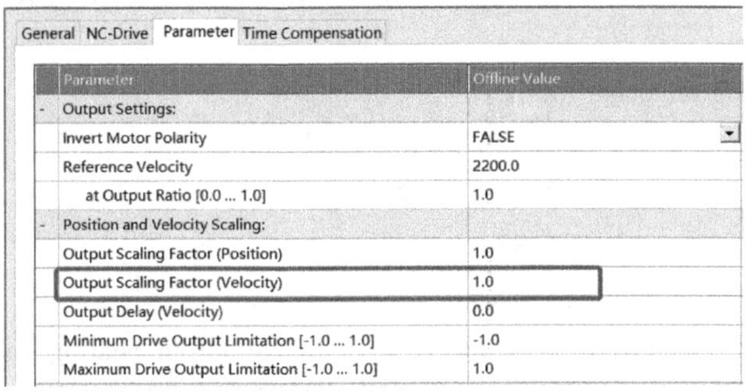

图 12.39　设置 Drive Output Scaling Factor

此时，NC 的速度输出不带任何比例缩放。

3）使能 NC 轴，并做低速往返运动。

在 Functions 选项卡中，选择 Start Mode 为 Reversing Sequence。根据现场情况，设置速度和往返的距离。然后单击"Start"按钮，如图 12.40 所示。

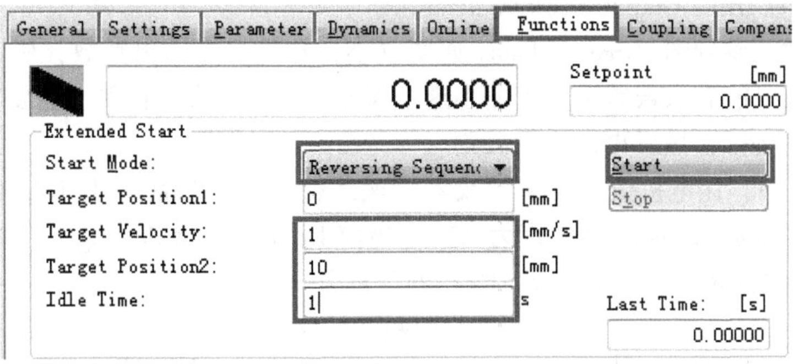

图 12.40　启用正反转测试

注意：此处的速度可以尽量低，此处设置为 1mm/s 是为后面方便计算。距离则应保证足够观察的匀速段，比如 10mm。

记下在匀速段伺服驱动器 Process Data 中收到的目标速度（Target Velocity）。

由于关闭了位置环调节，所以这个值应该是恒定的。假定值为 X。

注意：由于 1mm/s 的速度低，而 Target Velocity 只能输出整数，所以此时的 X 还不是很准确。需要先找到一个粗略的速度缩放比，再调至高速，然后微调速度比。

4）根据传动机构的参数，计算 1mm/s 的机构速度对应的理论 Target Velocity。

计算电机转一圈，机构直线运动为 Ymm。

计算要实现"1r/s"的电机速度，Target Velocity 理论值为 Z。

所以要实现 1mm/s 的实际速度，Target Velocity 的理论值 = Z/Y。

5）计算 Drive output Scaling factor 如下：

Drive outputScaling factor = (Z/Y) / X

例如：根据 LS 伺服里的默认设置，收到 Target Velocity 为 1，电机就会以 1 Inc/s 的速度转动。电机反馈（速度环）每转 524288 个脉冲。要实现"1 r/s"的速度，接收到的目标速度应为 524288。即 Z=524288。

比如导程为 5 mm 的丝杠传动，Y=5，假如第 2）步中看到的 Target Velocity 为 1234，即 X=1234，则

$$
\begin{aligned}
\text{Drive outputScaling factor} &= (Z/Y) / X \\
&= (524288/5) / 1234 \\
&= 104857.6/1234 \\
&= 84.974
\end{aligned}
$$

6）验证 Drive Output Scaling Factor。

重复前面的步骤，填入计算的速度输出系数 Drive Output Scaling Factor，然后激活配置，重新在 Function。选项卡中选择往返运动。观察实际速度与理论速度，如图 12.41 所示。

图 12.41　实际速度

7）精确设置 Drive Output Scaling Factor。

由于低速时观察到的 Target Velocity 速度较小，并且只能输出整数，所以计算出来的理论速度放大倍数可能有点误差。为了缩小这个误差，逼近真实的比例，需要在该比例大致准确后让电机高速运行，然后再做比例微调。

在第 6）步中，让电机按额定速度或者半速运行。观察当前输出 Target Velocity（假定为 Z1）和理论 Target Velocity（假定为 Z2），当前 Drive Output Scaling Factor（假定为 F1），那么理论 Drive Output Scaling Factor（F2）的计算公式为

$$F2 = F1 \times (Z2/Z1)$$

例如：让电机每秒转一圈，理论输出值 Z2=524288，实际输出值 Z1=524327，当前 Drive Output Scaling Factor 值 F1=62.50453，那么 F2=62.50453（524288＊/524327）=62.49988，至此，全闭环的基本设置就完成了。

5. 死区补偿

对于位置环在 TwinCAT NC 中完成的运动控制，都需要设置死区补偿。

推荐将补偿时间设置为 3.5~4 个 NC SAF 周期，比如 SAF 周期为默认的 2 ms，则死区补偿时间就设置为 0.007 s 或者 0.008 s。

第 13 章　TwinCAT NC I 插补运动

13.1　TwinCAT NC I 系统概述

运动控制按联动关系可以分为单轴点位运动、主从跟随运动和多轴插补运动。最简单的单轴点位运动就是控制电机匀速运动、绝对定位和相对定位，再复杂一点就是模长内定位、用外部位置发生器控制电机运行一个自定义的位置曲线。最简单的主从联动是速度跟随和位置跟随，力矩跟随也算一种跟随，但不是标准的运动控制功能，要通过 PLC 编程实现。速度跟随就是电子齿轮（Gear），位置跟随就是电子凸轮（CAM），在速度跟随、位置跟随、力矩跟随的基础上，针对专门的应用场合，又开发了飞剪、飞锯及张力控制等功能，用到具体的设备上，用常用工艺表达为横切、纵切、旋切及收放卷控制等。

单轴点位运动和主从跟随运动用 TwinCAT NC PTP 都可以实现，而插补联动就必须使用 TwinCAT NC I 或者 TwinCAT CNC 才能实现。TwinCAT NC I 中的"I"，就是 Interpolation（插补）的首字母。这里所说的插补联动，是指插补轴的运动方向在空间上有正交关系，例如 X、Y、Z 轴，并且在机械上已经安装成一个整体。运动控制的目标不再是单个轴的终点位置，而是运动机构在空间上的坐标轨迹。在三维空间里，最简单的轨迹是一维线段，比如只在 X 方向移动一段距离。最常用的是二维平面上的线段，比如 XY 平面上一定斜率的直线段，以及二维平面上的圆和圆弧。直线和圆弧可以构成平面上任意的图形。TwinCAT NC I 可以实现 3 轴插补，实现运动机构在空间上任意的坐标轨迹，最常用的是螺旋插补，例如 X、Y 轴做圆弧插补的同时，Z 轴上下移动，就会在空间上形成一个螺旋轨迹。

本章的目的是尽可能快捷地编写 TwinCAT NC I 应用程序，并假定读者已经熟练掌握了 TwinCAT PLC、TwinCAT NC PTP 编程。在开始配置和编程之前，需要先了解以下背景知识：NC I 插补通道与 PTP 轴的关系；插补指令的两种形式；G 代码；M 函数；R 参数。

1. NC I 插补通道与 PTP 轴的关系

TwinCAT NCI 做插补运动时，是完全基于 TwinCAT NC PTP 的，所有轴的物理层都是在 PTP 轴中配置的，在 PLC 程序中仍能以 Axis_Ref 为控制对象。所以 PTP 控制中的 3 个轴类型：PLC 轴、NC 轴、物理轴在 NC I 中仍然适用，Tc2_MC2 中的所有功能块也仍然适用于这些轴。

TwinCAT NC I 是作为一种 PTP 轴的联动关系来定义和使用的。建立联动关系之前，每个轴可以独立运动。如果联动关系是运动方向在空间上的正交关系，例如机械上已经安装成一个整体，一个轴控制 X 方向的运动，另一个轴控制 Y 方向的运动，另一个轴控制 Z 方向的运动。为了控制这个机构的整体运动，专门建立一个 NC I Channel 即插补通道作为它的模型，也就是软件上的控制对象。换句话说，与 TwinCAT NC PTP 中建立一个 NC 轴作为伺服电机的控制对象一样，TwinCAT NC I 中建立一个 NC I 插补通道作为三维正交联动机构的控制对象。

一个 NC I 插补通道可以最多包含 3 个插补轴和 5 个辅助轴。3 个插补轴的运动方向在空间上存在正交关系，通常命名为 X、Y、Z 轴，进给速度就是指这三个轴的合成速度（没有正交关系的轴是无法确定合成速度的）。5 个辅助轴与进给轴之间没有严格的空间关系，需要同时达到预定位置的其他轴，可以添加到 NC I 通道中作为辅助轴控制。

理论上，所有 PTP 轴、NCI 通道以及其他通道的总数不超过 255。假如每个 NC I 通道都只有 X、Y 两轴插补，没有辅助轴，那么理论上可以有 170 个 PTP 轴和 85 个插补通道。假如每个 NC I 通道有 3 个插补轴，5 个辅助轴，理论上可以有 224 个 PTP 轴和 28 个插补通道。实际上，一个机床上当然不会有这么多需要联动的机构。

TwinCAT NC PTP 把一个电机的运动控制分为三层：PLC 轴、NC 轴和物理轴。而 Twin-CAT NC I 把一个联动机构的控制分为三层：PLC 插补通道、NC I 插补通道、NC PTP 轴，如图 13.1 所示。

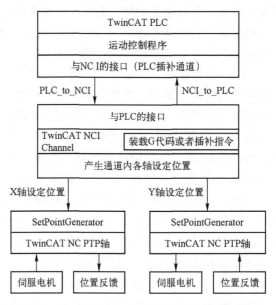

图 13.1　TwinCAT NC I 插补通道与 PTP 轴的关系

2. PLC 控制 NCI 插补通道的几个途径

ADS 接口：PLC 通过 ADS 接口可以控制 NCI 插补通道。包括组建插补通道、解散插补通道；装载 G 代码文件到插补通道；插补运动的启动、停止、复位；读取缓存的插补指令数量及其他标记。

接口变量 PLCTONC：每个 PLC 周期更新 NCI 通道的控制信号，可修改倍率。

接口变量 NCTOPLC：每个 PLC 周期更新 NCI 通道的状态、故障代码及指令编号等。

R 参数：可以从 PLC 读写的浮点型参数，在 G 代码中也可以使用和设置 R 参数。

M 函数：在 NC I 通道运动控制中触发的 BOOL 型状态变量。PLC 可以读取它的状态。

3. 插补指令的两种形式

让一个插补通道运动之前，必须定义好它的 X、Y、Z 轴分别对应哪个 PTP 轴，然后就可以控制它运动了。比起 PTP 轴，NC I 通道能够执行插补运动种类极少，仅包含直线、圆弧、螺旋三种。每一个插补运动指令都必须配有对应的参数，比如直线插补指令包含终点坐标和进给速度，而圆弧插补指令包含圆心、半径、弧长或者终点坐标等参数。

如前所述，插补运动控制的目标不再是单个轴的终点位置，而是运动机构在空间上的坐标轨迹。换句话说，插补运动要求机构到达某个空间位置，但可能并不要求它在那个位置停下来，对于连续加工来说，最好能够保持进给速度的稳定。所以插补指令不能给一条，执行一条，必须有相当的缓存，才能预读或者前瞻。这样在前一条指令未结束时，其实后一条指令的路径规划已经完成了，因此才可能让运动连贯。

TwinCAT NC I 支持两种插补指令的接口：G 代码文件和 FeedTable。

G 代码文件是若干行 G 代码的集合，G 代码有一套规范，常用的是 G 指令和 M 指令。最简单的直线插补指令 G01，圆弧插补指令 G02/G03。M 指令是在 G 代码文件执行过程中需要触发的开关状态。

TwinCAT NC I 包含了 G 代码预读器，在执行 G 代码文件的时候，NCI 会预读 G 代码行，结合插补通道内每个轴的当前位置，分解出每个轴接下来在每个控制周期的设置位置。

FeedTable 与 G 代码的区别是，插补指令不是写在 G 代码文件中，而是从 PLC 程序临时填入插补指令表。可以填入插补指令表的指令与 G 代码文件中的指令类型大致相当，也包括直线插补、圆弧插补、M 指令等，但不再出现 G01、G02 等字样，而是以插补指令的类型枚举值来区分。

（1）执行 G 代码和 FeedTable 的数据流

TwinCAT NC I 支持两种形式的插补指令：G 代码文件和 FeedTable。可以从数据流向来理解两者的区别。执行 G 代码文件的数据流如图 13.2 所示。

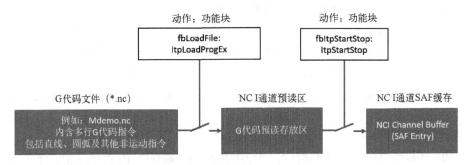

图 13.2　执行 G 代码文件的数据流

执行 FeedTable 的数据流，如图 13.3 所示。

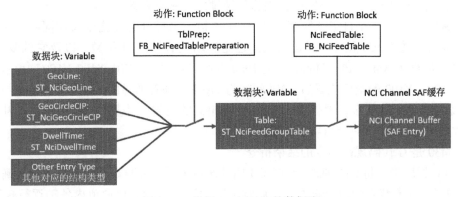

图 13.3　执行 Feed Table 的数据流

可以理解为，NCI 自带一个 G 代码解释器，装载 G 代码文件后，解释器就把它分解成一个一个的插补指令。而使用 FeedTable 的时候，不是用 G 代码解释器，而是从 PLC 程序通过功能块 FB_NciFeedTable 往 NCI 的执行区（SAF Entry）里填充指令。对于熟悉 TwinCAT NC FIFO 的用户，这点比较容易理解。

4. G 代码

G 代码文件是若干行 G 代码的集合，而每一行 G 代码就是一个动作命令。G 代码有一套规范，常用的是 G 指令和 M 指令。最简单的有直线插补指令 G01，圆弧插补指令 G02/G03。

TwinCAT NC I 包含了 G 代码预读器，在执行行 G 代码文件的时候，NC I 会预读 G 代码行，结合插补通道内每个轴的当前位置，分解出每个轴接下来在每个控制周期的设置位置。

G 代码文件以 .nc 为后辍名，可以用记事本编辑，一个最简单的 G 代码文件如图 13.4 所示。

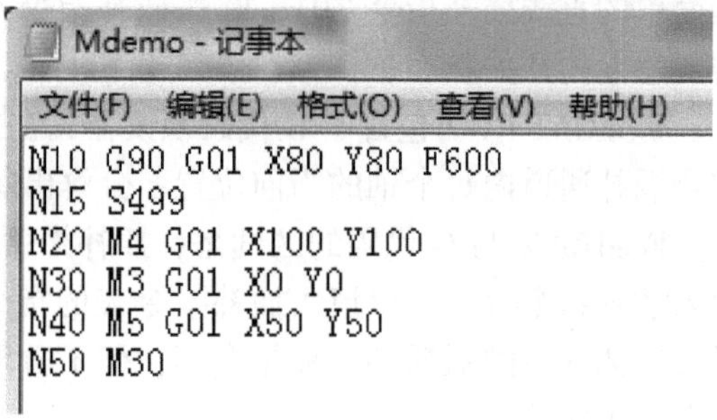

说明：新建 G 代码文件如果格式不方便写入，可以用示例 G 代文件来修改。

```
Mdemo - 记事本
文件(F) 编辑(E) 格式(O) 查看(V) 帮助(H)
N10 G90 G01 X80 Y80 F600
N15 S499
N20 M4 G01 X100 Y100
N30 M3 G01 X0 Y0
N40 M5 G01 X50 Y50
N50 M30
```

图 13.4　G 代码示例

图 13.4 中每行的第 1 列，比如 N10、N15，表示行号。这个不是必需的，但是行号可以增加可读性。行号还有其他辅助用途，这里就不展开了。

1）G90 是坐标切换指令，与 G91 是一对互锁指令。G90 表示切换到绝对坐标，G91 表示切换到相对坐标。如果 G 代码中从来没有出现 G90 或者 G91，则默认使用绝对坐标。

2）S499 表示主轴速度为 499 mm/min，在 NC I 中因为插补通道并没有主轴，实际上这个值是从 Process Data 插补通道的过程变量 NCItoPLC 中的一个变量传递至 PLC 程序，PLC 程序再用它来控制主轴（PTP 轴）的速度。只有机加工的设备才有主轴速度，如果是激光切割或者其他简单的路线插补，就没有主轴这个概念，也就无须 S 指令了。

3）G01 是最简单的直线插补指令，"G01 X80 Y80 F600" 的意思是指，下一个目标位置是 X80，Y80，进给速度是 600 mm/min。有兴趣的读者可以试算一下，如果当前位置分别是 X0，Y0 及 X200，Y0 时，接下来 X 和 Y 轴的速度分别应该是多少。注意 F600 表示进给速度，在 G 代码中出现下一个 Fxxx 改变进给速度之前一直有效。

4）M3、M4、M5 是自定义的 M 指令。当 M 指令与插补运动指令写在同一行时，需要在 NC I 通道参数中先设置好，是运动之前还是运动之后触发 M 函数，以及它的复位机制。假定 M4 的属性为 AM（After Motion）的 Hankshake 型，"M4 G01 X100 Y100" 表示插补轴运动到 X100，Y100 的坐标位置后，M4 状态为 TRUE，插补通道的运动就暂停在这一行。这时 PLC 就得知 M4 的状态，根据 PLC 代码执行相关的逻辑，并复位 M4 函数。插补通道在 M4 函数复位后再继续下一行 G 代码的运动。

5）M30 是 G 代码规范约定的结束指令。

在 PLC 程序中，将 PTP 轴组合进 NC I 插补通道之后，装载 G 代码文件时只要确定 G 代码文件的路径和要装入的插补通道，然后就可以发送启动命令让通道内各轴逐行执行 G 代码了。我们将在后续章节详细介绍 G 代码的规则。

5. M 函数：插补运动与逻辑动作的协调

M 指令是在 G 代码文件执行过程中需要触发的开关状态。这个开关状态可以是自恢复的，也可以是等待 PLC 确认恢复的。如果是自恢复的，插补运动在 M 代码行只是通知给 PLC 的 M 函数状态为 TRUE，动作将继续执行。如果是等待 PLC 确认才能恢复的，插补运动在 M 代码行通知给 PLC 的 M 函数状态为 TRUE，插补运动就会停下来，PLC 收到 M 函数为 TRUE 之后执行相应的动作，动作完成后复位 M 函数，才继续下一行 M 指令。

NC I 通道用到哪些 M 函数，分别是什么类型，需要在 NC I 配置文件中事先定义，否则系统会将其默认为需要等待的 M 函数。如果是 MFast 型的，即自恢复型，那么它在什么时间恢复也是可以设置的。

在国际标准中，有一些 M 函数是有固定用途的，比如 M30 用于 G 代码结束，而有的 M 函数可以自定义功能。

6. R 参数：NC I 通道与 PLC 的浮点数接口

在 G 代码中，表达一个插补运动指令时，在给定终点坐标位置或者进给速度的时候，可以用常量，也可以用变量。如果使用变量，并且希望这个变量可以在 PLC 程序中访问，就可以使用 R 参数。

每个通道都有 R0~R44 共 45 个 R 参数。R 参数都是实数型的，可以在 G 代码中赋值，也可以在 PLC 程序中通过功能块写入或者读取。所以可以把 R 参数作为 NC I 通道与 PLC 程序的浮点数接口，只不过它不是每个 PLC 周期都刷新的。

13.2 在 System Manager 中测试 NC I 功能

13.2.1 创建 TwinCAT NC PTP 轴和 NC I 通道

创建 PTP 轴和 NC I 通道的步骤如下。

（1）创建 NC 任务和 PTP 轴

在 NC 轴的 Online 选项卡中，确认轴可以正常使能、动作，如图 13.5 所示。

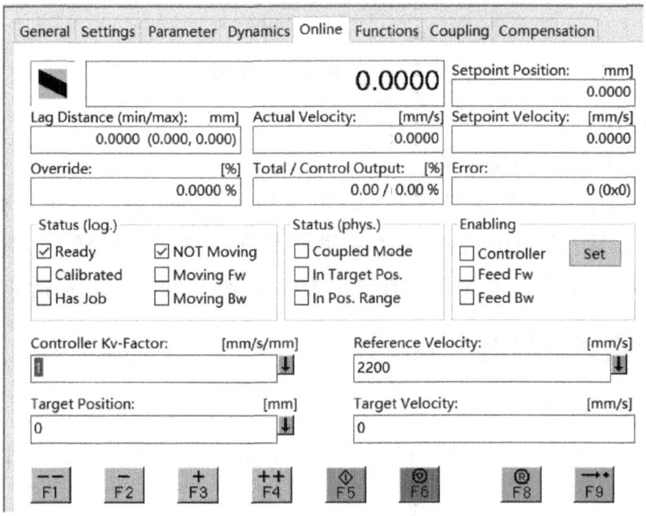

配套文档 13-1
例程：在 System
Manager 中测试
NC I 功能

图 13.5 PTP 轴的调试界面

这里的F1~F9，与PC键盘的功能键〈F1〉~〈F9〉是等效的，用户可以用鼠标单击界面上的按钮，也可以直接按下键盘上对应的功能键。这里的速度、位置、跟随误差等，默认都是以"mm"为单位。如果关联了伺服驱动器，就表示这些参数都是根据编码器的脉冲当量"Scaling Factor"换算之后的值。

测试时先让轴使能，再单击F1~F4按钮。其他测试不再重述，鉴于NC I的用户必须先熟悉PTP操作，所以在此假设用户已经熟悉PTP调试界面和步骤。

（2）创建NC I通道

在"NC-Task 1 SAF"的右键菜单中选择"Add New Items"，默认就是添加NC I通道，如图13.6所示。

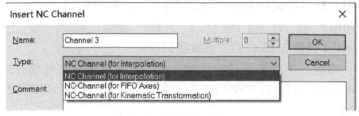

图13.6　选择NC I Channel

添加成功后，可以看到NC-Task 1 SAF下增加的Channel 2，如图13.7所示。

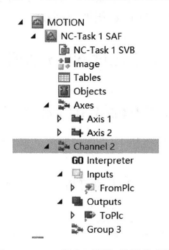

图13.7　NC任务下添加的插补通道

（3）存盘和激活配置

存盘并选择目标系统，激活配置。

如果目标机器不在图13.7的列表中，就需要单击"Search"按钮进行添加。

这样一个带NC I插补通道的TwinCAT运动控制项目就建立起来了。之后的章节将讲述分别从PLC程序或者开发环境控制NCI插补通道按G代码文件或者插补指令表执行规定动作。

13.2.2　NC I通道调试界面

1. 配置NC I通道的轴

在"Channel 2"→"Group 3"的"3D-Online"选项卡中，可以配置插补轴，如图13.8所示。

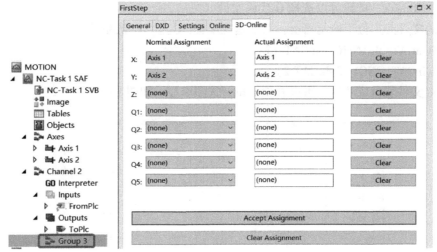

图 13.8 配置 NC I 通道的轴

在 Nominal Assignment 中选择插补轴, 确认无误后单击 "Accept Assignment" 按钮。

图 13.8 中可以看到, Actual Assignment 和 Nominal Assignment 中的值一致, 表示配置已经被接受。

配置 NC I 通道的输出倍率如图 13.9 所示。

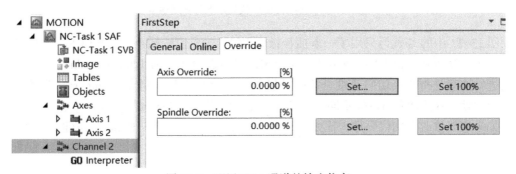

图 13.9 配置 NC I 通道的输出倍率

单击 "Set" 按钮, 可以设置任意倍率, 全速输出则单击 "Set 100%" 按钮。

2. 定位和编辑 G 代码文件

在 "Channel 2" → "G0 Interpreter" 的 Editor 选项卡中可以选择和编辑 G 代码文件, 如图 13.10 所示。

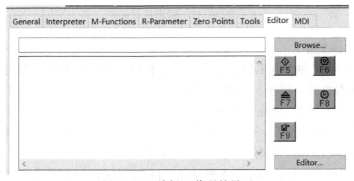

图 13.10 编辑 G 代码的界面

单击"Browse"按钮可以选择 G 代码文件 (.nc)。

G 代码文件必须位于控制器上,而不是在编程 PC 上。默认路径为

C:\TwinCAT\Mc\Nci(TwinCAT 3)

C:\TwinCAT\CNC\(TwinCAT 2)

从 .nc 文件装载成功后,可以看到 Editor 选项卡显示如图 13.11 所示。

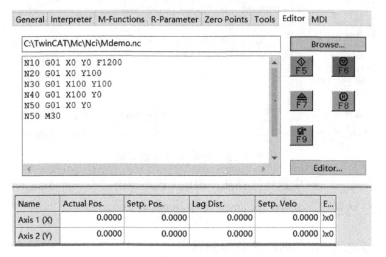

图 13.11 成功装载 G 代码的 Editor 选项卡

图 13.11 中的 G 代码只用了一条插补指令 G01,表示直线插补。4 条 G01 指令的结果是画一个边长为 100 的正方形。N10 中的 F1200,表示进给速度为 1200 mm/min。注意 G 代码中的进给速度是指轨迹切向速度,即插补轴的适量合成速度,都是以 mm/min 为单位,与PTP 中的默认速度单位 mm/s 不同,1200 mm/min 就相当于 20 mm/s。

如果想要修改个别代码行,比如进给速度 F1200,可以单击"Editor"按钮,如图 13.12 所示。

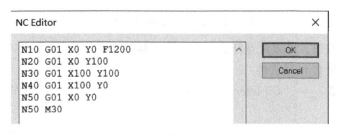

图 13.12 编辑 G 代码

3. 测试 G 代码文件

首先使能各个 PTP 轴,在 Editor 选项卡中单击 F8(复位)按钮,如图 13.13 所示。

单击 F7(装载文件)按钮,如图 13.14 所示。

单击 F5(运行)按钮,如图 13.15 所示。

开始运行后,插补状态 Interpreter State 会显示为 Running(5)。最新执行的代码行会显示在"Actual Program Line"区域。代码执行完毕如图 13.16 所示。

待所有代码都执行完毕,插补轴不再动作,Interpreter State 显示为 Ready(2)。

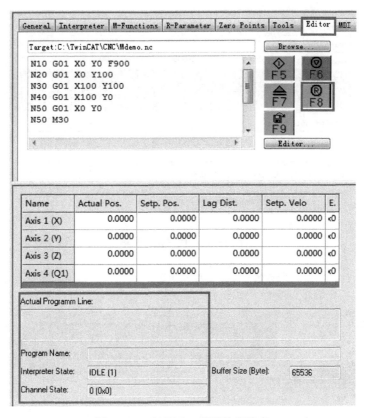

图 13.13　复位时 G 代码执行状态

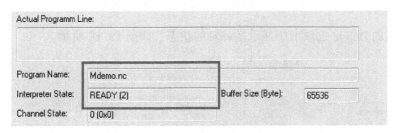

图 13.14　装载时 G 代码执行状态

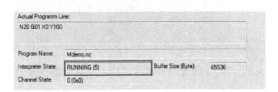

图 13.15　运行时 G 代码执行状态

重新依次单击 F8（复位）、F7（装载）、F5（运行）按钮，插补轴就可以重复动作了。在 TwinCAT 3 中，直接单击 F5 按钮可以重新动作。

4. 解散插补通道，恢复 PTP 轴

对比 Axis 和 NCI Channel 的 Online 选项卡，会发现在 PTP 轴分配给插补通道时，在 Axes 的 Online 选项卡中不显示分配到 NC I 通道的轴信息，如图 13.17 所示。

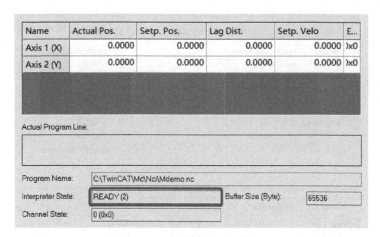

图 13.16 代码执行完毕

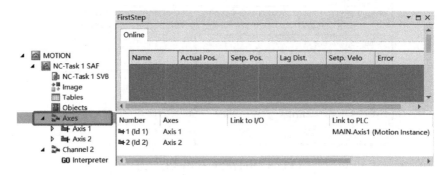

图 13.17 Axes 的 Online 选项卡中没有显示插补轴

NC I 通道的 Online 选项卡中显示插补轴的状态，如图 13.18 所示。

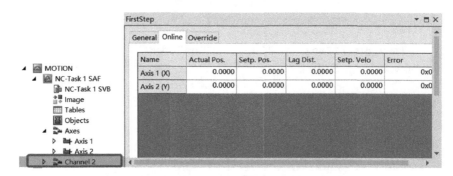

图 13.18 NC I 通道的 Online 选项卡中显示插补轴的状态

单击"Clear"按钮，解散插补通道，X、Y、Z 等插补轴还原成为 PTP 轴。如图 13.19 所示。

在 NC I 通道解散后，Axis1、Axis2 恢复为 PTP 轴，在 Axes 的 Online 选项卡中显示各轴信息，而 Channel 的 Online 选项卡中就没有信息显示了。

5. 插补轴接受 PTP 运动指令

TwinCAT 2 中插补轴不能执行任何 PTP 指令，包括 MC_Reset，MC_Home、MC_SetPosition 等指令，也不能作为 PTP 电子齿轮或者凸轮的从轴。但在 TwinCAT 3 中略有不

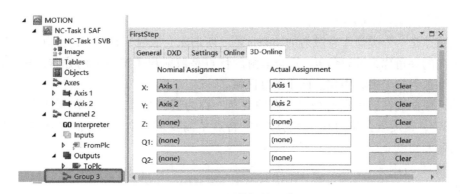

图 13.19 解散插补通道

同, 具体如下。

1) 只要插补通道的状态为 Ready(2), 没有插补指令在执行, 插补轴就可以接受 PTP 指令。

2) 出错后也可以用 MC_Reset 复位。只是复位后 NC I 通道也要复位并重新装载 G 代码才能继续运行。

3) 经测试, 插补轴可以作为主轴。

4) 即使通道状态为 Ready, 没有插补指令执行, 插补轴也不能作为从轴耦合到别的 PTP 轴上。

13.2.3 NC I 通道的运动参数设置

1. 曲线减速相关的参数

曲线减速相关的参数 "Curve Velocity Reduction Mode" 如图 13.20 所示。

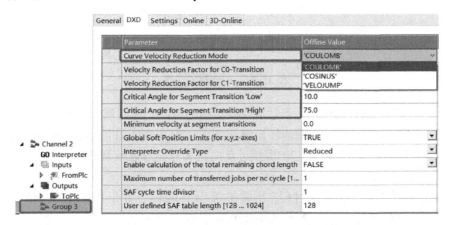

图 13.20 插补通道曲线减速相关的参数

在 DXD 选项卡中可以设置 "Curve Velocity Reduction Mode", 以控制相邻曲线平滑过渡时的减速模式, 这个选项仅在 C0 转折时生效, 即前后两段曲线有一个硬的拐角。C0 转折指切线斜率不连续的点, 又称拐点。

可选项包括: Coulomb (库仑减速)、Cosine (余弦减速) 和 VeloJump (速度跃变)。

下面分别解释这 3 种模式的特点。

（1）库仑减速：Coulomb

库仑减速是一个类似库仑散射的动态过程。所谓库仑散射，是指假定带电粒子入射方向与散射方向的夹角称为散射角 θ。库仑散射的特点是散射粒子按角度的分布，与 $\sin^4(\theta/2)$ 成反比，即散射粒子多集中在前向小角度区域。

前后两段曲线在转折点的切线方向的夹角，称为偏转角 φ。如果前后两段曲线完全反向，$\varphi=180°$，速度就会减到 0。库仑散射的特点是偏转角越小，减速曲线越陡。可以设置减速段的起始角度 φ_{low}。

库仑减速的因素包括：C0 factor，界于 0.0~1.0，即 0%~100%；φ_{low}，界于 0.0~180.0°。

减速原则（假定指令进给速度为 V_k，减速后的设定速度 V_res）。

$\varphi<\varphi_{low}$：V_res $=V_k$

$\varphi_{low}<\varphi<180$：V_res =根据 φ 值按库仑曲线从 V_k 减到 $V_k\times(1~C0\ factor)$。

图 13.21 是比较典型的设置，$\varphi_{low}=15$，C0 factor =1.0，表示转角在 15°以内都不减速，而在反向时，速度会减少 100%，即速度降为 0。

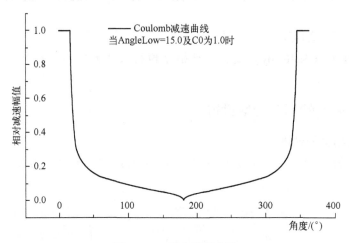

图 13.21 库仑散射曲线

库仑减速的特点是：偏转角一旦达到需要减速的程度，速度就大幅下降。从图 13.21 中可以看出，从 15°开始减速。如果偏转角继续加大，到在 30°~170°就以一个很低的速度运行，下降幅度就很缓慢了，超过 170°即接近反向，又开始急速减到 0。

（2）余弦减速：Cosine

余弦减速是一个纯几何减速过程，因素包括：C0 factor，界于 0.0~1.0，即 0%~100%；φ_{low}，界于 0.0~180.0°；φ_{high}，界于 0.0~180.0°，且大于 φ_{low}。

减速原则（假定指令进给速度为 V_k，减速后的设定速度 V_res）：

$\varphi<\varphi_{low}$：V_res $=V_k$

$\varphi_{low}<\varphi<\varphi_{high}$：V_res =根据 φ 值按 Cosine 曲线从 V_k 减到 $V_k\times C0\ factor$

$\varphi_{high}<\varphi$：V_res $=V_k\times C0\ factor$。

图 13.22 中，C0 factor =0.25（即 25%），$\varphi_{low}=15°$，$\varphi_{high}=75°$

与库仑曲线相反，库仑减速是先快再慢再快，余弦减速是先慢后快再慢，并且余弦减速减到最小值 $V_k\times C0\ factor$ 后就不再减了，而库仑减速可以减到 0。

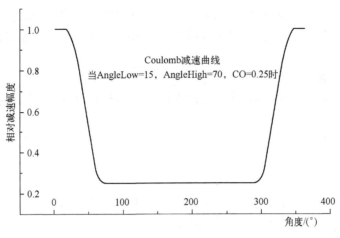

图 13.22　Cosine 减速曲线

（3）速度跃变：Velo Jump

速度跃变是决定 C0 转折速度的几何过程，这个过程按要求降低轨迹速度，以使速度阶跃在设定的范围以内。允许的速度阶跃最大值计算公式如下：

$$DV = Velo\ Jump\ Factor \times \min(A+,\ A-) \times DT$$

即一个 NC 周期的速度差=速度跃变因子×加速度和减速度的最小值×NC 周期。

Velo Jump Factor 在插补轴的 NC PTP 轴参数中设置，如图 13.23 所示。

-	NCI Parameter:	
	Rapid Traverse Velocity (G0)	2000.0
	Velo Jump Factor	100.0
	Tolerance ball auxiliary axis	0.0
	Max. position deviation, aux. axis	0.0

图 13.23　NC 轴参数 Velo Jump Factor

从 Beckhoff Information System 中查到该参数的解释如下。

轴参数 Offset 0x0106 可读写单位：1；范围：$0.0 \sim 10^6$；默认值：0。

含义：NC I 动态减速时允许的速度跃变最大值的作用因子：

$$DV = factor \times \min(A+,\ A-) \times DT$$

对比 PTP 运动，一个 NC 周期允许的最大速度跃变就是加速度乘以时间，即 $DV = Acc \times DT$，即 VeloJump Factor=1。

NC I 中可以在 PTP 模式的 DV 基础上，叠加一个作用因子。小于 1 就是限制它的速度跃变，大于 1 就是放大它的速度跃变。对于放大速度跃变的情况，还受限于其他条件，如电机功率、伺服驱动中的加速度限制、通道内其他轴的允许速度跃变等。所以通常是设置为小于 1，以限制速度跃变，牺牲轨迹精度，使运动更加平稳。

说明：上述 3 种方式中，速度跃变都会受限于轴的 NC I 参数 Velo Jump Factor，只是库仑减速和余弦减速时，除受这个限制之外，还对何时开始减速、减到多少做出了规划，实际的 NC I 给定速差取规划速差和 Velo Jump Factor 计算出的速差的最小值。而曲线过渡时如果选择 Velo Jump 方式减速，则仅受限于根据 Velo Jump Factor 计算出的速差，在 3 种减速模式中，这种减速最少。

（4）最小偏转角

参数：Critical angle, segment transition 'low'，曲线过渡处理的起始偏转角'low'，单位为 Deg。

φ_{low}. 曲线过渡模式为 Coulomb 或者 Cosine 时，表示相邻曲线的夹角大于此角度后，才开始降速处理。

（5）最大偏转角

参数：Critical angle, segment transition 'high'，曲线过渡处理的截止偏转角'high'，单位为 Deg。φ_{high}. 曲线过渡模式为 Cosine 时，表示相邻曲线的夹角大于此角度后，速度不再继续下降，而是按进给速度×C0 factor 运动。

插补曲线转折相关参数如图 13.24 所示。

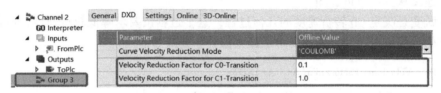

图 13.24　插补曲线转折相关的参数

（6）转折点的分类

通常来讲，从一段曲线到下一段曲线的连接不是绝对平滑的。所以在两段曲线连接的地方必须降低速度以避免加速度跳变引起的冲击。为此把两段曲线的转折方式按几何特性分为 C0，C1，C2。

C0 转折：位置连续速度不连续。两段几何曲线的连接处是一个拐点。

C1 转折：速度连续加速度不连续。比如体育馆跑道的直线与半圆的转折点，切线是连续的，但是二次求导后的曲线是不连续的。如果均速经过这段曲线，必须有加速度阶跃。

C2 转折：加速度连续加加速度不连续。如果均速经过这段曲线，加速度连续，不会产生冲击。超过 2 阶连续的曲线更加不会冲击。

（7）C0 转折的减速因子

参数：Velocity Reduction Factor for C0-Transition，C0 转折（速度不连续）的减速因子，其作用依赖于减速方式。C0 的取值范围为[0.0,1]。

在 Coulomb 减速模式时，表示减速的幅度。0.1 表示 10%。

在余弦减速模式下，表示减速的最小值。0.1 表示 10%。

（8）C1 转折的减速因子：

参数：Velocity Reduction Factor for C1-Transition，C1 转折（加速度不连续）的减速因子，其作用依赖于减速方式。C1 的取值范围为[0.0,1]。

首先假定 V_Link 为前后两段进给速度中较小的那个值，V_link=min（V_in，V_out）。

曲线过渡时加速度变化的绝对值 AccJump 计算取决于在速度 V_link 时几何类型 G_in、G_out 和 G_in、G_out 所连接曲线的平面选择。如果 AccJump 大于轨迹加速度 AccPathReduced 的 C1 倍，V_link 就会减小，直到加速度跃变的绝对值 AccJump 与 AccPathReduced 相等，或者直到 V_link 等于 V_min（即 DXD 参数中的 Minimum velocity at segment transitions）。

注意：修改 Dynamics 参数时，允许的空间和平面轨迹加速度也会自动地相应变化。

2. NC 轴参数中的其他参数

插补通道参数设置如图 13.25 所示。

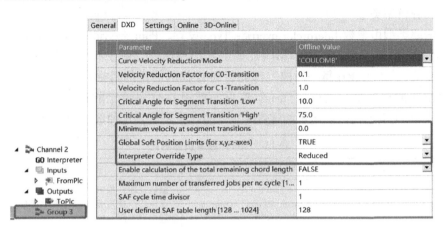

图 13.25　插补通道参数设置

（1）曲线过渡时允许降到的最低速度

曲线过渡时允许降到的最低速度，由 Minimum velocity at segment transitions 参数设置，单位是运动指令速度的百分比。每个 NC I 通道都有"最小进给速度（V_min）"这个参数，V_min≥0.0。实际速度应当保持在此速度之上，但以下情况除外：在曲线过渡或者路径末端的合法停止，以及低于 V_min 的 Override 倍率请求时。最小速度 V_min 的单位是 mm/s，NC 代码中可以随时修改这个值。

（2）插补轴的 PTP 软限位

插补轴的 PTP 软限位设置是否生效，由 Globle Soft Position Limits 控制。

本选项提供两种监视限位的方式。

第一种，在 SAF 任务中监视软件限位。如果插补轴 Axis 的 Parameter 选项卡中打开了软件限位，那么本选项也必须打开。这样 SAF 任务就会自动监视软限位。如果插补运动时超过了限位，进给速度就会立即设置为 0，整个插补通道就会报错。这种监视是通过轴参数来激活的，并不是本节讲述的重点。

第二种，路径软限位。为了避免运动到路径终点时速度突然变为 0，本选项"Global software limit positions for the path"必须启用。如果启用了此功能，当一个插补运动可能会导致某个轴超过限位时，该动作就会在达到限位之前提前减速并安全停止。

注意：

1）此监视功能只针对开启了软限位功能插补轴的情况，所以轴参数中的 Software Limit 功能必须打开。

2）监视功能在标准的几何曲线轨迹运动中并列运行，包括直线、圆弧、螺旋。从 TwinCAT V2.10 B1258 开始，辅助轴也可以被监视。

3）此功能不能监视样条曲线。与样条曲线有关的设定值由误差允许球面范围所限制，如果超出该范围，将由 SAF 任务监视软限位。

4) 由于软限位的有效监视只能在预读之前在 NC 程序的 Run-time 中处理，所以 NC I 通道有可能会执行一行明知会超出软限位的 G 代码，直到进给轴移动到接近限位的位置才停下来。

5) 如因某些原因，轴处在限位之外，允许用直线插补指令让它回到正常区域。

（3）插补倍率类型

插补倍率类型由参数 Interpreter override Type 设置。Path override 是轨迹速度倍率，修改 Override 就等于修改速度，但并不影响加速度和加加速度。由于有关的动态参数（制动距离，加速度等），不可能在每一段曲线都能达到 G 代码给定的目标速度，因此 NC I 会计算出每一段空间曲线的最大速度 V_max，有可能低于 G 代码给定的速度 V_path。Interpreter override type 就决定了实际设定进给速度 V_res 的计算公式，几种选项的对比见表 13.1。

表 13.1　插补倍率类型对比

选　项	计 算 公 式	说　明
Reduced	$V\_res = min(V\_path, V\_max) \times Override$	默认选项，基于 V_max 无论指令速度是否超过最大曲线速度，Override 都起倍率作用
Original	$V\_res = min(V\_pah \times Override, V\_max)$	基于 v_path 指令速度乘以 Override 超过最大曲线速度，Override 就不起倍率作用
Reduced [0 ... >100%]	$V\_res = min(V\_path, V\_max) \times min(Override, 150)$ 无论指令速度是否超过最大曲线速度，Override 都起倍率作用，但 Override 不能超过最大倍率，比如本例中的 150	类似 Reduced 模式，且可以定义大于 100% 的倍率。但是 V_path 也得受限于每个插补轴的 PTP 参数：G0 速度及最大加减速设置。这种模式下，必须通过 PLC 程序来写参数才能限制最大倍率，比如 150%

TwinCAT 3 新增的插补通道参数如图 13.26 所示。

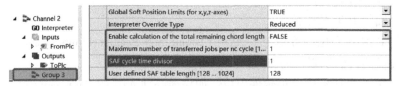

图 13.26　TC3 新增的插补通道参数

（4）启用剩余长度计算

参数为 Enable calculation of the total remaining length。

（5）每周期最大转换任务数量

参数为 Maximum number of transferred jobs per nc cycle。

（6）控制周期倍增系数

参数为 SAF cycle time divisor。若 SAF 周期为 2 ms，倍增系数为 2，则插补周期为 4 ms。

（7）指令缓存数量

参数为 User defined SAF table length，默认为 128，最大为 1024。

13.3　使用 G 代码的插补运动项目

此前通过 TwinCAT 中的测试界面来实现了 G 代码的调用，接下来用 PLC 程序来实现这些控制，包括通道的组合、解散、G代码文件的装载、运行、停止及复位等。为节约篇幅，这里只简述过程，精简截图。完整步骤描述和截图，请参考配套文档13-2。

配套文档13-2
例程：使用G
代码的NC I项目

13.3.1 在PLC中新建NC I程序

为了方便导出到其他程序使用，所以代码并不写在MAIN中，而是另外取名，比如本例中叫作PRG_NCI。需要在MAIN中引用PRG_NCI，程序才会执行。

1. 准备工作

（1）添加库文件

新建项目，保存命名为"NCI_GCode_New"，并添加PTP程序所需要的库Tc2_MC2以及NC I程序所需要的库Tc2_Nci。

（2）新建功能块NCI_REF

这一步不是必须的，而是为了符合Tc2_MC2的习惯，将通道的控制对象约定为一个变量。在Tc2_MC2的PTP指令中，所有功能块的控制对象都是Axis_Ref，所以在NC I程序中定义一个功能块叫作NCI_REF，如图13.27所示。

```
FUNCTION_BLOCK NCI_REF
VAR_INPUT
END_VAR
VAR_OUTPUT
END_VAR
VAR
    NciToPlc    AT %I*: NCTOPLC_NCICHANNEL_REF;
    PlcToNci    AT %Q*: PLCTONC_NCICHANNEL_REF;
END_VAR
```

图13.27　定义功能块NCI_REF

变量名可以修改，而变量类型是在所有NC I相关库中定义的，不能修改。

2. 新建基本功能块及其接口变量

在PRG_NCI的局部变量中声明以下变量或者功能块实例。

通道控制的基本动作包括：组合通道，CfgBuildExt3DGroup；解散通道，CfgReconfigGroup；装载G代码，ItpLoadProgEx；启动停止，ItpStartStop；通道复位，ItpResetEx2。

另外，通道的速度倍率是在PLC的接口变量NciChannelFromPlc中周期性刷新的，既可以直接PLC赋值，也可以用函数（FC）ItpSetOverridePercent来控制。为此，我们新建以下局部变量：

```
VAR
(*基本动作功能块:通道组合,通道解散,装载G代码文件,启动,停止,复位*)
    CfgBuildExt3DGroup            :    CfgBuildExt3DGroup;
    fbClearGrp                    :    CfgReconfigGroup;

    fbLoadFile                    :    ItpLoadProgEx;
    fbItpStartStop                :    ItpStartStop;
    fbItpReset                    :    ItpResetEx2;
```

```
( * 通道 ID 和轴组 ID * )
    GroupID                          :      UDINT;
    ChannelID                        :      UDINT;

( * 通道控制信号,对应 5 个基本动作功能块的触发命令:使能,复位,装载,启动,停止,其中使能
为 True 即组合通道,为 False 则解散通道 * )
    bGroupEnable                     :      BOOL;
    bGroupReset                      :      BOOL;
    bLoad                            :      BOOL;
    bStart                           :      BOOL;
    bStop:                           ;      BOOL

    bSetOverride:BOOL;
    rOverride:LREAL:=100;
sFileName:STRING(80):='C:\TwinCAT\Mc\Nci\mdemo.nc';

( * NCI 通道的 Axis 和 Channel,与 TwinCAT NC 的接口变量 * )
    AxisX                            :      AXIS_REF;
    AxisY                            :      AXIS_REF;
    AxisZ                            :      AXIS_REF;
    AxisQ1               :      AXIS_REF;
    AxisQ2               :      AXIS_REF;
    ItpChannel           :      NCI_REF;

END_VAR
```

然后编写基本代码。基本代码分为控制命令的执行,和通道状态的刷新。由于轴的使能属于 PTP 代码,为了示例简单,PTP 轴使能的代码也写在这里。

(1) 控制命令的执行

实际上,控制命令的执行就是罗列 5 个功能块的 Instance,但是把每个功能块的 bExecute 都悬空不填,这样就可以在程序的其他地方控制这些 bExecute 条件了。为了程序清晰,把以上代码放到 Action 里面,名为 M_BasicFB。代码如下:

```
CfgBuildExt3DGroup(
    bExecute:=    ,
    nGroupId:=GroupID ,
    nXAxisId:=AxisX. NcToPlc. AxisId ,
    nYAxisId:=AxisY. NcToPlc. AxisId ,
    nZAxisId:=AxisZ. NcToPlc. AxisId,
    nQ1AxisId:=AxisQ1. NcToPlc. AxisId ,
    nQ2AxisId:=AxisQ2. NcToPlc. AxisId ,
    tTimeOut:=T#500ms ,
    bBusy=> ,
```

```
        bErr => ,
        nErrId => );

    fbClearGrp(
        bExecute: = ,
        nGroupId: = GroupID ,
        tTimeOut: = T#500MS);

    fbLoadFile(
        bExecute: = ,
        sPrg: = sFileName ,
        nLength: = LEN( sFileName) ,
        tTimeOut: = T#500MS ,
        sNciToPlc: = ItpChannel. NciToPlc ,
        bBusy => ,
        bErr => ,
        nErrId => );

    fbItpStartStop(
        bStart: = ,
        bStop: = ,
        nChnId: = ChannelID,
        tTimeOut: = T#500MS ,
        bBusy => ,
        bErr => ,
        nErrId => );

    fbItpReset(
        bExecute: = ,
        tTimeOut: = T#500MS,
        sNciToPlc: = ItpChannel. NciToPlc,
        bBusy => ,
        bErr => ,
        nErrId => );
```

　　需要提示的是，装载 G 代码文件时，指的是控制器上的路径，所以 G 代码一定要复制到控制器上，并且在程序里提供正确的路径，包括文件夹和文件名。

　　(2) 通道状态刷新

　　为了尽快看到 PLC 控制 NC I 轴的结果，本例并没有完整的状态，但是可以先设置这个功能的 Action，以后再增加状态变量和相应的代码。现在，只是刷新倍率设置和通道及轴组 ID 号。代码放到 Action 里面，名为 M_UpdateStatus，代码如下：

```
    ( * 设置 Override,倍率 * )
    ItpSetOverridePercent(
```

```
fOverridePercent    : = rOverride ,
sPlcToNci      : = ItpChannel. PlcToNci );
```

(∗获取 GroupID∗)
```
GroupID : = ItpGetGroupId(sNciToPlc : = ItpChannel. NciToPlc );
ChannelID : = ItpGetChannelId(sNciToPlc : = ItpChannel. NciToPlc );
```

（3）PTP 命令，使能和 Override 设置

代码放到 Action 里面，名为 M_PTP。代码如下：

```
(∗Enable, Enable Fw, EnbaleBw 这 3 个 Bit 置 True∗)
AxisX. PlcToNc. ControlDWord         : = 7;
AxisY. PlcToNc. ControlDWord         : = 7;

(∗设置 Override 为 100%，保留小数点后 4 位的整数∗)
AxisX. PlcToNc. Override : = 1000000;
AxisX. PlcToNc. Override : = 1000000;
```

3. 编写 NC I 通道控制功能块的触发逻辑

为了实现 System Manager 中的功能，最简单的触发方式就是手动。

首先把这些 bExecute 罗列在 NC I 程序代码区，这样会比 Login 之后展开功能块实例去找变量要方便快捷。

```
(∗准备手动控制 NC 通道的触发命令∗)
rOverride;
CfgBuildExt3DGroup. bExecute;
fbClearGrp. bExecute;
fbItpStartStop. bStart;
fbItpStartStop. bStop;
fbLoadFile. bExecute;
sFileName;
fbItpReset. bExecute;
```

另外，NC I 程序代码区还要增加前面所建的 3 个 Action 的引用，代码如下：

```
(∗引用 3 个 Action,实现不同的功能∗)
M_PTP ( )         ;(∗轴使能∗)
M_BasicFB ( );      (∗NC I 通道控制∗)
M_UpdateStatus ( ); (∗NC I 通道状态刷新∗)
```

至此，控制 NC I 通道的基本程序就写成了。

然后就可以编译了，如果没有 Error 报错，这部分工作就完成了。

4. 在 MAIN 程序中引用 PRG_NCI

在 MAIN 代码区输入以下语句：

```
PRG_NCI( );
```

13.3.2 调试 NC I 程序

1. 准备工作

1）在 NC 任务下新建 Axis 和 Channel。

2）将 PLC 的轴变量和 Channel 变量与 NC 链接。

3）选中目标系统，激活配置。

2. 准备 .nc 文件

确认控制器上的 .nc 文件路径与 PLC 程序中一致。在 PRG_NCI 的 M_BasicPID 中找到 fbLoadFile，可以看到当前文件路径，如图 13.28 所示。

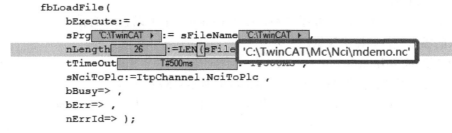

图 13.28　G 代码文件路径和名称

3. PLC 程序下载运行，强制变量执行各种指令

1）NC 轴的状态应使能。

2）组合 PTP 轴进入 NC I 通道。

强制变量 CfgBuildExt3DGroup. bExecute 为 TRUE。

应查看到 NC I 通道中的 X、Y 轴已经配置，并且通道的 Override 也成功设置为 100%了。

3）装载 G 代码。

强制变量 fbLoadFile. bExecute 为 TRUE。

如果功能块没有报错，X、Y 轴随时可以按照 G 代码指定的轨迹来运行。

4）通道启动运行。

Group 状态为 Ready，表示插补通道已经储存了一些数据，可以运行。这时只要一个 Start 指令，就可以开始动作了。

强制变量 fbItpStartStop. bStart 为 TRUE。

最终 Axis 1（X）和 Axis 2（Y）都停在了位置 0，这是由于 G 代码的最后一行动作代码的终点坐标为(X0,Y0)。

5）通道停止、复位。

停止和复位要用录屏软件才能记录效果，用户可以自行测试。

停止和复位对通道的影响是类似的，当前运动马上停止。之后必须重新装载 G 代码才能从头运动。只是当轴出现报警时，必须用 Reset 才能清除。

TC2 中组合成通道的 NC I 轴，无法用 PTP 功能块 MC_Reset 进行单个轴的复位。但 TC3 中可以。如果是 NC I 动作的过程中只是要暂停再继续运动，最简单的方式是将 Override 设置为 0，需要继续运动时再恢复为 100%。

6）通道解散。

强制变量 fbClearGrp. bExecute 为 TRUE，即可解散 NC I 通道

13.3.3　G 代码控制封装示例

配套文档 13-3
例程：FB_NCI_Gcode

这个例程是在前面这个例程的基础上，补充了以下功能：将 Prg_NCI 封装成 FB，并完善了通道状态信息，以及缓存 G 代码数量。引用功能块做 NCI 控制时还集成了 PTP 基本功能。轴和通道的控制信号和状态信息都分别放在 Interface 的结构体中。此外还增加了调试画面。

以下为这个例程的说明。

1. 功能块的调用

在 MAIN 程序的 Action 子程序"Act_Call_GCode"中可以直观地看到功能块的输入变量和输出变量。

2. 控制对象和 Interface

控制对象包括 NC 轴和 NC I 通道。本例程的基本思路如下。

为每个 PTP 轴建一个 Interface 结构体 st_Axis_Interface，为每个 NC I 插补通道也建一个 Interface 结构体 GCode_Chn_Interface。

所以在全局变量中：aAxis 和 Axis_Interface 数组的下标数字相同，而 aNciChannel 和 aNci_Itf 数组的下标数字相同。其中 Axis 的接口定义为结构体 st_Axis_Interface，而 NC I 通道的接口定义为结构体 Gcode_Chn_Interface。

以上只是例程的思路，用户可以根据实际情况再增减或者修改。

FB_NCI_GCode 的源代码如图 13.29 所示。

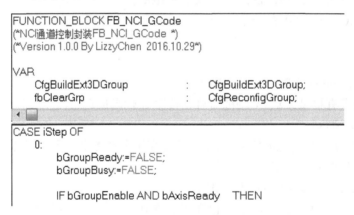

```
FUNCTION_BLOCK FB_NCI_GCode
(*NCI通道控制封装FB_NCI_GCode *)
(*Version 1.0.0 By LizzyChen 2016.10.29*)

VAR
     CfgBuildExt3DGroup                :        CfgBuildExt3DGroup;
     fbClearGrp                        :        CfgReconfigGroup;

CASE iStep OF
     0:
          bGroupReady:=FALSE;
          bGroupBusy:=FALSE;

          IF bGroupEnable AND bAxisReady    THEN
```

图 13.29　FB_NCI_Gcode 的源代码

如果当前封装的功能不能满足需求，用户可以在此基础上修改。如果涉及接口变量的增加，就需要同时修改结构体 GCode_Chn_Interface，并在 FB_NCI_GCode 增加这些变量的控制代码。

3. PTP 控制程序

虽然这是 NC I 插补程序的例程，但是在实际项目中，必然涉及 PTP 指令，比如使能、复位、寻参（回零）、点动等。因此本例程直接集成了 Tc2_MC2 PTP 的例程中的代码和 Axis Interface 结构体。源代码位于 Pro_MC_PTP。

其他程序如图 13.30 所示。

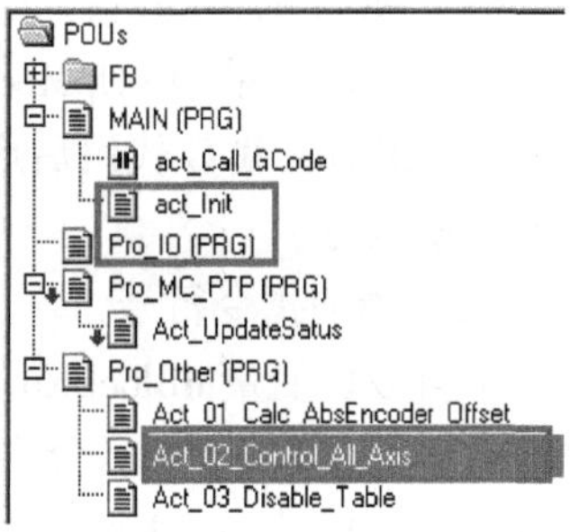

图 13.30 的线框中，都是无关核心功能的辅助程序，目的是为了调试方便。

（1）初始化程序

Main 的 act_Init 中，是为了初始化 NC I 通道接口变量中的轴号。

（2）硬件 I/O 相关的程序

Pro_IO 中是与硬件 I/O 相关的程序。

在正式的应用项目中，可以把全部 I/O 模块的变量赋值都放在这里。

图 13.30　示例中的辅助程序

（3）辅助功能代码

在 Pro_Other 中集中放置辅助功能代码，NciToPlc 结构体的转换赋值以及 PTP 轴的群控。这是因为轴数特别多的时候，在调试界面上单个单击每个轴的接口变量，比如使能、复位、位置置 0 时，会相当耗时。所以在界面上做了几个群控的按钮，一旦群控模式（bPtpCtrlAll）开启，这个几个变量的值就直接赋到每个轴的接口变量里了。

例程中需要映射的 PLC 变量如图 13.31 所示。

注意：aDriveInput 和 Brake\MainPower 都是在实际项目中使用时，与伺服驱动器硬件相关的变量。用虚轴测试功能时，不必链接。aVirtualAxis 是辅助轴，类似为了字对齐而在结构体中增加的 Reserve 或者 Dummy 变量，仅仅是为了程序不报错，不必链接 NC 轴。

调试界面如图 13.32 所示。

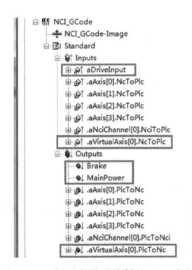

图 13.31　例程中需要映射的 PLC 变量

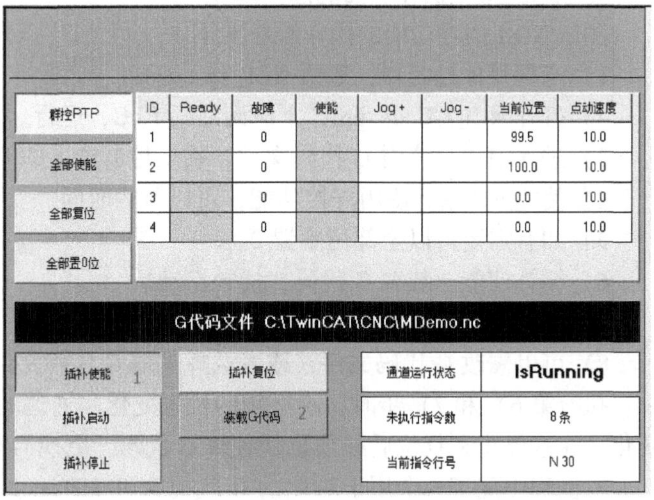

图 13.32　NC I 例程调试界面

界面的上半部是 PTP 调试界面，包括群控的使能、复位、位置置 0 按钮。右边的列表中有轴的 Ready、故障等状态，以及使能、正反向点动 Jog+、Jog-等控制信号。显示当前位置，可单独设置点动速度。

下半部的 NCI 调试界面，除了 5 个命令按钮之外，还可以显示通道运行状态，这是显示的通道 Interface 中 eItpOpMode 的值，说明如下。

（1）NC I 通道的运行状态

来自 I/O 变量 eItpOpMode，最常见的是 Idle、Ready 和 IsRuning。组合后装载 G 代码前为 Idle，成功装载 G 代码后启动前为 Ready，启动后结束前为 IsRuning，动作完成后又恢复为 Ready 状态。

（2）当前指令行号

来自 I/O 变量 nBlockNo。假如 G 代码行首包含约定的行号，例如 N10、N20 等，执行这样的代码行时，行号就会在这里显示出来。这个行号其实来自 NciToPlc 的第一个变量 nBlockNo，如图 13.33 所示。

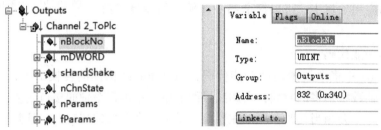

图 13.33　nBlockNo

（3）未执行指令数

指从 G 代码文件预读到 NC I 编译器但还没有执行的 G 代码行数。执行完毕，该值为 0。由于 NC I 缓存的容量（SAF Entry）有限，该值最大为 128。也就是说 NC I 最多缓存 128 条指令。这个参数不能从 NciToPlc 的结构体中获得，必须用 ADS 通信从 NC I 设备中读取，这些代码在 FB_NCI_GCode 的 M_UpdateStatus 中。

4. 测试 NC I 插补功能的操作顺序

测试 NC I 插补功能的操作顺序如下。

1）选择目标控制器，激活 NCI_Test. tsm。

2）打开 NCI_GCode. pro，下载到目标 PLC，运行。

3）进入 HMI，查看 G 代码文件，确认控制器上的 CNC 文件路径与之一致。

4）使能 NC 轴。使用群控功能，可以节约时间。

5）如有需要可以全部位置置 0。

6）插补使能，装载 G 代码，插补启动。

7）插补停止，或者插补复位。

8）可以修改 G 代码文件，或者选择其他 G 代码文件。重新执行。

执行第 6）和 7）步时，观察轴的位置变化和通道的状态、未执行指令数及当前行号的变化。注意停止和复位后必须重新装载 G 代码，更换 G 代码文件也要重新装载。

本例程中配了一个用于对比的 G 代码文件 MDemo2. nc，与 MDemo. nc 的唯一区别就是进给速度的不同。用户可以在界面上修改 G 代码文件名，然后重新装载，对比运动效果。

13.4　使用 FeedTable 的插补运动项目

13.4.1　在 PLC 中新建 NC I 程序

为了方便导出到其他程序使用，所以 NC I 程序代码并不写在 MAIN 中，而是另外取名，比如本例中叫作 PRG_MC_FeedTable。需要在 MAIN 中引用 PRG_MC_FeedTable，程序才会执行。

1. 准备工作

（1）添加库文件

新建项目，保存命名为 "NCI_GCode_New"，并添加 PTP 程序所需的库 Tc2_MC2 以及 NC I 程序所需的库 Tc2_Nci。

（2）新建功能块 NCI_REF

这一步不是必需的，而是为了符合 Tc2_MC2 的习惯，将通道的控制对象约定为一个变量。在 Tc2_MC2 的 PTP 指令中，所有功能块的控制对象都是 Axis_Ref，所以在 NC I 程序中定义一个功能块叫作 NCI_REF，如图 13.34 所示。

```
FUNCTION_BLOCK NCI_REF
VAR_INPUT
END_VAR
VAR_OUTPUT
END_VAR
VAR
    NciToPlc     AT %I*: NCTOPLC_NCICHANNEL_REF;
    PlcToNci     AT %Q*: PLCTONC_NCICHANNEL_REF;
END_VAR
```

图 13.34　定义功能块 NCI_REF

变量名可以修改，而变量类型是在所有 NC I 相关库中定义的，不能修改。

（3）新建结构体 NCI_SingleEntry

这一步不是必需的，而是为了统一直线和圆弧插补的准备数据，填充插补指令时总是从这个结构中取数据。如图 13.35 所示。

圆弧还是直线插补，用 iPlane 来区分。如果该变量为 0，表示直线插补，否则为圆弧插补。

2. 新建基本功能块及其接口变量

在 PRG_MC_FeedTable 的局部变量中声明以下变量或者功能块实例。

通道控制的基本动作包括：组合通道，CfgBuildExt3DGroup；解散通道，CfgReconfigGroup；插补指令准备，FB_NciFeedTablePreparation；插补指令填充，FB_NciFeedTable；插补运动启停，ItpStartStop；通道复位，ItpResetEx2。

```
TYPE NCI_SingleEntry :
STRUCT
    SyncVelo:REAL;
    SyncAcc:REAL;
    fX:REAL;
    fY:REAL;
    fZ:REAL;

    fQ1:REAL;
    fQ2:REAL;
(*  fQ3:REAL;
    fQ4:REAL;
    fQ5:REAL;   *)

    fCenterX:REAL;
    fCenterY:REAL;
    fCenterZ:REAL;
    iPlane:UDINT;
    Reserve1:UDINT;

    Reserve2:UDINT;
END_STRUCT
END_TYPE
```

图 13.35　结构体
NCI_SingleEntry

使用过 G 代码方式的用户可以这样理解，插补指令准备（FB_NciFeedTablePreparation）相当于装载 G 代码文件，而插补指令填充（FB_NciFeedTable）相当于插补运动启动，如果运动过程中要停止，仍然是通过插补运动启停功能块（ItpStartStop）。另外，通道的速度倍率是在 PLC 的接口变量 NciChannelFromPlc 中周期性刷新的，既可以直接 PLC 赋值，也可以用函数（FC）ItpSetOverridePercent 来控制。

为此，先新建以下局部变量：

```
VAR
    （*NCI 通道的 Axis 和 Channel,与 TwinCAT NC 的接口变量*）
    AxisX            :    AXIS_REF;
    AxisY            :    AXIS_REF;
    ItpChannel       :    NCI_REF;
```

```
( * 基本动作功能块:通道组合,通道解散,装载文件,启动,停止,复位 * )
CfgBuildExt3DGroup     :     CfgBuildExt3DGroup;
fbClearGrp             :     CfgReconfigGroup;
fbItpStartStop         :     ItpStartStop;
fbItpReset:ItpResetEx2;


TblPrep                :     FB_NciFeedTablePreparation;
NCI_Entry              :     NCI_SingleEntry;

( * 自定义结构体:准备赋给待填充指令 GeoCircleCIP 和 GeoLine 的数据 * )
GeoCircleCIP           :     ST_NciGeoCircleCIP;
                             ( * 待填充到 Table 的圆弧插补指令 * )
GeoLine                :     ST_NciGeoLine;
                             ( * 待填充到 Table 的直线插补指令 * )


NciFeedTable           :     FB_NciFeedTable;
Table                  :     ST_NciFeedGroupTable;

( * 插补通道要执行的插补指令序列 * )
TableDisplayIndex      :      UDINT : = 1;( * 插补指令在 Table 中的索引号 * )
rOverride              :     LREAL : = 100;( * 插补运动的倍率 * )

( * 通道 ID 和轴组 ID * )
GroupID                :     UDINT;
ChannelID              :     UDINT;

( * 仅在数据准备的上升沿,才把 Entry 中的数据填充到 Table * )
bTablePrepare          :     BOOL;
fbRTrigTablePrepare    :     R_TRIG;
END_VAR
```

其中 NCI_Entry 的类型 NCI_SingleEntry 在准备工作中定义。

3. 编写基本代码

基本代码分为控制命令的执行和通道状态的刷新。由于轴的使能属于 PTP 代码,为了示例简单,PTP 轴使能的代码也写在这里。

(1) 控制命令的执行

实际上,控制命令的执行就是罗列 5 个功能块的 Instance,但是把每个功能块的 bExecute 都悬空不填,这样就可以在程序的其他地方控制这些 bExecute 条件了。为了程序清晰,把以上代码放到 Action 里面,名为 M_BasicFB。完整的基本代码如下:

```
CfgBuildExt3DGroup(
    bExecute: =    ,
    nGroupId: = GroupID ,
```

```
        nXAxisId: = AxisX. NcToPlc. AxisId ,
        nYAxisId: = AxisY. NcToPlc. AxisId ,
        nZAxisId: = ,
        nQ1AxisId: = ,
        nQ2AxisId: = ,
        tTimeOut: = T#500ms ,
        bBusy = > ,
        bErr = > ,
        nErrId = > ) ;


fbClearGrp(
        bExecute: = ,
        nGroupId: = GroupID ,
        tTimeOut: = T#500MS) ;


fbItpStartStop(
        bStart: = ,
        bStop: = ,
        nChnId: = ChannelID,
        tTimeOut: = T#500MS ,
        bBusy = > ,
        bErr = > ,
        nErrId = > ) ;


fbItpReset(
        bExecute: = ,
        tTimeOut: = T#500MS,
        sNciToPlc: = ItpChannel. NciToPlc,
        bBusy = > ,
        bErr = > ,
        nErrId = > ) ;


TblPrep(
            nEntryType : = ,
            pEntry : = ,
            bResetTable: = ,
            stFeedGroupTable: = Table,
            nFilledRows = > ,
            bError       = >   ,
    nErrorId    = >     ) ;


NciFeedTable(
        bExecute: = ,
        bReset: = ,
```

```
        bLogFeederEntries: = FALSE ,
        stFeedGroupTable: = Table,
        stNciToPlc: = ItpChannel. NciToPlc  );
```

（2）准备待填充到 Table 的插补指令的数据

代码放到 Action 里面，名为 M_GoPLine，代码如下：

```
fbRTrigTablePrepare( CLK: = bTablePrepare , Q => );
IF NOT fbRTrigTablePrepare. Q THEN RETURN; END_IF  （ *仅当上升沿时才往 Table 里填一条数据
* ）


IF NCI_Entry. SyncVelo >0. 001 THEN
    IF NCI_Entry. iPlane>0 THEN ( * Circle * )
        GeoCircleCIP. fEndPosX   : =   REAL_TO_LREAL( NCI_Entry. fX) ;
        GeoCircleCIP. fEndPosY   : =   REAL_TO_LREAL( NCI_Entry. fY) ;
        GeoCircleCIP. fCIPPosX   : =   REAL_TO_LREAL( NCI_Entry. fCenterX) ;
        GeoCircleCIP. fCIPPosY   : =   REAL_TO_LREAL( NCI_Entry. fCenterY) ;
        GeoCircleCIP. fVelo      : =   REAL_TO_LREAL( NCI_Entry. SyncVelo) ;
        TableDisplayIndex        : =   TableDisplayIndex+1;
        GeoLine. nDisplayIndex   : =   TableDisplayIndex;
        TblPrep. nEntryType      : =   GeoCircleCIP. nEntryType;
        TblPrep. pEntry          : =   ADR( GeoCircleCIP) ;
        TblPrep. bResetTable     : =   FALSE;

    ELSE    ( * Line * )
        GeoLine. fEndPosX        : =   REAL_TO_LREAL( NCI_Entry. fX) ;
        GeoLine. fEndPosY        : =   REAL_TO_LREAL( NCI_Entry. fY) ;
        GeoLine. fEndPosZ        : =   REAL_TO_LREAL( NCI_Entry. fZ) ;
        GeoLine. fEndPosQ1        : =   REAL_TO_LREAL( NCI_Entry. fQ1) ;
        GeoLine. fEndPosQ2        : =   REAL_TO_LREAL( NCI_Entry. fQ2) ;

        GeoLine. fVelo           : =   REAL_TO_LREAL( NCI_Entry. SyncVelo) ;
        TableDisplayIndex        : =   TableDisplayIndex+1;
        GeoLine. nDisplayIndex   : =   TableDisplayIndex;

        TblPrep. nEntryType      : =   GeoLine. nEntryType;
        TblPrep. pEntry          : =   ADR( GeoLine) ;
        TblPrep. bResetTable     : =   FALSE;


    END_IF
END_IF
```

（3）通道状态刷新

为了尽快看到 PLC 控制 NC I 轴的结果，本例并没有完整的状态，但是可以先设置这个功能的 Action，以后再增加状态变量和相应的代码。现在，只是刷新倍率设置和通道及轴组

284

ID 号。代码放到 Action 里面，名为 M_UpdateStatus，代码如下：

```
(*设置 Override,倍率*)
ItpSetOverridePercent(
    fOverridePercent    : = rOverride ,
    sPlcToNci          : = ItpChannel. PlcToNci ) ;


(*获取 GroupID*)
GroupID : = ItpGetGroupId( sNciToPlc: = ItpChannel. NciToPlc ) ;
    ChannelID: = ItpGetChannelId( sNciToPlc: = ItpChannel. NciToPlc ) ;
```

（4）PTP 命令，使能和 Override 设置

代码放到 Action 里面，名为 M_PTP，代码如下：

```
(*Enable, Enable Fw, EnbaleBw 这 3 个 Bit 置 True*)
AxisX. PlcToNc. ControlDWord    : = 7;
AxisY. PlcToNc. ControlDWord    : = 7;


(*设置 Override 为 100%，保留小数点后 4 位的整数*)
AxisX. PlcToNc. Override: = 1000000;
AxisX. PlcToNc. Override: = 1000000;
```

4. 编写 FeedTable 通道控制功能块的触发逻辑

为了直观的感受各个功能块动作的先后顺序，以及相互的关联，最简单的触发方式就是手动。所以我们可以不用变量，而是直接手动强制 FB 的 bExecute 变量来触发控制命令。

为此，先把这些 bExecute 罗列在 NC I 程序代码区，这样会比 Login 之后展开功能块实例去找变量要方便快捷。

```
(*准备手动控制 NC 通道的触发命令*)

    rOverride;
    CfgBuildExt3DGroup. bExecute;
    fbClearGrp. bExecute;
    fbItpReset. bExecute;

    NCI_Entry. fX;
    NCI_Entry. fY;
    NCI_Entry. SyncVelo;

    bTablePrepare;

    TblPrep. bResetTable;
    NciFeedTable. bExecute;
```

另外，NC I 程序代码区还要增加前面所建的 4 个 Action 的引用，代码如下：

（*引用 4 个 Action，实现不同的功能 *）
        M_PTP;   （*轴使能 *）
        M_BasicFB;   （* NC I 通道控制 *）
        M_UpdateStatus;   （* NC I 通道状态刷新 *）
        M_GoPLine;   （*数据填充 *）

至此，控制 NC I 通道的基本程序就写成了。

然后就可以编译了，如果没有 Error 报错，这部分工作就完成了。

13.4.2　调试 NC I 程序

1. 准备工作

1）在 NC 任务下新建 Axis 和 Channel。

2）将 PLC 的轴变量和 Channel 变量与 NC 链接。

3）选中目标系统，激活配置。

2. PLC 程序下载运行，强制变量执行各种指令

1）NC 轴的状态应使能。

2）组合 PTP 轴进入 NC I 通道。

强制变量 CfgBuildExt3DGroup. bExecute 为 TRUE。

应查看到 NC I 通道中的 X、Y 轴已经配置，并且通道的 Override 也成功设置为 100%了。

3）复位 Table。

由于不清楚 Table 中是否有以前填充的数据，所以最保险的做法是，往里面填充数据之前，总是执行一下复位动作，即 TblPrep. bResetTable 置 TRUE。注意，如果要修改 NCI_Entry 的终点位置，重新开始插补动作，也要求 TblPrep. bResetTable 置 TRUE，让 Table 清空，然后置 FALSE，再重复"准备数据→启动运行"。

4）准备填充数据。

在用变量 bPrepareTable 触发填充数据之前，NCI_Entry 中应该填好目标位置（Fx、fY）和进给速度（SyncVelo），在线强制变量并写入控制器，如图 13.36 所示。

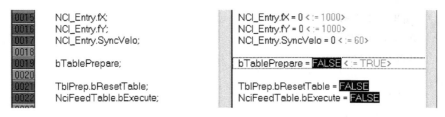

图 13.36　准备填充数据

5）通道启动运行。

Group 状态为 Ready，表示插补通道已经储存了一些数据，可以运行。这时只要一个 Start 指令，就可以开始动作了。强制变量 NciFeedTable. bExecute 为 TRUE，插补通道就开始运动了，如图 13.37 所示。

X、Y 轴的设定速度之所以都是 42.426，这是由于 X、Y 轴在动作之前的位置都是 0，

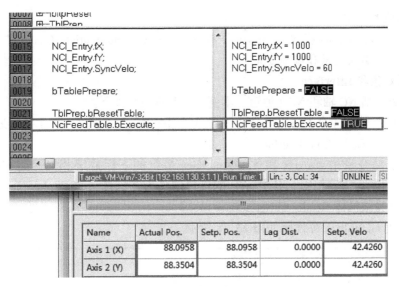

Name	Actual Pos.	Setp. Pos.	Lag Dist.	Setp. Velo
Axis 1 (X)	88.0958	88.0958	0.0000	42.4260
Axis 2 (Y)	88.3504	88.3504	0.0000	42.4260

图 13.37　通道启动运行

而 NCI_Entry 中设定的 SyncVelo 是 60，所以两轴速度应该是 60/1.414＝42.4286。由于 NC 中采用 LReal 来运算，所以 $\sqrt{2}$ 的值会保留更多有效位数，运算的结果更准确。最终 Axis 1 (X) 和 Axis 2 (Y) 都停在了位置 1000，这是由于刚才填入的插补指令终点坐标为 f_X 是 1000，f_Y 也是 1000。

6）通道停止、复位。

停止和复位要用录屏软件才能记录效果，用户可以自行测试。

停止和复位对通道的影响是类似的，当前运动马上停止。之后必须重新装载 G 代码才能从头运动。只是当轴出现报警时，必须用 Reset 才能清除。

TC2 中组合成通道的 NC I 轴，无法用 PTP 功能块 MC_Reset 进行单个轴的复位。但 TC3 中可以。如果是 NC I 动作的过程中只是要暂停再继续运动，最简单的方式是将 Override 设置为 0，需要继续运动时再恢复为 100%。

7）通道解散。

强制变量 fbClearGrp.bExecute 为 TRUE，即可解散 NC I 通道。

13.4.3　FeedTable 控制功能块封装示例

这个例程是在前面这个例程的基础上，补充了以下功能：将 PRG_MC_FeedTable 封装成 FB_MC_FeedTable，并完善了通道状态信息，以及缓存插补指令的数量。引用功能块做 NCI 控制时还集成了 PTP 基本功能。轴和通道的控制信号和状态信息都分别放在 Interface 的结构体中。为了循环测试插补动作，增加了目标位置自动赋值的程序 pro_MC_Feed-Table，还增加了调试界面。

配套文档 13-4
例程：Demo Self
Defined FeedTable FB

注意：这个封装的 FB 仅供参考，用户也可以集成到自己的项目中使用。而本节除了 FB 源代码之外的所有程序和说明，都仅仅是为了演示例程，与实际应用项目无关。

以下为这个例程的说明。

1. 功能块的调用

在 pro_MC_FeedTable 程序的 Action 子程序 "Act_02_Interplation_Channel" 中可以直观地看到功能块的输入变量和输出变量。

2. 控制对象和 Interface

控制对象包括 NC 轴和 NC I 通道。本例程的基本思路如下。

为每个 PTP 轴建一个 Interface 结构体 st_Axis_Interface，为每个 NC I 插补通道也建一个 Interface 结构体 GCode_Chn_Interface。

所以在全局变量中：aAxis 和 Axis_Interface 数组的下标数字相同，而 aNciChannel 和 aNci_Itf 数组的下标数字相同。其中 Axis 的接口定义为结构体 st_Axis_Interface，而 NC I 通道的接口定义为结构体 Gcode_Chn_Interface。

FB_MC_FeedTable 的源代码如图 13.38 所示。

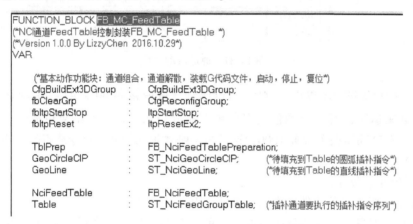

```
FUNCTION_BLOCK FB_MC_FeedTable
(*NCI通道FeedTable控制封装FB_MC_FeedTable *)
(*Version 1.0.0 By LizzyChen 2016.10.29*)
VAR

    (*基本动作功能块：通道组合，通道解散，装载G代码文件，启动，停止，复位*)
    CfgBuildExt3DGroup    :    CfgBuildExt3DGroup;
    fbClearGrp            :    CfgReconfigGroup;
    fbItpStartStop        :    ItpStartStop;
    fbItpReset            :    ItpResetEx2;

    TblPrep               :    FB_NciFeedTablePreparation;
    GeoCircleCIP          :    ST_NciGeoCircleCIP;    (*待填充到Table的圆弧插补指令*)
    GeoLine               :    ST_NciGeoLine;         (*待填充到Table的直线插补指令*)

    NciFeedTable          :    FB_NciFeedTable;
    Table                 :    ST_NciFeedGroupTable;  (*插补通道要执行的插补指令序列*)
```

图 13.38　功能块 FB_MC_FeedTable 的源代码

如果当前封装的功能不能满足需求，用户可以在此基础上修改。如果涉及接口变量的增加，就需要同时修改结构体 FeedTable_Chn_Interface，并在 FB_MC_FeedTable 增加这些变量的控制代码。

3. PTP 控制程序

虽然这是 NC I 插补程序的例程，但是在实际项目中，必然涉及 PTP 指令，比如使能、复位、寻参（回零）、点动等。因此本例程直接集成了 Tc2_MC2 PTP 的例程中的代码和 Axis Interface 结构体。源代码位于 Pro_MC_PTP。

测试程序的组织如图 13.39 所示。

图 13.39 中的线框中，都是无关核心功能的辅助程序，目的是为了调试方便。

关于这个测试程序中各 POU 的功能及相互关联说明如下。

1）Main 程序入口。

Main 只是程序入口，调试程序的主体在 Pro _ MC _ FeedTable 中。

2）Pro_MC_FeedTable 也只提供子程序调用。

主要代码在 Act_40_PrepareData。Act_01_UpdateStatus 是为用户留的状态刷新接口，暂无代码。Act_02_Interplation_

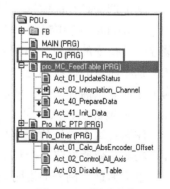

图 13.39　测试程序

Channel 中只有 FB_MC_FeedTable 实例调用。

3) 初始化程序。

Act_41_Init_Data 是为了初始化 NC I 通道接口变量中的轴号和位置序列表 Table，如图 13.40 所示。

4) 准备插补指令。

Act_40_PrepareData 用于准备 NC I 通道接口 aNci_Itf［0］中的插补指令 NCI_Entry 的数据，如图 13.41 所示。

说明：插补指令来源于全局变量，数组为 aNCI_Entry，如图 13.42 所示。

```
IF bInited THEN RETURN; END_IF
    bInited:=TRUE;

("初始化NCI通道的轴号与aAxis数组各轴的对应关系")

    aNci_Itf[0].nAxisID_X     :=0;
    aNci_Itf[0].nAxisID_Y     :=1;
    aNci_Itf[0].nAxisID_Z     :=2;
    aNci_Itf[0].rOverride     :=100;

("初始化位置序列表Table")

    Index:=0;
    aNCI_Entry[Index].fX:=200;
    aNCI_Entry[Index].fY:=120;
    aNCI_Entry[Index].fZ:=20;
    aNCI_Entry[Index].SyncVelo:=300;

    Index:=1;
    aNCI_Entry[Index].fX:=200;
    aNCI_Entry[Index].fY:=120;
    aNCI_Entry[Index].fZ:=160;
    aNCI_Entry[Index].SyncVelo:=300;
```

图 13.40 初始化代码

```
("动作模式1.按数据表动作")
    rsAutoRunning(
        SET:=bAuto AND  aNci_Itf[0].bGroupEnable ,
        RESET1:=aNci_Itf[0].bStop OR aNci_Itf[0].bGroupReset OR NOT bAuto ,
        Q1=> bAutoRunning);

    IF aNci_Itf[0].bStop OR aNci_Itf[0].bGroupReset THEN
        bAuto:=FALSE;
    END_IF

    IF bAutoRunning THEN
        fbTimer(IN:=NOT fbTimer.Q AND bAutoRunning , PT:= tTimeFeedData, Q=>aNci_Itf[0].bStart , ET=> );
    END_IF

    IF aNci_Itf[0].bStart  AND  aNci_Itf[0].stGrpState.nSAF_UsedEntry<nMaxCmdBuffer THEN
        IF NOT bAuto THEN ("手动触发动作，则自动复位启动按钮，以避免一次填入多个动作指令")
            aNci_Itf[0].bStart  :=FALSE;
        END_IF

        IF nIndex>=0 AND nIndex<=nMaxPoint THEN
            aNci_Itf[0].NCI_Entry:=aNCI_Entry[nIndex];
            IF  nIndex<nMaxPoint THEN
                nIndex:=nIndex+1;
                IF aNCI_Entry[nIndex].SyncVelo<0.1    THEN
                    nIndex:=0;
                END_IF
            ELSE
                nIndex:=0;
            END_IF
        END_IF
    END_IF
END_IF
```

图 13.41 例程中准备插补数据的代码

bPtpCtrlAll	:	BOOL:=FALSE;
gbPulse1s	:	BOOL:("1秒脉冲")
aNCI_Entry	:	ARRAY[0..nMaxPoint] OF NCI_SingleEntry;
tTimeFeedData	:	TIME :=t#500MS ;

图 13.42 全局变量中的插补指令数组

子程序 Act_40_PrepareData 的作用就是从这个数组中挑选适当的元素，赋给 NC I 通道接口 aNci_Itf［0］中的插补指令 NCI_Entry。

在 aNci_Itf［0］.bStart 的上升沿，就会填充一条插补指令。Start 的触发逻辑如下。

如果 Auto 为 FALSE，表示单次触发插补运动，需要手动控制变量 bStart。

如果 Auto 为 TRUE，则表示自动循环触发，触发的时间间隔由变量 tTimeFeedData 指定，默认为 500ms。停止和复位信号会关闭自动循环触发，使用者需要重新在界面上单击"自动连续运动"按钮。

如果触发时间间隔大于动作实际执行时间,执行完一条指令就会停下来,等着下一次触发。如果触发时间间隔小于动作实际执行时间,指令就会缓存在 NCI 通道的缓存器中,时间长了缓存器可能会满,以至后面插入的指令丢失。为了解决这个缓存器已满而使指令丢失的问题,在填充指令时增加了条件 "aNci_Itf[0].stGrpState.nSAF_UsedEntry<nMaxCmd-Buffer"。

其中 aNci_Itf[0].stGrpState.nSAF_UsedEntry 是由 1 s 的脉冲(全局变量 gbPulse1s)触发 ADSRead,从 NC I 通道读取的当前缓存指令数。常数 nMaxCmdBuffer 用于限制最大的缓存指令数量。NC I 规定缓存条数不能大于 128。实际上该值设为 10 就能保证动作连贯了。限制了缓存指令数量之后,触发 Start 变量的时间 tTimeFeedData 就不重要了,用默认值即可。

条件 aNCI_Entry[nIndex].SyncVelo<0.1,指通过进给速度 SyncVelo 的值判断 aNCI_Entry 中的最后一条有效插补指令。如果判断为最后一条有效指令,就自动切回到第一条,开始第二个循环。

5)I/O 映射。

Pro_IO 中是与硬件 IO 相关的程序,在正式的应用项目中,可以把全部 I/O 模块的变量赋值都放在这里。

6)辅助功能代码。

在 Pro_Other 中集中放置辅助功能代码,本例中包括产生 1 s 脉冲。前面提到,这个信号在 FB_MC_FeedTable 中用于触发 ADSRead,读取 NC I 通道的缓存指令数量。当然实际项目中,这个信号还可以用于闪灯等其他公共用途。

7)PTP 轴的群控。

这是因为轴数特别多的时候,在调试界面上单个单击每个轴的接口变量,比如使能、复位、位置置 0 时,会相当耗时。所以在界面上做了几个群控的按钮,一旦群控模式(bPtpC-trlAll)开启,这个几个变量的值就直接赋到每个轴的接口变量里了。

4. 调试界面

调试界面如图 13.43 所示。

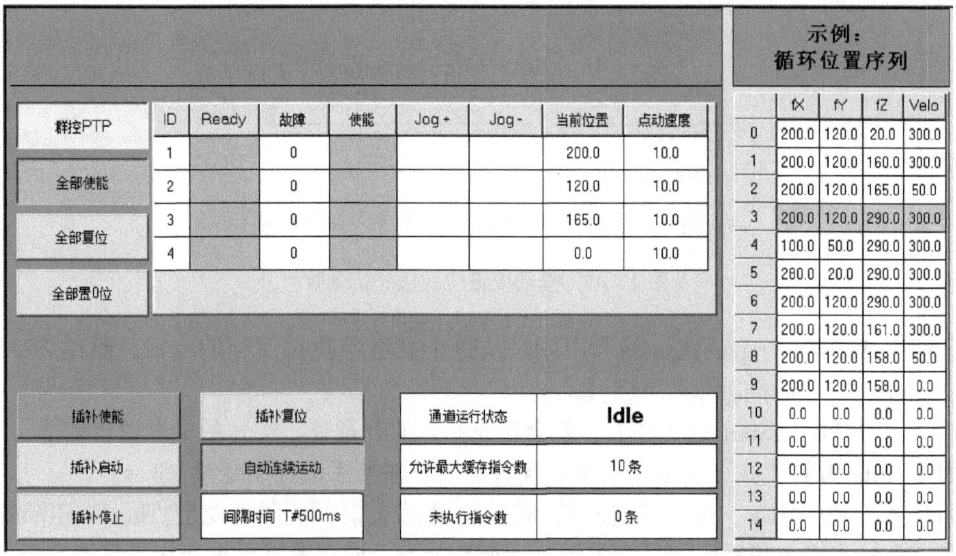

群控PTP	ID	Ready	故障	使能	Jog +	Jog -	当前位置	点动速度
	1		0				200.0	10.0
全部使能	2		0				120.0	10.0
	3		0				165.0	10.0
全部复位	4		0				0.0	10.0
全部置0位								

插补使能	插补复位	通道运行状态	**Idle**
插补启动	自动连续运动	允许最大缓存指令数	10 条
插补停止	间隔时间 T#500ms	未执行指令数	0 条

示例:
循环位置序列

	fX	fY	fZ	Velo
0	200.0	120.0	20.0	300.0
1	200.0	120.0	160.0	300.0
2	200.0	120.0	165.0	50.0
3	200.0	120.0	290.0	300.0
4	100.0	50.0	290.0	300.0
5	280.0	20.0	290.0	300.0
6	200.0	120.0	290.0	300.0
7	200.0	120.0	161.0	300.0
8	200.0	120.0	158.0	50.0
9	200.0	120.0	158.0	0.0
10	0.0	0.0	0.0	0.0
11	0.0	0.0	0.0	0.0
12	0.0	0.0	0.0	0.0
13	0.0	0.0	0.0	0.0
14	0.0	0.0	0.0	0.0

图 13.43 FeedTable 例程调试界面

界面的上半部是 PTP 调试界面，包括群控的使能、复位、位置置 0 按钮。右边的列表中有轴的 Ready、故障等状态，以及使能、正反向点动 Jog+、Jog- 等控制信号。显示当前位置，可单独设置点动速度。

下半部的 NCI 调试界面，除了 5 个命令按钮之外，还有 3 个文本框，说明如下。

（1）通道运行状态

NCI 通道的运行模式 eItpOpMode，最常见的是 Idle、Ready 和 IsRuning。组合后装载 G 代码前为 Idle，成功装载 G 代码后启动前为 Ready，启动后结束前为 IsRuning，动作完成后又恢复为 Ready 状态。

（2）允许最大缓存指令数

TwinCAT 2 中默认为 10，可以设置，但最大不要超过 120。TwinCAT 3 中，如果在 Channel 参数里设置为最大缓存指令数 1024，这个限值就可以放宽到 1000。

（3）未执行指令数

指从 G 代码文件预读到 NC I 编译器但还没有执行的 G 代码行数。执行完毕，该值为 0。由于 NC I 缓存的容量（SAF Entry）有限，该值最大为 128。也就是说 NC I 最多缓存 128 条指令。虽然 SVB Entry 中也可以存 64 条，但是测试结果表明，把 SAF Entry 用尽偶尔会引起动作异常，原因有待研究。这个参数不能从 NciToPlc 的结构体中获得，必须用 ADS 通信从 NCI 设备中读取，这些代码在 FB_NCI_GCode 的 M_UpdateStatus 中。

5. 测试 FeedTable 控制 NCI 通道的操作顺序

1）选择目标控制器，激活 NCI_FeedTable_SimuPC.tsm。

2）打开 NCI_FeedTable.pro，下载到目标 PLC，并运行。

3）进入 HMI。

4）使能 NC 轴。使用群控功能，可以节约时间。

5）如有需要可以全部位置置 0。

6）插补使能，自动连续运动（或插补启动）。

7）插补停止，或者插补复位。

执行第 6）和 7）步时观察轴的位置变化和通道的状态、未执行指令数及当前行号的变化。

13.4.4　FeedTable 可以填充的非运动指令

前面的程序在向 Table 填充指令时，只用了运动指令。但是在实际应用中，还有一些辅助指令，比如延时、M 函数、改变加减速等。实际上利用 FeedTable 功能可能填充的非运动指令也是很丰富的。功能块 FB_NciFeedTablePreparation 的接口变量如图 13.44 所示。

图 13.44　功能块 FB_NciFeedTablePreparation

可以填充的运动与非运动指令类型就在 nEntryType 的枚举类型 E_NciEntryType 中定义，而调用功能块时 nEntryType 的枚举类型必须与指针 pEntry 所指向的变量类型相匹配。可以理解为 nEntryType 决定了类型，而 pEntry 所指向的结构变量中就包含了这个类型对应的参数。例如 nEntryType 指定了直线插补类型，pEntry 所指向的结构变量中就应该包含终点坐标和进给速度，如果 nEntryType 用了延时等待类型，pEntry 所指向的结构变量中就应该等待时间，以此类推。

nEntryType 的枚举种类和各自对应的结构类型见表 13.2。

表 13.2　nEntryType 的枚举种类和各自对应的结构类型

枚 举 种 类	对应的结构类型
E_NciEntryTypeNone	—
E_NciEntryTypeGeoStart	ST_NciGeoStart
E_NciEntryTypeGeoLine	ST_NciGeoLine
E_NciEntryTypeGeoCirclePlane	ST_NciGeoCirclePlane
E_NciEntryTypeGeoBezier3	ST_NciGeoBezier3
E_NciEntryTypeGeoBezier5	ST_NciGeoBezier5
E_NciEntryTypeMFuncHsk	ST_NciMFuncHsk
E_NciEntryTypeMFuncFast	ST_NciMFuncFast
E_NciEntryTypeResetAllFast	ST_NciMFuncResetAllFast
E_NciEntryTypeHParam	ST_NciHParam
E_NciEntryTypeSParam	ST_NciSParam
E_NciEntryTypeTParam	ST_NciTParam
E_NciEntryTypeDynOvr	ST_NciDynOvr
E_NciEntryTypeVertexSmoothing	ST_NciVertexSmoothing
E_NciEntryTypeBaseFrame	ST_NciBaseFrame
E_NciEntryTypePathDynamics	ST_NciPathDynamics
E_NciEntryTypeAxisDynamics	ST_NciAxisDynamics
E_NciEntryTypeDwellTime	ST_NciDwellTime
E_NciEntryTypeTfDesc	ST_NciTangentialFollowingDesc
E_NciEntryTypeEndOfTables	ST_NciEndOfTables

可见在实际应用中，不仅可以填充"运动插补"指令，还可以填充 M 函数、H\S\T 参数、延时、修改动态特性等功能。在帮助文件中有每种结构类型的参数，在此不再详述。

如果对比 G 代码的列表，会发现 G 代码中可以使用的非运动指令比以上所列要多得多，所以对于上面的枚举之外的功能，就必须使用 G 代码的方式。

（1）举例一：延时

枚举类型为 E_NciEntryTypeDwellTime ：= 56,结构体定义如下：

```
    TYPE ST_NciDwellTime：
    STRUCT
        nEntryType：E_NciEntryType        ：=        E_NciEntryTypeDwellTime；
        nDisplayIndex                      ：        UDINT；
        fDwellTime                         ：        LREAL；
        END_STRUCT
        END_TYPE
```

变量声明如下：

```
NciDwellTime        :    ST_NciDwellTime
TblPrep             :    FB_NciFeedTablePreparation;
Table               :    ST_NciFeedGroupTable;
TableDisplayIndex   :    UDINT := 1;     (*插补指令在 Table 中的索引号*)
```

代码区如下：

```
TableDisplayIndex            :=      TableDisplayIndex+1;
NciDwellTime. NDisplayIndex := TableDisplayIndex;
NciDwellTime. FDwellTime              :=20;  (*Unit:s*)
TblPrep(
    nEntryType               := NciDwellTime. nEntryType,
    pEntry                   := ADR(NciDwellTime),
    bResetTable              := FALSE,
    stFeedGroupTable         := Table,
    nFilledRows=> ,
bError                   =>   ,
nErrorId                 =>   );
```

(2) 举例二：修改加减速度

枚举类型为 E_NciEntryTypePathDynamics：= 53，与之对应的结构类型如下：

```
TYPE ST_NciPathDynamics :
STRUCT
    nEntryType:     E_NciEntryType := E_NciEntryTypePathDynamics;
    nDisplayIndex:  UDINT;
    fAcc:LREAL;
    fDec: LREAL;
    fJerk: LREAL;
END_STRUCT
END_TYPE
```

变量声明如下：

```
NciPathDynamics   :  ST_NciPathDynamics;
TblPrep           :  FB_NciFeedTablePreparation;
Table             :  ST_NciFeedGroupTable;
TableDisplayIndex :  UDINT := 1;(*插补指令在 Table 中的索引号*)
```

代码区如下：

```
TableDisplayIndex            :=      TableDisplayIndex+1;
NciPathDynamics. NDisplayIndex := TableDisplayIndex;
NciPathDynamics. fAcc        :=10000;      (*Unit:mm/s² *)
NciPathDynamics. fDec        :=10000;      (*Unit:mm/s² *)
```

```
NciPathDynamics. fJerk        : = 200000；      （ * Unit：mm/s³ * ）
TblPrep（
        nEntryType              : = NciPathDynamics. nEntryType，
        pEntry                  : = ADR( NciPathDynamics)，
        bResetTable             : = FALSE，
        stFeedGroupTable        : = Table，
        nFilledRows             => ，
        bError                  => ，
        nErrorId                => ）；
```

如果要使用非运动指令，在 NCI_FeedTable_Interface 中的 NCI_Entry 变量不应该包括实际的参数，而应改为类型和指针，即 nEntryType 和 pEntry。

13.5 回溯（Retrace）

1. 什么是回溯

在 NC I 执行 G 代码动作的过程中，出现某些情况需要暂停。暂停之后可能要从当前位置按照刚才执行过的 G 代码路径和速度往回退，这个过程就叫回溯。

回溯的过程中如果没有干预，就会一直回溯到执行第一行 G 代码的起点位置。回溯过程中可以暂停，暂停之后可以继续回退，或者向前执行，向前执行到先前的暂停点时并不会停下来，而是继续执行 G 代码直到文件结束。

2. 回溯的程序处理

（1）打开和关闭回溯功能

可以用 PLC 程序打开和关闭回溯功能。如果要在执行 G 代码的过程中回退，必须在开始动作之前打开回溯功能。

功能块 ItpEnableFeederBackup 如图 13.45 所示。

图 13.45 功能块 ItpEnableFeederBackup

bEnable 是回溯功能的目标状态，为 True 时启用，为 Off 时关闭。但仅当 bExecute 为上升沿时执行回溯功能的状态切换。

（2）检测回溯功能是否开启

PLC 程序也可以检测当前是否打开了回溯功能，作为是否启动 G 代码执行的条件之一。

功能块 ItpIsFeederBackupEnabled 如图 13.46 所示。

图 13.46 功能块 ItpIsFeederBackupEnabled

这是一个功能块，而不是函数。仅当 bExecute 为上升沿时才会执行回溯功能的开关状态。

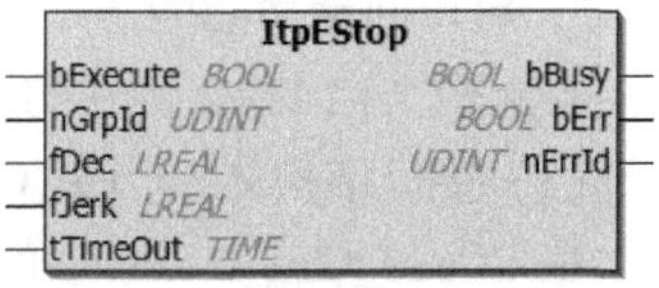

图 13.47　功能块 ItpEStop

（3）G 代码暂停执行

功能块 ItpEStop 如图 13.47 所示。

只有通过 PLC 用暂停功能停止的 NC I 通道，在确认动作完全停止以后，才可以执行回退动作。如果不需要回退时停止，可以用另一个功能块 ItpStartStop。这是一个功能块，仅当 bExecute 为上升沿时才会触发暂停。

（4）触发回退或者前进动作

PLC 程序可以触发回退或者前进的动作。

功能块 ItpRetraceMoveForward 如图 13.48 所示。

图 13.48　功能块 ItpRetraceMoveForward

功能块 ItpRetraceMoveBackward 如图 13.49 所示。

图 13.49　功能块 ItpRetraceMoveBackward

这两个是功能块，仅当通道完全停止后在 bExecute 的上升沿才会触发回退或者前进。

（5）检测是否正在回退

检测当前设备是否在回退，可以在界面上显示，PLC 也可以实现相应的逻辑。

函数 ItpIsMovingBackwards 如图 13.50 所示。

图 13.50　函数 ItpIsMovingBackwards

这个函数每次执行都会返回是否回退的状态，是一个 BOOL 型函数。

（6）检测是否已退到 G 代码首行

函数 ItpIsFirstSegmentReached，如图 13.51 所示。

<table>
<tr><td colspan="2" align="center">ItpIsFirstSegmentReached</td></tr>
<tr><td>sNciToPlc : NciChannelToPlc (VAR_IN_OUT)</td><td align="right">ItpIsFirstSegmentReached : BOOL
sNciToPlc : NciChannelToPlc (VAR_IN_OUT)</td></tr>
</table>

图 13.51　函数 ItpIsFirstSegmentReached

这个函数每次执行都会返回是否回退至首行的状态，是一个 BOOL 型函数。

如果检测到已经回退到首行，PLC 就可以触发重新执行 G 代码或者做其他工艺动作。

3. 启用回溯功能的 NC I 例程

在配套文档 13-2 例程的基础上，做了如下修改。

（1）接口结构体 GCode_Chn_InterfaceEx

在 GCode_Chn_Interface 的基础上增加了以下变量。

1）命令接口变量。bEStop：暂停。

bEnRetrace：回溯功能开关。

bMoveFw：前进。

bMoveBw：后退。

2）状态接口变量。

bEStoped：通道已暂停。

bRetraceEnabled：回溯功能已打开。

IsFeedFromBackupList：当前动作来自回溯指令表。

IsMoveBw ：正在回退。

（2）功能块 FB_NCI_GCodeEx

配套文档 13-5
例程：NC I G
代码的回溯

在 FB_NCI_GCode 的基础上增加了专门处理回溯相关代码的 Action，即"M_Retrace"。而在主程序分支中，只在 Case 30 处增加了对 M_Retrace 的引用。M_Retrace 的代码如下：

```
（∗回溯相关的状态刷新:当前插补动作是否前来自 BackupList∗）
    IsFeedFromBackupList:=ItpIsFeedFromBackupList(aNciChannel[0].NciToPlc);


（∗回溯相关的状态刷新:正在回退∗）
    IsMoveBw:=ItpIsMovingBackwards(aNciChannel[0].NciToPlc);


（∗回溯相关的状态刷新:回退功能是否启用成功∗）
    fbIsRetraceEnabled(
        bExecute:=gbPulse1s ,
        tTimeOut:=T#500MS ,
        sNciToPlc:=ItpChannel.NciToPlc ,
        bBusy=> ,
        bEnabled=> bRetraceEnabled,
        bErr=> ,
        nErrId=> );


（∗回溯相关的状态刷新:是否处在暂停状态∗）
    fbIsEStoped(
        bExecute:=gbPulse1s ,
        nGrpId:=GroupID ,
        tTimeOut:=T#500MS ,
        bBusy=> ,
        bEStop=>bEStoped ,
        bErr=> ,
        nErrId=> );
```

(∗回溯功能的启用和禁用处理∗)

```
    R_TRIG_Retrace(CLK:=bEnRetrace , Q=> );
    F_TRIG_Retrace(CLK:=bEnRetrace , Q=> );
    TP_Retrace(IN:=R_TRIG_Retrace. Q OR F_TRIG_Retrace. Q , PT:=t#500ms ,
        Q=> bAcceptRetrace, ET=> );
    fbRetraceEn(
        bEnable:=bEnRetrace ,
        bExecute:=bAcceptRetrace ,
        tTimeOut:=T#500MS ,
        sNciToPlc:=ItpChannel. NciToPlc ,
        bBusy=> ,
        bErr=> ,
        nErrId=> );
```

(∗从暂停状态后退∗)

```
    fbMoveBw(
        bExecute:=bMoveBw AND bRetraceEnabled AND bEStoped ,
        tTimeOut:=T#500MS ,
        sNciToPlc:=ItpChannel. NciToPlc ,
        bBusy=> ,
        bErr=> ,
        nErrId=> );
```

(∗从暂停状态前进∗)

```
    fbMoveFw(
        bExecute:=bMoveFw AND bRetraceEnabled AND bEStoped ,
        tTimeOut:= T#500MS ,
        sNciToPlc:=ItpChannel. NciToPlc ,
        bBusy=> ,
        bErr=> ,
        nErrId=> );
```

(∗从回溯或者正常 G 代码执行状态暂停∗)

```
    fbItpEStop(
        bExecute:= bEStop ,
        fDec:= ,
        fJerk:= ,
        tTimeOut:=t#500ms ,
        sNciToPlc:=ItpChannel. NciToPlc,
        bBusy=> ,
        bErr=> ,
        nErrId=> );
```

调试界面如图 13.52 所示。

图 13.52　回溯例程的调试界面

4. 测试回溯功能的操作顺序

1）选择目标控制器，激活 NCI_GCode_Retrace. tsm。

2）打开 NCI_GCode_RetraceFB. pro，下载到目标 PLC，运行。

3）进入 HMI，确认 MDemo2. nc 与控制器上的文件路径一致。

4）使能 NC 轴。使用群控功能，可以节约时间。

5）如有需要可以全部位置置 0

6）依次单击以下按钮："插补使能"→"装载 G 代码"→"回溯使能"→"插补启动"→"插补急停"→"后退"→"前进"。

7）插补停止，或者插补复位。

执行第 6）、7）步的时候，注意观察状态标签："Retrace Enabled" 表示回溯功能已启用；"EStoped" 表示当前处于暂停状态；"Is From BackList" 表示当前动作来自回溯列表；"Is Moving Backward" 表示正在回退。

尤其注意回退和前进过程中，标签"M 函数 Laser"的变化。在回退过程中，M 函数的状态是不切换的，在前进阶段才会切换。至于实际项目中，回退的时候要不要处理 M 函数，需要视项目需求编程实现。

另外还要注意：在单击"插补启动"按钮前，单击"回溯使能"按钮；在 G 代码完成前，单击"插补急停"按钮；可以在后退的过程中，再单击"插补急停"按钮；后退完成到首行，就不能再单击"前进"按钮了。

13.6 单步执行（Single Block）

1. 什么是单步执行（Single Block）

在 NCI 执行 G 代码动作的项目中，正常生产的时候通常是一个 G 代码文件从头到尾连续执行。而设备调试或者生产维护的时候，为了便于检查机械或者其他外围信号是否正常，可能需要走一步停下来，按步骤继续再走下一步，这个功能就是单步执行 Single Block。

单步执行，顾名思义就是触发一次指令只执行一行 G 代码，在 NCI 中又称一行 G 代码为一个 Block。单步模式可以在 G 代码运行的过程中开启或者关闭。如果触发启动命令的时候，未启用单步模式，G 代码文件就连续运行。如果触发启动命令的时候，单步模式已启用，G 代码文件就一行一行地单步运行。

2. 单步执行的程序处理

（1）打开单步功能

可以用 PLC 功能块 ItpSingleBlock 打开和关闭单步功能。如图 13.53 所示。

图 13.53 功能块 ItpSingleBlock

bExecuteModeChange 是上升沿触发模式切换。切换的目标模式在 nMode 中定义。

nMode 是一个枚举类型 E_ItpSingleBlockMode：

ItpSingleBlockOff：= 0,（ * single set off * ）

ItpSingleBlockNck：= 1,（ * single set in the NC kernel * ）

ItpSingleBlockIntp：= 16#4000（ * single set in the interpreter * ）

nMode 等于 1 或者 16#4000 的时候，bExecuteModeChange 的上升沿就可以打开单步功能。在 NC 内核 Kernel 或者在插补器 Interpreter 中实现单步的区别在于，使用在 NC 内核中插补时，G 代码中的指令仍然是提前预读多条缓存在插补器中，如果用 ADS 读取未执行指令数量，可以看到仍然存在多条。而插补器 Interpreter 中实现单步，G 代码中的指令就是读入一行到插补器就执行一行，如果用 ADS 读取未执行指令，其数量结果不会超过 1 条。

虽然缓存形式不同，但执行结果并没有发现明显区别：G 代码执行过程中单步功能关闭后，都可以连续执行后面的 G 代码直到结束。

（2）关闭单步功能

在上述功能块中，nMode 等于 0 的时候，bExecuteModeChange 的上升沿就可以关闭单步功能。G 代码执行过程中关闭单步功能，后续的 G 代码可以连接执行直到结束。

（3）触发单步命令

ItpSingleBlock 的输入变量 bTriggerNext 虽然可以在单步模式下触发单步命令，但实际上它的作用和 G 代码启动命令类似，甚至可以互相替换。如果关闭单步模式，它就等效于 fbItpStartStop（bStart：= ）中的 bStart。如果打开单步模式，fbItpStartStop（bStart：= ）中的 bStart 也可以代替 bTriggerNext 来触发单步动作。

3. 启用单步功能的例程

启用单步功能的例程见配套文档 13-6，它在配套文档 13-5 例程的
基础上，做了如下修改。

(1) 接口结构体 GCode_Chn_InterfaceEx 增加了元素

如图 13.54 所示。

(2) FB_NCI_GCodeEx 中增加了 Action "M_SingleBlock"

这个 Action 专门处理接口变量，代码如下：

配套文档 13-6
例程：NCI G
代码的单步运行

```
( *bSingleBlock 若为 True,切换到单步模式,若为 False,则禁用单步模式
*)
    fbRTrigSingle(CLK:=bSingleBlock , Q=> );
    fbFTrigSingle(CLK:= bSingleBlock, Q=> );
    fbTPSingle(IN:=fbRTrigSingle.Q OR fbFTrigSingle.Q , PT:=T#500MS , Q=>, ET=> );

    nMode:=SEL(bSingleBlock,0,1);
    fbSingleBlock(
        bExecuteModeChange:= fbTPSingle.Q,
        nMode:= nMode,
        bTriggerNext:=bTriggerNext,
        tTimeOut:= ,
        sNciToPlc:=   ItpChannel.NciToPlc,
        bBusy=> ,
        bErr=> ,
        nErrId=> );
```

```
(*Single Block*)
    bTriggerNext      :   BOOL    := FALSE;
    bSingleBlock      :   BOOL;
    nMode             :   E_ItpSingleBlockMode := ItpSingleBlockOff; (* 用于显示当前是否启用单步模式*)
```

图 13.54 结构体 GCode_Chn_InterfaceEx

调试界面如图 13.55 所示。

4. 测试单步功能 SingleBlock 的操作顺序

1) 选择目标控制器，激活 NCI_GCode_Retrace.tsm。

2) 打开 NCI_GCode_SingleBlockFB.pro，下载到目标 PLC，运行。

3) 进入 HMI，确认 G 代码文件 MDemo2.nc 与控制器上的文件路径一致。

4) 使能 NC 轴。使用群控功能，可以节约时间。

5) 如有需要可以全部位置置 0。

6) 依次单击如下按钮："插补使能" → "装载 G 代码" → "bSingleBlock"。

7) 重复单击 "插补启动"，松开 "bSingleBlock" 按钮，单击 "插补启动" 按钮。

8) 重复单击 "bTriggerNext"，松开 "bSingleBlock" 按钮，单击 "bTriggerNext" 按钮。

9) 插补停止，或者插补复位。

执行第 6)、7)、8) 步的时候，注意观察状态标签。

"nMode" 的值（字符串）会在 ItpSingleBlockOff 和 ItpSingleBlockNck 之间切换。当它为

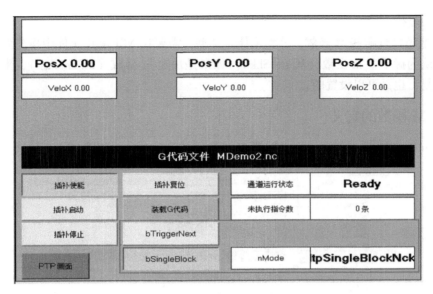

图 13.55　单步例程的调试界面

OFF 的时候，单击"启动"或者"bTriggerNext"按钮都可以触发 G 代码连续执行，而当它为 Nck 的时候，一次就只执行一个动作。之后切换到 OFF，不用再次单击"启动"按钮，后续 G 代码就会继续完成了。

13.7　关于 M 函数

M 函数是 G 代码中的一种特殊指令，用于触发一个可供 PLC 周期访问的开关状态。NC I 中每个通道最多可以有 160 个 M 函数，除了 M2，M17，M30 之外，其余都可以自由使用。对绝大多数设备来说已经足够了。

M2：程序结束。

M17：子程序结束。

M30：程序结束，清除所有 fast M 函数。

例如以下 G 代码：

N10	G01 X0 Y0 F3600
N20	G01 X0 Y100
N30	M13
N40	G01 X100 Y0 M4
N50	G01 X0 Y0
N60	M30

执行这段 G 代码，在 N30 行触发 M13，而 N40 行触发 M4。PLC 检测到 M13 或者 M4 触发后，就可以执行相应的处理程序了。

根据 M 函数是否打断 G 代码预读，可以分为握手型 M 函数（MFuncShk）和快速 M 函数（MFuncFast）。顾名思义，握手型 M 函数需要 NC I 与 PLC 握手，M 函数在 NC I 通道中触发，在 PLC 中复位，然后才能执行后面的 G 代码。快速 M 函数不打断 G 代码预读，它触发以后，并不阻止后面的 G 代码运行。快速 M 函数可以不需要 PLC 复位，而是在 NC I 通道中定义它的复位方式。

NC I 通道用到哪些 M 函数，分别是什么类型，需要在 NCI 配置文件中事先定义，未经定义则默认为握手型 M 函数（MFuncShk）。如果是快速 M 函数（MFuncFast），那么它在什么时间恢复，也是可以设置的。

13.7.1 M 函数的定义

在 TwinCAT NC I 通道中，可以配置 M 函数的类型和参数，如图 13.56 所示。

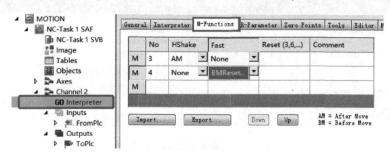

图 13.56　配置 M 函数

No：M 函数的编号，最多 159 个。

HShake：握手方式。当 M 函数与运动指令在同一行时，这个参数用于决定动作前还是动作后触发 M 函数。AM 表示 After Motion（动作后），BM 表示 Before Motion（动作前）。如果 None 则表示这是 Fast 函数。

Fast：是否是 Fast 函数。此处为 None，则表示握手型 M 函数。M 函数的类型如图 13.57 所示。

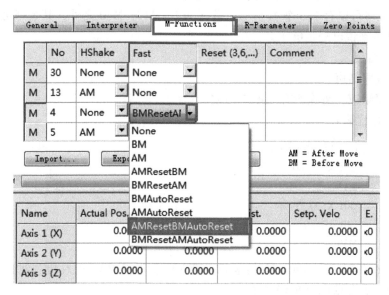

图 13.57　M 函数的类型

在下拉菜单中的其他选项定义了 M 函数的触发类型和复位方式。

通过 Scope View 可以监视不同选项时 M 函数触发和复位的时间，以分辨它们的不同。

如果包含了 AutoReset 字样，表示由前后的动作指令复位该函数。否则需要在"Reset"这一列指定用另一个 M 函数来复位这一个 M 函数。

大多数情况下，如果只关心触发时间，而不关心复位的时间，就可以用 AutoReset 方式。如果直接 AM 或者 BM，就需要用 PLC 的功能块 ItpResetFastMFuncEx 来复位它了，与复位 MFuncShk 的方式一样。

13.7.2　显示和复位 M 函数的状态

（1）状态显示

在 PLC 和 NC I 的接口结构变量中，可以查看 M 函数的状态，如图 13.58 所示。

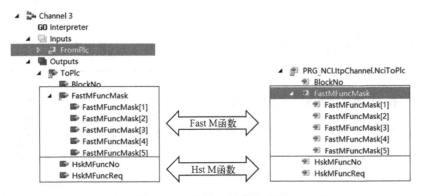

图 13.58　查看 M 函数的状态

快速 M 函数的状态用 5 个 DWord 来表示，每个 DWord 的 32 位表示 32 个 M 函数的状态，总共可以表达 160 个 M 函数。由于 M 函数的最小编号是 M1，所以实际上第 1 个 DWord 的 Bit0 不对应任何 M 函数，所以 M 函数的最大值不超过 159。

握手型 M 函数同时最多只有一个触发，所以在一个结构体 sHandShake 中表示。nRequested 表示是否有触发，1 代表有，0 代表没有。而 nFunc 则表示触发的 M 函数的编号。

（2）M 函数的复位

通过 PLC 和 NC I 的接口结构变量，可以复位 M 函数的状态，如图 13.59 所示。

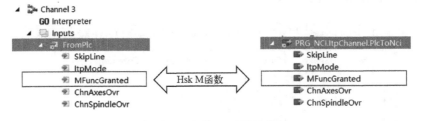

图 13.59　复位 M 函数的状态

只有 Hand Shake 的 M 函数才需要从 PLC 复位，而同时只能触发一个 Hsk 的 M 函数，所以 PLC 只要用一个变量复位当前触发的 M 函数，即图 13.59 中的 MfuncGranted。虽然这是一个 WORD 型变量，但只有取值 0 和 1 才有意义：为 1 表示复位所有 M 函数，为 0 表示维持原状，其他数值无效。

13.7.3 用 PLC 函数获取 M 函数的状态及复位

根据上节内容，用户可以在 PLC 程序中直接访问 PLC 与 NC I 的接口结构变量，同时为了使用方便，Tc2_nci 还提供 3 个 Function 来实现这些功能，其功能对比见表 13.3。

表 13.3 获取 M 函数的状态及复位的 Function

功　　能	函　　数	Input 变量
检查是否有 HandShake 类型的 M 函数触发	ItpIsHskMFunc： 返回 BOOL	sNciToPlc 的类型： TC2: NciChannelToPlc TC3: NCTOPLC_NCICHANNEL_REF
获取当前触发的 HandShake M 函数编号	ItpGetHskMFunc 返回 INT	
检查指定的 Fast 函数有没有触发	ItpIsFastMFunc 返回 BOOL	nFastMFuncNo，在 0~159 之间的整数 sNciToPlc

13.7.4 使用 M 函数的 NC I 项目举例

配套文档 13-7 中例程的目的是用简单的方式演示 M 函数的功能：M13 用于一个 BOOL 变量置位，M4 用于复位。

G 代码文件如图 13.60 所示。

配套文档 13-7
例程：NC I 中的
M 函数

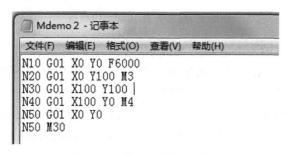

图 13.60 带 M 函数的 G 代码

M 函数的设置如图 13.61 所示。

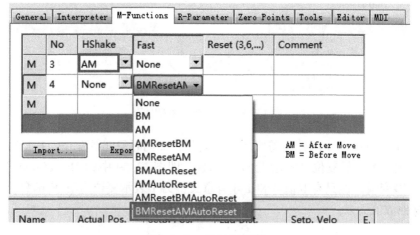

图 13.61 设置 M 函数

HandShake 与 Fast 类型的 M 函数的区别如下所示：

M3：HandShake，AM（After Move）

M4：Fast（BMResetAMAutoReset）

1. PLC 代码

在例程"NCI_GCode"的基础上，增加 POU"Pro_MFunc"，并在 Main 中调用。

变量声明：

```
VAR
    State_M：WORD：=0；
    nMFuncGranted：  WORD；
    tWait：TIME：=T#3s；
    fbWait：TON；
    I：INT；
    bWait：BOOL；（*功能测试开关：TRUE 表示 MFuncHsk 会等待一段时间复位*）
END_VAR
VAR_IN_OUT
    ItpChannel    ：    NCI_REF；
END_VAR


VAR_OUTPUT
    bLaser      ：    BOOL；
END_VAR
```

代码实现：

```
CASE State_M OF

0：（*完成 M 函数的动作以后,复位确认信号,等待下一个 M 函数*）
    ItpChannel. nMFuncGranted：=1；
    ItpChannel. M_MFuncGrant；

    IF   ItpIsHskMFunc（ItpChannel. NciToPlc）THEN（*检查是否有 M 函数发生*）
        State_M：= ItpGetHskMFunc（ItpChannel. NciToPlc）；
    ELSE
        State_M：=0；（*检查 M1~M100 预定的 Fast MFunc 是否有发生*）
        FOR I：= 1 TO 100 DO
            IF ItpIsFastMFunc（I，ItpChannel. NciToPlc）  THEN
                State_M：=I；
                EXIT；
            END_IF
        END_FOR
    END_IF；
```

```
3:    ( * Handle M3 MFunc Handshake * )
      bLaser  : =  TRUE;
      State_M : =  89;


4:    ( * Handle M4, MFunc fast * )
      bLaser  : =  FALSE;
      State_M : =  89;


89:   ( * Clear All MFunc * )
      IF bWait THEN
      act_Wait;  ( * 延时 3 s 再复位 M 函数 * )
ELSE
      ItpChannel. nMFuncGranted: = 1;
      ItpChannel. M_MFuncGrant;
      State_M: = 99;
END_IF


99:   ( * Wait one PLC cycle * )
      State_M: = 0;


      ELSE   ( * 其他 M 函数触发时也直接复位 * )
          State_M: = 89;


      END_CASE;
```

说明：最后两行，专门建中间变量 nMFuncGranted 来赋给 ItpChannel，是因为 ItpChannel 是一个功能块，最初只是用它来把 NC I 和 PLC 的接口结构变量合二为一，方便链接。但在处理 M 函数的复位时，发现功能块的局部变量不能从外部赋值。

因为 "ItpChannel. PlcToNci. nMFuncGranted: = 1;" 编译报错，所以替换为

```
ItpChannel. nMFuncGranted: = 0;
ItpChannel. M_MFuncGrant;
```

相应的 ItpChannel 的模型功能块 NCI_REF 中增加了输入变量 nMFuncGranted 和 Action 子程序 M_MFuncGrant"。

这个 Action 的唯一作用就是把 nMFuncGranted 输出到 PLC 到 NC I 的接口结构。

测试界面如图 13.62 所示。

为了让动作停顿更明显，画面上增加了 "M 函数延时复位" 的开关。"M 函数 Laser" 框就是显示用 M3 和 M4 控制的 BOOL 变量状态。

如果修改 M3 为 Fast 类型，则这个开关无论开还是关，动作都不会停顿了。

2. 测试 NC I 插补功能的操作顺序

1）选择目标控制器，激活配置。

2）下载运行 PLC 程序。

3）进入 HMI，确认 G 代码文件 MDemo2. nc 与控制器上的实际文件路径一致。

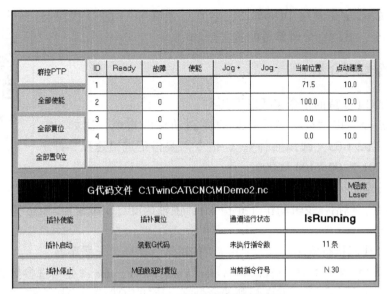

图 13.62　M 函数测试例程的界面

4）使能 NC 轴。使用群控功能，可以节约时间。

5）如有需要可以全部位置置 0。

6）依次单击以下按钮："插补使能"→"装载 G 代码"→"插补启动"。

7）插补停止，或者插补复位。

8）可以修改 G 代码文件，或者选择其他 G 代码文件。重新执行。

9）切换"M 函数延时复位"按钮状态，再单击"插补启动"按钮，对比 M 函数触发时的效果。

执行第 6）和 7）步时，观察轴的位置和通道的状态、未执行指令数及当前行号的变化。

注意：停止和复位后必须重新装载 G 代码，更换 G 代码文件也要重新装载。

13. 8　G 代码简介

TwinCAT 3 中的 NC I 支持以下两套 G 代码规范。

旧：DIN66025（Siemens Dialect）。

新：DIN66025（GST）。

在 Interpreter 的设置界面中可以选择，如图 13. 63 所示。

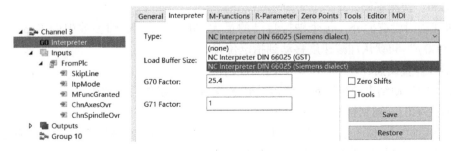

图 13. 63　选择 G 代码的规范

TwinCAT CNC 也是遵循 DIN66025，本节只介绍 NC I 的 G 代码与 CNC 不同的部分。共同部分请参考配套文档 13-8。

配套文档 13-8
TwinCAT CNC
简明调试教程

13.8.1　指令综合介绍

TwinCAT NC I 支持的指令包括以下几类。

1）运动指令。以"G"字母打头的控制动作的指令，比如 G01（直线插补），G02/G03（圆弧插补）。G 指令需要指定进给速度，即 F 指令。例如：G01 X100 Y100 F6000。

2）配合动作的指令。实际应用中除了执行动作之外，还要有配合插补动作的指令，包括：逻辑动作（M 指令）；主轴速度（S 指令）；Help 变量（H 指令）；刀具选择（T 指令）。

3）控制 G 代码执行顺序：@ +数字，例如跳转、循环、子程序等。

4）设置运动特性的参数：#Set Parameter(Value)#，Parameter 是可选参数之一。

5）Command 指令：DIN66025 规则的命令字，比如 ROT 表示坐标旋转。

下面简单介绍 M 指令之外的常用功能及注意事项。

13.8.2　G 指令

以一段典型的 G 指令为例：

　　N10 G00 X0 Y0（回零点）
　　N20 G01 X0 Y100 Q1＝0 F3600（以 60 mm/s 的进给速度标 100,100）
　　N30 G01 X100 Y100 Q1 = 100
　　N40 G01 X100 Y0
　　N50 G01 X0 Y0 Q1 = 0
　　N60 M30

这段 G 代码包含了以下几种元素。

（1）行号

即代码中的 N10、N20 到 N60。行号的格式是 N+数字，可以有也可以没有。如果有行号，PLC 就可以从结构体 NCTOPLC_NCICHANNEL_REF 的元素 nBlockNo 中获取当前正在执行的行号。

（2）G 指令

即代码中的 G00、G01，它们的含义如下。

1）G00：快速移动。

快速移动时没有插补，每个轴按自己的最大 G0 速度"NC 轴参数中的 Rapid Tranverse Velocity（G0）"和默认加减速度移动到指定位置。

2）G01：直线插补。

即从上次运动结束的位置走直线运动到 XYZ 坐标指定的目标位置。

3）G02/G03：圆弧插补。

G02 是顺时针，G03 是逆时针。即从上次运动结束的位置沿顺时针或者逆时针运行一段圆弧。圆弧特征参数是圆心、半径和终点坐标。

4）其他常用的 G 指令。

常用的 G 指令见表 13.4。

表 13.4　常用的 G 指令列表

代码	指　　令	名　　义
G00	Rapid Traverse	快速回退
G01	Linear Interpolation	直线插补
G02	Clockwise Circular Interpolation	顺时针圆弧插补
G03	Anticlockwise Circular Interpolation	逆时针圆弧插补
G04	Dwell Time	等待
G09	Accurate Stop	精确停止
G53	Zero Offset Shift Suppression	停用零点偏置
G54	1. Adjustable Zero Offset Shift	启用零点偏置
G58	1. Programmable Zero Offset Shift	启用零点偏置
G60	Accurate Stop	精确停止
G74	Referencing	寻找参考点
G90	Absolute Dimensions	启用绝对坐标
G91	Incremental Dimensions	启用相对坐标

（3）终点坐标

即代码中的 X100 Y100。X\Y\Z 轴的坐标值可以紧跟轴号，比如 X100，也可以写成 X = 100。

辅助轴 Q1 的坐标必须用 "=" 来赋值，比如 Q1 = 100。

G 代码中给定动作参数时可以使 2 用固定的值，比如 X100 Y100，也可以使用变量。但是 NC I 中不允许自定义变量名，而只能使用系统提供的 R 参数，从 R0 ~ R999。例如：

R0 = 100
G01X = R Y = 2 * R0

（4）进给速度

即代码中的 F3600，指插补轴的合成速度，单位为 mm/min，所以 F3600 即 60 mm/s。进给速度给过一次之后对后续的动作也有效，直到下一次 F 指令出现才改变。实际的轨迹速度并没有包括在 NciChannel ToPlc 的结构体中，需要用 PLC 处理。

（5）注释

即代码中的 "（以 60 mm/s 的进给速度去坐标 100,100）"，以英文括号括起来的部分是注释，支持中文。

13.8.3　S、H、T 指令

这 3 个指令都只影响 Channel_ToPlc 中的 1 个变量。

PLC 程序每个周期都会通过 NciChannel_ToPlc 结构体刷新这些指令的值，用户需要编程实现特定的功能。其中 M 指令影响一个 BOOL 量，而 S、H、T 分别影响一个整型变量。

（1）S 指令

由于 NC I 中并没有主轴的概念，所以 S 指令并不能影响通道内某个轴的转速。但是可以影响 Channel_ToPlc 中的变量 SpindleRPM，PLC 可以用这个值来调节 PTP 轴的转速。这个变量的功能完全取决于 PLC 逻辑，如图 13.64 所示。

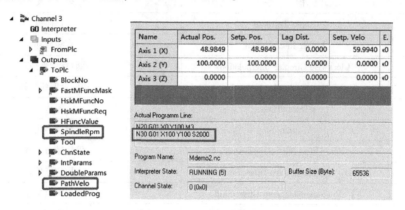

图 13.64　S 指令的作用

当执行到 S 指令的时候，SpindleRPM 的值改变，PLC 可以用它来调节主轴速度。

（2）H 指令

NC I 中的 H 指令，也只能影响 Channel_ToPlc 中的 1 个变量 HFuncValue，这个变量的功能完全取决于 PLC 逻辑，如图 13.65 所示。

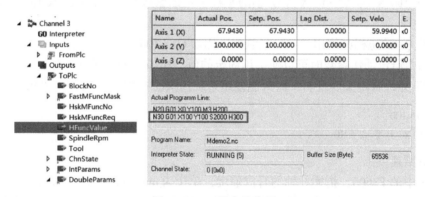

图 13.65　H 指令的作用

说明：与 M 函数不一样，H 函数与动作指令写在同一行时，总是按它所在的位置来决定何时改变 nHFuncValue 的值。比如图 13.65 中，正在执行 N30，但是必须等动作完成了，nHFuncValue 才会变成 300，在动作期间，它的值还是维持之前设置的值 200。

（3）T 指令和 D 指令

由于 NC I 中的 T 指令也不能立即调用换刀程序，但是可以影响 Channel_ToPlc 中的变量 Tool，PLC 可以用这个值来调用换刀程序。这个变量的功能完全取决于 PLC 逻辑，如图 13.66 所示。

当执行到 T 指令的时候，Tool 的值改变了。PLC 就可以用来触发换刀程序，以及相关的辅助动作。

在 "Tool" 界面，可以设置每把刀具的补偿信息。启用刀补功能之后，NC I 执行动作

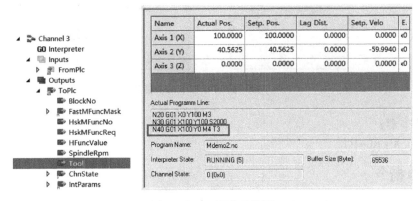

图 13.66　T 指令的作用

时就会把刀具直径（D）考虑进去，在 G 代码设定的轮廓线基础上叠加一个合适的偏置。

13.8.4　R 参数

G 代码中给定动作参数时可以使用固定的值，比如 X100 Y100，也可以使用 LREAL 型变量。但是 NC I 中不允许自定义变量名，而只能使用系统提供的 R 参数。

例如：

    R0 = 100
    G01 X = R Y = 2 * R

每个 NC I 通道有 1000 个 R 参数，从 R0 ~ R999，都是 8 字节的 LREAL 类型。它们与 PLC 并不能每个周期映射的。PLC 调用功能块来读写 R 参数，而 G 代码文件中也可以设置或者使用 R 参数，这就实现了 PLC 与 NC I 通道之间的非实时数据交换。R 参数可以在 System Manager 的调试界面访问，也可以从 PLC 程序访问，也可以在 G 代码中访问。

在调试界面上查看 R 参数如图 13.67 所示。

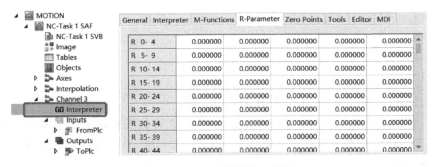

图 13.67　NC I 通道的 R 参数

可以在 PLC 程序中访问 R 参数，方法如下。

引用 Tc2_Nci，就可以使用访问 R 参数的功能块 ItpReadRParams 和 ItpWriteRParams，如图 13.68 所示。

也可以在 G 代码中访问 R 参数，如下所示。

给 R 参数赋值：

N50 R0 = X

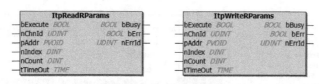

图 13.68　访问 R 参数的功能块

使用 R 参数:

N60 G01 X=R0+R1

13.8.5　@指令

所有@指令以"@数字"开头,在 TC3 帮助系统中有详细描述:

TF5xxx – Motion / TF5100 TC3 NC I / Interpreter (DIN 66025/G–Code) / Command overview / @ – Command Overview

1. 跳转指令

@100: 无条件跳转,如@100 K±n,@100 Rm。

@121: 条件跳转,如@122 Rn K/Rn Kn。

(1) 无条件跳转@100

例如:

N10　.....

N120　　@100 K-10

表示在 N120 这一行,往回跳至 N10 这一行。

"+"或"-"表示跳转的方向,往下跳是"+",往上跳是"-"。

(2) 条件跳转@121

例如:

N10 .....

R1=14

N120 @121 R1 K9 K-10

N130 ...

表示如果 R1 不等于 9,则往上跳转到 N10 这行。

注意:字符 K 纯粹是一个常数的前置符。K9 所在的位置应该是一个数值,所以 K9 表示值为 9,"K-10"所在的位置应该是行号,所以"K-10"表示返回到 N10 这行。

2. 分支指令

@111: Case 分支,如@111 Rn K/Rn Km。

例如:

N100 R2=12（R2=13）（R2=14）

N200 @111 R2

K12 K300　　（如果 R2 等于 12 就跳到 N300 这行）

K13 K400　　（如果 R2 等于 13 就跳到 N400 这行）

K14 K500　　（如果 R2 等于 14 就跳到 N500 这行）

```
N300 R0 = 300
N310 @ 100 K5000(无条件跳到 N5000,即程序结尾 M30)

N400 R0 = 400
N410 @ 100 K5000(无条件跳到 N5000,即程序结尾 M30)

N500 R0 = 500
N510 @ 100 K5000(无条件跳到 N5000,即程序结尾 M30)


N5000 M30
```

本例中字符 K 也是一样,仅仅是常数的前置符。K12\K13\K14 所在的位置应该是一个数值,所以分别表示值为 12、13、14,而 K300\K400\K500\K5000 所在的位置应该是行号,所以分别表示 N300\N400\N500\N5000。

这段代码的功能是:执行到 N200 时,如果 R2 等于 12 就跳到 N300 这行,如果 R2 等于 13 就跳到 N400 这行,如果 R2 等于 14 就跳到 N500 这行。如果 R12 不等 3 个值中的任何一个,则继续执行下一行,即 N300。

3. 循环指令

@ 131:While 循环,如@ 13<n> R<m>K or R<k> K。

@ 151:For-To 循环,如@ 151 <变量><值><常数>。

(1) While 循环

只要条件满足就一直执行,不满足则跳到参数 3 指向的行。

While 循环的末尾必须有一个无条件跳转指令@ 100,指向这个 While 循环的首行。

循环退出条件由<n>来定义。

例如:

```
N100 R6 = 4
N200 @ 131 R6 K4 K600    (如果条件不满足,即如果 R6 不等于 4 就跳到 N600)
N210 ...
N220 @ 100 K-200
N600 ...
N5000 M30
```

只要 R6 = 4,循环体(N200 至 N220)就一直重复。一旦条件不满足则跳转到 N600。

(2) For-To 循环

这是一个计数循环,在变量等于这个值之前一直执行。如果条件满足,跳转到常数指定的行。在循环体的末尾,变量必须递增(@ 620),而在循环开始必须有一个无条件跳转。

例如:

```
N190 R6 = 0
N200 @ 151 R6 K20 K400    (R6<20 往下执行循环体,R6 = 20 则跳转到 N400)
N210 ...
```

```
N290 @ 620 R6（R6 递增 1）
N300 @ 100 K-200
```

例中 N210~N290 之间的代码会执行 20 次（R6 依次等于 0、1、2……19），然后执行 N400。

4. 子程序

子程序的文件和调用它的主程序写在同一个.nc 文件，此时装载主程序就同时装载了子程序，如果这个子程序还要在其他文件中调用，它就必须写在一个单独的文件里面，并且放到默认的 G 代码文件目录下。

子程序名字应以"L"打头，加上一串数字。而这个数字与子程序中首行"子程序标记"的数字应该完全一致。子程序中的首行标记之后立即跟随插补指令。子程序必须以 M17 结尾。

定义子程序：

```
（file L2000.nc）
    L2000
    N100...
    N110...
    ...
    N5000 M17（return command）
```

调用子程序：

```
N100 L2000（call）
N100 L2000 P5
```

5. 读取实际轴的位置

（1）打断预读，获取轴位置

在 G 代码中读取实际轴的值，赋给指定的 R 参数。

例如：

```
N10 G0 X0 Y0 Z0 F24000
N30 G01 X1000
N40 @ 361 R1 K0（读取 X 轴的位置,赋给 R1）
N50 R0=X
N60 G01 X=R0+R1
N70 M30
```

@ 361 命令隐含了打断 G 代码预读的功能，在本例中确保 N30 执行完毕才读取 X 轴位置。实际项目上可以与"取消剩余动作"结合使用。如果不想打断预读，而在执行过程中读取轴位置，则要使用指令#get PathAxesPos(R<a>; R<b>; R<c>)#。

（2）不打断预读，获取轴位置

命令#get PathAxesPos( )# reads 读取插补轴（X,Y,Z）的当前位置。功能类似@ 361，区别在于这个指令不会打断预读。这样工程师必须自己确认执行这个指令的时候轴是静止的，否则读回来的位置可能不准。要么就先用@ 714 打断预读，然后再读取位置。

#get PathAxesPos（ ）#是@ 361 的变体，它需要特定的执行条件。例如：

@714 （可选）

N27 #get PathAxesPos(R0；R1；R20)# （注意是以分号间隔）

注意：如果某个进给轴并没有绑定某个 NC 轴，最常见的是平面运动没有绑定 Z 轴，那么参数 3 指定的 R 参数值就为 0。

13.8.6 #Set 参数设置命令

在 TC3 帮助系统中，有关于所有参数的完整描述：

TF5xxx – Motion ／ TF5100 TC3 NC I ／ Interpreter（DIN 66025/G‑Code）／ Command overview ／ General command overview

在 G 代码中，可以使用 #Set 参数名（参数值）#来设置参数，见表 13.5。

表 13.5 可以使用 #Set 设置的参数

参 数	功 能
paramAutoAccurateStop	自动精确停车参数
paramAxisDynamics	轴的动态参数设置
paramC1ReductionFactor	C1 减速参数
paramC2ReductionFactor	C2 减速参数
paramCircularSmoothing	圆弧过渡
paramDevAngle	C0 减速 DeviationAngle
paramGroupVertex	速度平滑参数
paramGroupDynamic	切换组内各轴的动态参数
paramPathDynamics	切换合成运动的动态参数
paramRadiusPrec	小圆功能
paramSplineSmoothing	样条曲线平滑
paramVertexSmoothing	动作之间的平滑
paramVeloJump	C0 减速–最大速度跳变
paramVeloMin	最小速度
paramZeroShift	可调零偏的设置

使用平滑功能，可以自动在两段运动曲线之间插入一段贝兹平滑曲线平滑。只需要在指令中设置最大的允许偏差范围，即两段曲线连接处实际轮廓线偏离目标位置的最大允许值。启用平滑功能的好处是两段曲线过渡时没有加速度跳变，减少冲击。在 G 代码中可以随时改变允许的偏离值，把它设置为 0 就等于关闭了曲线平滑功能。

例 1：

N10 R57 = 100

#set paramSplineSmoothing(R57)#

例 2：

```
N10 G01 X0 Y0 F6000
N20 X1000
N30 X2000 Y1000
#set paramSplineSmoothing( 100)#
N40 X3000 Y0
M30
```

新的参数在这个指令的前后轨迹转折点生效，例 2 中 N30 和 N40 之间的参数就生效。曲线切换时，启用或者关闭贝兹曲线平滑功能，加工轮廓线的对比如图 13.69 所示。

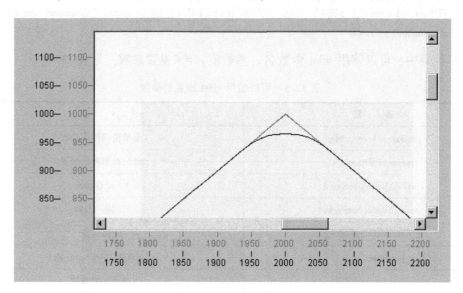

图 13.69　曲线平滑功能

注意：G 代码文件中设置的误差半径持续有效，直到下一句设置该半径的代码执行，或者 TwinCAT 重启。

即使在一个非常尖锐的转角处也能产生平滑曲线，这种情况下为了避免加速度超限，必须适当降低速度。如此一来，加减速度保持恒定，经过这段平滑曲线的速度就可能很慢。这时现实的做法通常是在一个确定的位置启动曲线切换。为了避免手动计算夹角，可以使用"AutoAccurateStop"指令，这个指令也可以在 G 代码中初始化。

13.8.7　Command 命令

在 G 代码中除了 G 开头语句外还有一些 Command 命令，和数学运算符一样，可以直接使用。例如旋转指令：ROT（旋转 Rotation）和 AROT（增量旋转 Additive Rotation），如图 13.70 所示。

本例中，同样的轮廓曲线在子程序 L47 中编写。通过修改零点偏置和坐标旋转，可以在不同的位置加工不同转角的轮廓曲线。

注意：

编写 ROT 或 AROT 指令后，必须指定整个轨迹的向量(X,Y,Z)。

Example:

```
N10 G01 G17 X0 Y0 Z0 F60000
N20 G55
N30 G58 X200 Y0
N50 L47
N60 G58 X200 Y200
N65 ROT Z30
N70 L47
N80 G58 X0 Y200
N90 AROT Z15
N100 L47
N50 M30
```

```
L47
N47000 G01 X0 Y0 Z0 (movements for zero shift & rotation)
N47010 G91 (incremental dimensions)
N47020 G01 X100
N47030 G01 Y80
N47040 G03 X-20 Y20 I-20 J0
N47050 G01 X-40
N47060 G01 Y-40
N47070 G01 X-40 Y-30
N47080 G01 Y-30
N47090 G90
N47100 M17
```

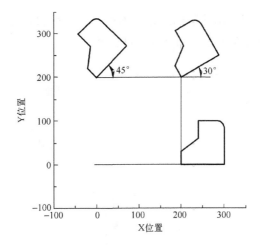

图 13.70 ROT 指令的功能

13.9 常见问题

1. 曲线平滑

相邻的两条 G 指令，就会有两条运动曲线。两线交点就是拐点。对于拐点的处理会涉及很多概念和参数。本节从应用的角度，介绍一些技术细节。

（1）速度平滑

1）曲线过渡时的平滑处理。

如果设定轨迹中相邻两段曲线的连接处是速度不连续的拐点，就会引起冲击，除非在拐点处把进给速度降到 0。为了以限定速度平稳地经过拐点，可以对拐点用贝兹曲线进行平滑处理，轻微调整设定轨迹，以确保整条路径上的速度连续。

2) 公差球面。

每个曲线过渡点都存在公差球面。为了达到平滑的目的，实际的轨迹可能会偏离预定的几何位置。在空间上允许偏离的最大值，就是公差球面。公差球面半径由用户在参数设置中预定义，并以模态参数的形式生效，它作用于所有不带精确定位或停止的曲线过渡处。公差球面半径可以自适应，以避免在加工细小线段时导致重叠。

3) 动态参数。

平滑过程允许更大的动态参数。用户通过修改系统参数"减速因子C2"，可以影响系统定义的最大曲线过渡速度 Velo Link，这个参数不能在 DXD 页面中设置，只能在线修改。

命令	#set paramC2ReductionFactor(<C2Factor>)#
参数<C2Factor>	C2 reduction factor

4) 曲线过渡时的共性。

轨迹进入公差球面后，加速度为 0，进给速度等于曲线过渡速度。在公差球面内一直保持这个速度和加速度。修改 Override 引起的速度改变在公差球面内失效，轨迹走出公差球面后 Override 恢复生效。

（2）速度平滑实例分析

以操场的轮廓线为例说明进给速度的减速处理过程，其目的是为了让刀头的方向与加工轮廓的切线时刻保持一个固定的角度，如图 13.71 所示。

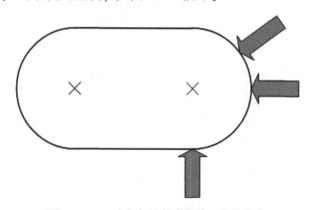

图 13.71　刀头与加工轮廓保持固定的角度

在图 13.71 的直线段刀具的方向不变。相比之下，相对于基准坐标系的方向必须在圆周内连续变化。假设直线和圆弧过渡点的轨迹速度不为 0，旋转轴就不可避免会产品一个速度跃变，而轨迹插补轴不会跃变。

辅助轴的速度跃变可以自定义，与设备相关。可以独立设置每个插补轴的轴参数"VeloJump Factor"，用于计算曲线过渡处实际给定的轨迹速度。

如上所述，在曲线过渡处可能会产生速度跃变，跃变的幅度可以在参数 VeloJump Factor 中进行配置。此外，还可以设置每个辅助轴的公差球面。这个球面是以曲线过渡点的路径为对称轴的。进入这个球面时，辅助轴的速度连续变化，以达到走出这个球面时的设定速度。换句话说，速度跃变就被限制住了。这意味着辅助轴在公差球面内会产生一个位置误差。轨迹走出公差球面时，立即切换到新的目标速度。这样可以避免位置过冲，在公差球面的边界上位置又恢复精确了。

如果定义的公差球面大于短线长度的 1/3，球面半径就会自动缩小到短线长度的 1/3，如图 13.72 所示。

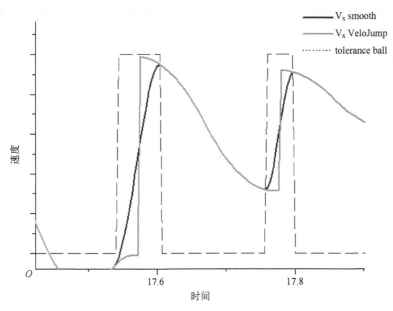

图 13.72　公差球面半径的影响

图 13.72 中黑实线是设定速度，存在跃变。设置了公差球面半径之后，设定速度就在球面允许范围内做最大程度的平滑，产生一个斜坡而不是阶跃的速度曲线。

辅助轴的公差球面是一个轴参数 （IO：0x0108），可以从 System Manager 的轴参数页面设置或者从 PLC 经过 ADS 读入。

注意：此处所述的参数只对插补通道中的辅助轴 （Q1..Q5） 有效。对于插补轴(x,y, z)，参数 "Veloc. discontinuity factor" "Tolerance sphere auxiliary axis" "Max. positional devi-ation, auxiliary axis" 都没有影响。

（3）监视公差球面引起的位置偏差

为了诊断的目的，可以记录每个辅助轴的公差球面和由此导致的位置偏差。还可以通过 ADS 访问这些变量，在 "Group status" 中可以找到这些变量 （IO：0x54n and 0x56n）。

1）公差球面半径缩小时，对速度跃变的影响。

如果由于加工路径几何尺寸的原因要缩小公差球面的半径，那么这段曲线允许的速度跃变参数也相应减小，比如过渡处的轨迹速度大幅降低，以使辅助轴在更小的公差球面内动态特性不会超限。

2）公差球面缩小时辅助轴的位置偏差。

参数 "maximum permitted positional deviation of the auxiliary axis （辅助轴允许的最大位置偏差）" 只在公差球面由于加工路径几何尺寸的原因必须缩小的时候才起作用，目的是为了在加工较短的路径时也维持相对较高的轨迹速度，并且把产生的位置误差限定在一定范围内。直到一段曲线的终点，辅助轴的速度都维持不变而同时计算位置误差。如果误差小于允许值，在这一段曲线就继续维持当前速度，而产生的误差在下一段曲线补偿回来，相当于在这个曲线过渡点公差球面不起作用；如果误差大于允许值，缩小后的公差球面就生效，包括 VeloJump Factor，必要时还会降低轨迹速度。

2. 刀具补偿

刀具补偿可以是一个复杂的主题，完整的描述请参考 TC3 帮助系统：

TFxxxx ｜ TC3 Functions / TF5xxx – Motion / TF5100 TC3 NC I / Interpreter（DIN 66025/G–Code）/ Tool Compensation

（1）刀具补偿参数

在 Tools 界面设置刀具补偿参数，如图 13.73 所示。

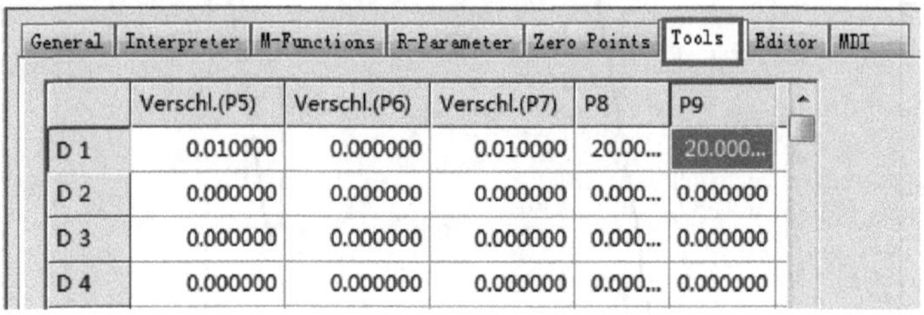

	Verschl.(P5)	Verschl.(P6)	Verschl.(P7)	P8	P9
D 1	0.010000	0.000000	0.010000	20.00...	20.000...
D 2	0.000000	0.000000	0.000000	0.000...	0.000000
D 3	0.000000	0.000000	0.000000	0.000...	0.000000
D 4	0.000000	0.000000	0.000000	0.000...	0.000000

General | Interpreter | M-Functions | R-Parameter | Zero Points | Tools | Editor | MDI

图 13.73　刀具补偿参数

最多可以有 255 套刀具补偿参数，用 D1~D255 来区分。每套参数包括 P0~P15，但目前只用到 P0~P10，说明如下。

1）P0：刀具号。

G 代码执行到 Dn 刀补指令时，可以把该值赋给 Channel_ToPlc 中的 Tool 变量，可传输到 PLC。虽然这个值可以任意设置，但是通常还是把 Dn 的刀具号设置为 n，这样 G 代码的刀补指令 Dn，就包含了刀具指令 Tn。

2）P1：刀具的类型。

目前只有两种类型：10 表示 Drill（钻头），20 表示 Shaft Cutter（切削）。分别有不同的参数，包括 X\Y\Z 偏置。

3）P2 和 P4：刀具几何尺寸的长度（P2）和半径（P4）。

4）P5 和 P7：刀具磨损量的长度方向（P5）和刀头磨损（P7）。

只有切削类刀具才有刀头磨损。

5）P8、P9、P10：刀具偏置参数

该参数引起 XYZ 轴的实际轮廓在 G 代码命令的基础上整体偏移。

（2）刀具补偿的 G 代码

1）T 指令。

如果需要 PLC 做相应的动作，才在 G 代码中添加 T1、T2 等指令。否则可以不写。

2）D 指令。

刀具长度补偿的开启：Dn。

刀具长度补偿的关闭：D0。

并确定工作平面，刀具长度补偿就是在垂直于工作平面的进给方向上进行补偿。

工作平面 G17（XY 平面）、G18（ZX 平面）、G19（YZ 平面）。

示例代码：

N10 G17 G01 X0 Y0 Z0 F6000　（必须在 G0 或者 G1 指令同时给定工作平面）

N20 D1 X10 Y10 Z

N30 ...

N90 M30

刀具半径补偿的开启：G41 Dn（左补，加工内轮廓）、G42 Dn（右补，加工外轮廓）。

刀具半径补偿的关闭：G40。

为了避免跳变，通常在运动指令中带补偿的开启或者关闭的选项。所以在正式加工之前，要把刀具移动到可以加工的位置并且开启补偿，类似"引线"功能。

示例代码：

```
N10 G17 G01 X0 Y0 Z0 F6000
N20 G41 X10 Y20 Z D1
N30 X30
N40 G40 X10 Y10 Z
N50 M30
```

（3）刀具补偿示例

1）长度和半径补偿。

刀具参数如图 13.74 所示。

	TNr.(P0)	Typ(P1)	Geom.(P2)	Geom.(P3)	Geom.(P4)	Verschl.(P5)	Verschl.(P6)	Verschl.(P7)	P8	P9
D1	1	20	10.000000	0.000000	10.000000	0.010000	0.000000	0.010000	0.000...	0.000000
D2	0	0	0.000000	0.000000	0.000000	0.000000	0.000000	0.000000	0.000...	0.000000

图 13.74 刀具磨损的补偿参数

P0=1，表示 D1 调用时 PLC 可以从变量 nTool 中得到值"1"。

P1=20，表示这是切削刀具 Shaft Cutter。

P2=10，P4=10，表示刀架长度 10，刀具半径 10

P5=0.01，P7=0.01，忽略刀具长度和半径方向的磨损（P7 为 0 会报错）。

执行 G 代码：

```
N10 G0 X-50 Y-50 F6000
N20 G42 D1 X0 Y0   （启动 D1 刀具参数,G42 即表示加工轨迹的外沿）
N25 G01 X100
N30 G01 Y100
N40 G01 X0
N45 G01 Y0
N50 G40 X-50 Y-50   （此处 G40 表示关闭刀具半径补偿,但长度补偿仍有效）
N60 D0   （关闭刀具补偿）

N20 G01 D1 X0 Y0
N25 G01 X100
N30 G01 Y100
N40 G01 X0
N45 G01 Y0
N100 M30
```

实测效果对比如图 13.75 所示。

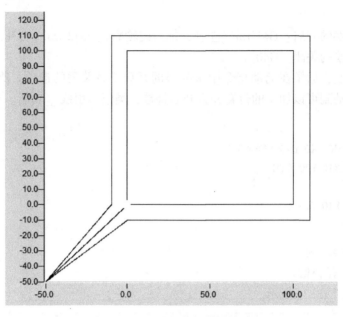

图 13.75　刀具补偿的实测效果

图 13.75 中，外圈为启用刀具补偿的 X、Y 轴轨迹。内圈为禁用刀具补偿的 X、Y 轴轨迹。

2）刀具偏置补偿。

在上个例子的基础上，同样的 G 代码，修改 P8 和 P9，即 X、Y 偏置为 20，如图 13.76 所示。

可以看到 X、Y 轴行走的轨迹，如图 13.77 所示。

与图 13.75 相比，图 13.77 所示的整个轨迹区域向 X、Y 的正方向各平移了 20 个单位。

配套文档 13-9
例程：刀具尺寸、
刀具磨损参数的
实际效果测试

3. 其他常见功能的实现

1）插补轴的寻参。

通常应该在把 PTP 轴指定给 NC I 通道之前用 PTP 指令 MC_Home 进行寻参，也可以用 G74 来寻参，但是在 G74 中只能依次寻参每个插补轴，而在 PTP 模式就可以几个轴同时寻参。例如：

	TNr.(P0)	Typ(P1)	Geom.(P2)	Geom.(P3)	Geom.(P4)	Verschl.(P5)	Verschl.(P6)	Verschl.(P7)	P8	P9
D 1	1	20	10.000000	0.000000	10.000000	0.010000	0.000000	0.010000	20.00...	20.000...
D 2	0	0	0.000000	0.000000	0.000000	0.000000	0.000000	0.000000	0.000...	0.000000

图 13.76　刀具偏置的补偿参数

```
N10 G74 X
N20 G74 Y
```

注意：只能让插补轴寻参，即 X、Y、Z 轴，寻参指令必须在主程序中。

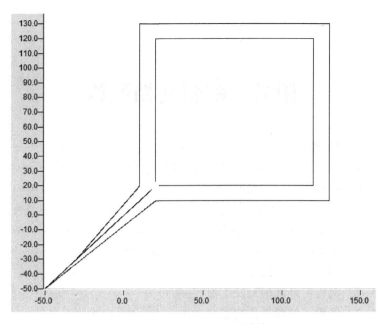

图 13.77　刀具偏置后的补偿效果

2）轨迹速度

在 "Channel" → "ToPlc" → "PathVelo" 中设置。

3）加速度限制。

轨迹加速度受每个轴的最大速度限制，确切地说，是受最 "弱" 的轴的速度限制。在这个限值以内，可以用参数 paramAxisDynamics 来设置合成的轨迹加速度。

4）速度限制。

轨迹速度受每个轴的最大速度限制，确切地说，是受最 "弱" 的轴的速度限制。

附录 配套文档汇总